国家中等职业教育改革发展示范学校建设教材

计算机应用基础学习任务指导书

杨承昱　主编

西南交通大学出版社

·成　都·

图书在版编目（CIP）数据

计算机应用基础学习任务指导书 / 杨承昱主编. —成都：西南交通大学出版社，2014.7（2016.11 重印）

国家中等职业教育改革发展示范学校建设教材

ISBN 978-7-5643-3142-9

Ⅰ. ①计… Ⅱ. ①杨… Ⅲ. ①计算机应用－中等专业－学校－教学参考资料 Ⅳ. ①TP39

中国版本图书馆 CIP 数据核字（2014）第 142100 号

国家中等职业教育改革发展示范学校建设教材
计算机应用基础学习任务指导书
杨承昱　主编

责 任 编 辑	周　杨
封 面 设 计	墨创文化
出 版 发 行	西南交通大学出版社
	（四川省成都市金牛区交大路 146 号）
发行部电话	028-87600564　028-87600533
邮 政 编 码	610031
网　　　址	http://www.xnjdcbs.com
印　　　刷	成都中铁二局永经堂印务有限责任公司
成 品 尺 寸	185 mm×260 mm
印　　　张	13.25
字　　　数	331 千字
版　　　次	2014 年 7 月第 1 版
印　　　次	2016 年 11 月第 2 次
书　　　号	ISBN 978-7-5643-3142-9
定　　　价	28.00 元

图书如有印装质量问题　本社负责退换

版权所有　盗版必究　举报电话：028-87600562

前 言

本书为《计算机应用基础》(第二版)的配套用书,旨在帮助学生加深对教材内容的理解,增强学生的计算机实际操作能力。作为与教材配套的学习指导书,本书侧重如何完成项目、实施任务,提供了具体的操作方法和操作技巧。书中包含详细操作步骤图,以及任务、项目、课业评价表格,便于课堂教学实施和教学评价,有较强的实用性和可操作性。

本书"项目—任务"结构与《计算机应用基础》(第二版)保持一致,每个项目的完成按照项目目标、项目引入、项目分析、项目实施、项目评价、项目总结的模式编写;每个任务的实施按照提出任务、分析任务、完成任务、检查任务、小结任务的模式编写。这种编写模式便于教师通过真实情境下的项目(任务)来引导教学,使学生在完成项目(任务)的过程中独立思考、主动探究,不仅能学到知识和技能,还能锻炼自主学习、协作学习、分析问题、解决问题的能力。

本书由杨承昱主编,项目一、十由于强编写,项目二、十二由孙敏编写,项目三、四、五、六由杨承昱编写,项目七、八由朱宏伟编写,项目九、十一由张帆编写。

计算机及其应用技术发展日新月异,且编者水平有限,书中疏漏在所难免,敬请同行及读者指正。

编 者
2014 年 3 月

目 录

项目一 配置一台电脑 1
    项目一任务一实施 3

项目二 使用 Windows 7 8
    项目二任务一实施 10
    项目二任务二实施 17

项目三 用 Word 制作并输出"中国四大古桥"文档 24
    项目三任务一实施 27
    项目三任务二实施 35
    项目三任务三实施 45
    项目三任务四实施 54

项目四 用 Word 设计"跨越长江的桥梁四丰碑"电子小报 60
    项目四任务一实施 62

项目五 用 Word 制作"××地铁右线洞门变形观测表" 78
    项目五任务一实施 81
    项目五任务二实施 90

项目六 用 Word 制作"期中考试成绩表" 97
    项目六任务一实施 99

项目七 用 Excel 制作并输出"碎卵石筛分试验记录"表 104
    项目七任务一实施 108
    项目七任务二实施 114
    项目七任务三实施 120
    项目七任务四实施 127

项目八 用 Excel 对"图书销售情况表"进行数据处理 132
    项目八任务一实施 134

项目九 用 PowerPoint 制作并输出"自我评定"演示文稿 140
    项目九任务一实施 144

  项目九任务二实施 ·· 151
  项目九任务三实施 ·· 161
项目十 学习一级基础知识 ·· 168
  项目十任务一实施 ·· 170
  项目十任务二实施 ·· 173
  项目十任务三实施 ·· 176
项目十一 简单应用因特网 ·· 180
  项目十一任务一实施 ·· 182
  项目十一任务二实施 ·· 187
项目十二 认识常用工具软件 ·· 192
  项目十二任务一实施 ·· 194
附 录 ··· 204

项目一 配置一台电脑

一、项目目标

> 能够识别电脑的主要部件,选购一台性价比较高的台式计算机。

二、项目引入

选配如图 1-1 所示的台式电脑一台。

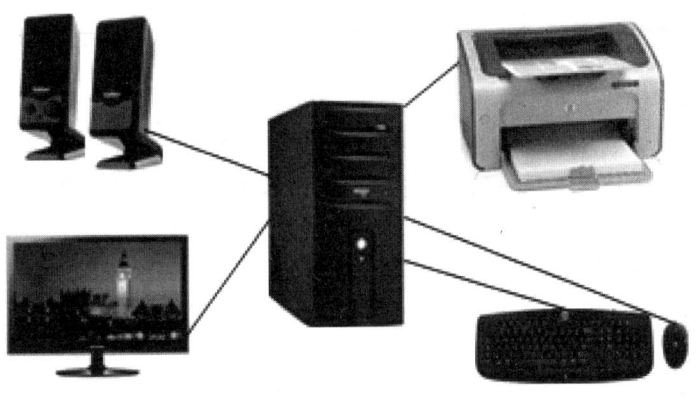

图 1-1 台式电脑示意图

三、项目分析(任务分解)

项目一只包含一个任务:配置一台电脑。选配一台适合学生的电脑,应从以下几方面考虑:
(1)明确自己的需求,硬件配置切勿过高,以便控制成本;
(2)选主要配件,包括 CPU、主板、内存、显卡、硬盘、显示器等;
(3)安装稳定版本软件,包括系统软件和应用软件。

四、项目实施

任务一的实施过程,见"项目一任务一实施"。

五、项目评价

表1-1　项目一评价表

班　级		姓　名		所在小组	
项目名称			配置一台电脑		
评价过程	评价内容				项目成绩
	教师评价（0.6）	学生自评（0.2）		学生互评（0.2）	
任务一					
加权平均分					

六、项目总结

1. 配置一台电脑的一般步骤：
（1）选购硬件和软件；
（2）了解CPU、内存、硬盘、显卡等主要部件与主板的匹配性；
（3）选择适合硬件配置的软件版本，如操作系统、办公学习软件版本，并进行软件安装。

2. 注意事项：
（1）CPU不宜选购最新上市产品，原因一是价格昂贵，二是兼容性不够成熟；
（2）电脑中不宜安装两款及以上功能相似的系统安全维护软件，如不安装两个杀毒软件。

项目一任务一实施

一、提出任务

表 1-2 项目一任务一学习任务书

项目	任务一 配置一台电脑		
	配置一台电脑	学 时	2 学时
学习任务	1. 基本任务 配置一台如图 1-1 所示的计算机，具体要完成以下任务： （1）选配合适的主机部件和外部设备； （2）安装必备的系统软件和应用软件。 2. 拓展任务 《计算机应用基础》教材拓展练习【1-1】		
知识准备	为完成以上任务，应掌握以下知识： 1. 了解多媒体计算机硬件系统、软件系统构成； 2. 认识 CPU、主板、内存、硬盘、显卡、显示器、鼠标、键盘、机箱等硬件设备，了解其主要性能参数； 3. 了解常用操作系统软件和应用软件		
学习要求	1. 每位同学要求完成基本任务； 2. 基本任务完成的同学，尽量完成拓展任务； 3. 学习过程中注意规范操作，培养严谨认真的学习态度； 4. 遇到操作问题，同学之间要互相帮助，多交流操作经验和技巧； 5. 爱护机房卫生，严禁乱丢垃圾； 6. 爱护机房计算机设备，严禁乱拔插头及对鼠标键盘的按键进行破坏		
提交成果	1. 台式计算机硬、软件配置清单； 2. 拓展练习【1-1】文档		

二、分析任务

配置一台完整的台式电脑应该包括硬件和软件两部分，如图 1-2 所示。

图 1-2 台式电脑组成示意图（硬件+软件）

1. 硬件分为主机设备和外围设备，整体外观如图 1-3 所示。

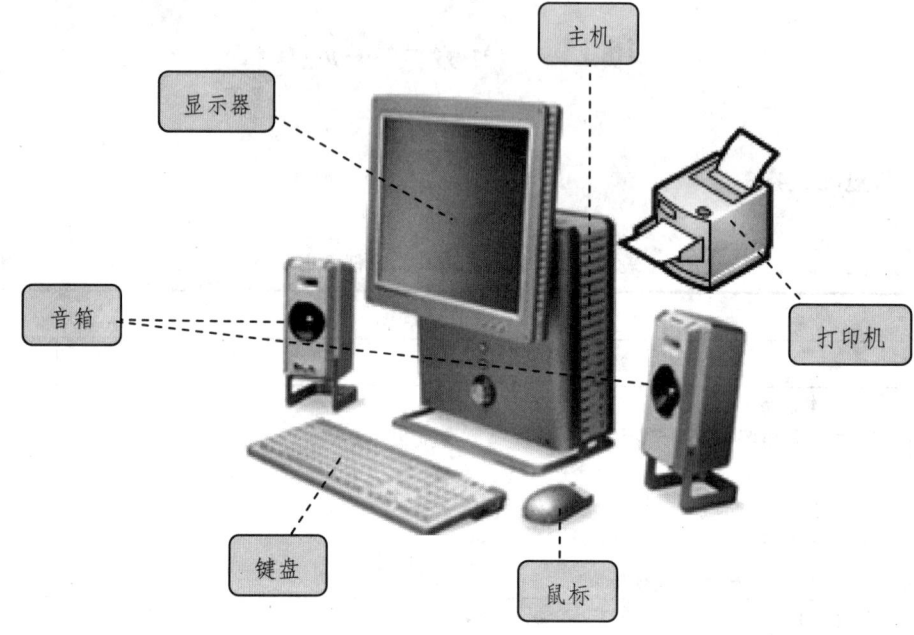

图 1-3　硬件示意图

2. 主机内部设备如图 1-4 所示。

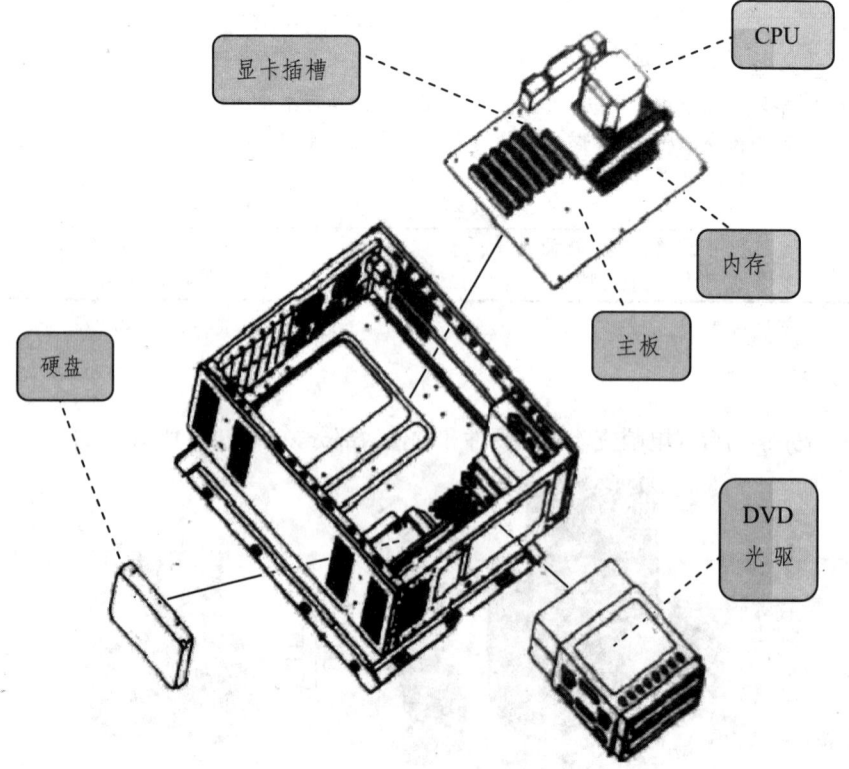

图 1-4　主机内部示意图

3. 软件部分包括系统软件和应用软件,如图 1-5 所示。

图 1-5　系统软件和应用软件示意图

三、完成任务

选配台式电脑硬件及软件清单见表 1-3 和表 1-4。

表 1-3　选配硬件清单

主机设备	
CPU (Intel 酷睿 2 E7400)	
主板 华硕 P5G43-V WS	
内存 金士顿(Kingston)2G DDR2 800	
显卡 七彩虹 GT220-GD2 CF 黄金版	

续表 1-3

主机设备	
硬盘 希捷 1TB SATA2	
光驱 先锋 DVR-216BXL	
主机箱 爱国者 CA-E342	
外围设备	
显示器 三星 P1950W	
键盘鼠标 罗技光电高手 1000	
音箱 漫步者 R10U	
打印机 惠普 LaserJet P1007	

表 1-4 选配软件清单

软 件	
系统软件	Windows 系统安装包，例：Windows 7
应用软件	Office 办公软件安装包，例：Office 2010
	杀毒软件安装包，例：360 杀毒软件
	娱乐软件安装包，例：腾讯 QQ、暴风影音等

四、检查任务

评价表见附录1——任务评价表（学生自评、互评用）和附录2——任务评价表（教师评价用）。

五、小结任务

> 1. 通过对电脑硬件选配，进一步了解各个部件的参数，可以更清楚地认识各部件间速度和接口匹配程度。
> 2. 软件的正确安装是人机交互的前提，也是计算机系统不可缺少的灵魂。

项目二　使用 Windows 7

一、项目目标

> 能进行 Windows 7 系统设置，会用文件夹管理文件。

二、项目引入

操作系统是人与计算机之间通信的桥梁，是用户与计算机对话的窗口。只有在操作系统的支持下，计算机才能运行其他软件。目前常用的微机操作系统是基于图形应用界面的微软公司的 Windows 系统。通常，安装好 Windows 系统后，我们需要对系统进行进一步的个性化设置，并建立文件夹来存放类别不同的文件，方便查询。

三、项目分析（任务分解）

1. 设置个性化的桌面，效果如图 2-1 所示。

图 2-1　设置个性化桌面效果

2. 使用文件夹管理文件，效果如图 2-2 所示。

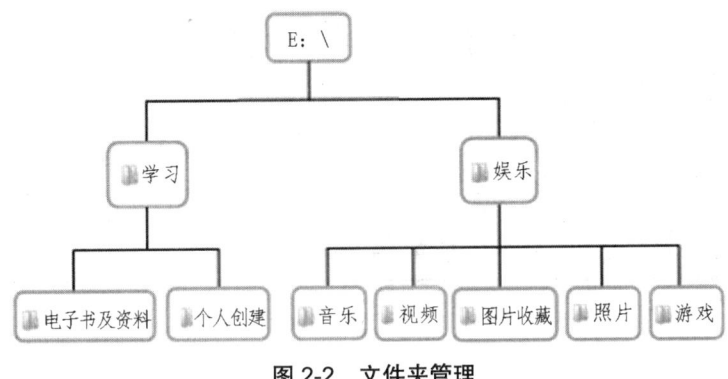

图 2-2　文件夹管理

因此，我们需要将项目二分成两个任务来完成：任务一是"设置个性化的桌面"，任务二是"使用文件夹管理文件"。

四、项目实施

1. 任务一的实施过程，见"项目二任务一实施"。
2. 任务二的实施过程，见"项目二任务二实施"。

五、项目评价

表 2-1　项目二评价表

班　级		姓　名		所在小组	
项目名称		使用 Windows 7			
评价过程	评价内容			项目成绩	
	教师评价（0.6）	学生自评（0.2）	学生互评（0.2）		
任务一					
任务二					
加权平均分					

六、项目总结

1. Windows 环境下的应用程序的操作方法具有通用性，如窗口、对话框、工具按钮等对象的操作，学习时要注意前后联系。

2. 关闭计算机首先要关闭 Windows 系统，不能直接按主机电源按钮关机，否则易造成硬盘和 Windows 系统损坏。

项目二任务一实施

一、提出任务

表2-2 项目二任务一学习任务书

	任务一 设置个性化的桌面			
项 目	项目二 使用 Windows 7		学 时	2学时
学习任务	1. 基本任务 （1）设置桌面背景、屏幕保护程序，创建桌面快捷方式。 （2）鼠标的设置。 2. 拓展任务 《计算机应用基础》教材拓展练习【2-1】			
知识准备	为完成以上任务，应掌握以下操作： 1. 设置 Windows 7 主题、桌面背景、屏幕保护程序； 2. 创建快捷方式并将快捷方式附到任务栏； 3. 排列桌面图标； 4. 设置鼠标主要、次要键			
学习要求	1. 每位同学要求完成基本任务； 2. 基本任务完成的同学，尽量完成拓展任务； 3. 学习过程中注意规范操作，培养严谨认真的学习态度； 4. 遇到操作问题，同学之间要互相帮助，多交流操作经验和技巧； 5. 爱护机房卫生，严禁乱丢垃圾； 6. 爱护机房计算机设备，严禁乱拔插头及对鼠标键盘的按键进行破坏			
提交成果	用 Windows 7 系统自带的截图工具抓成的桌面图片			

二、分析任务

个性化桌面设置效果及效果分析如图2-3所示。

项目二 使用 Windows 7

将"Windows 经典"设置为系统主题,将图片"桌面.jpg"设置成桌面背景。设置"气泡"作为屏幕保护程序,等待时间设置成 10 分钟。在桌面上创建 "Microsoft Office Word 2010"、"Microsoft Office Excel 2010" 和 "Microsoft Office PowerPoint 2010" 的快捷方式,并将这三个快捷方式图标附到任务栏中,然后按项目类型排列桌面图标。

图 2-3 任务分析(项目二任务一)

三、完成任务

1. 启动 Windows 7。

第 1 步:点击"确定"按钮

第 2 步:等待桌面显示

2. 将"Windows 经典"设置为系统主题,将图片"桌面.jpg"设置成桌面背景。

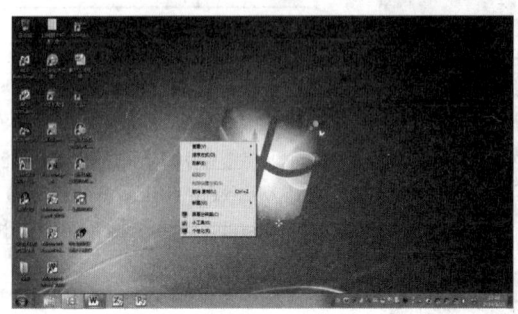 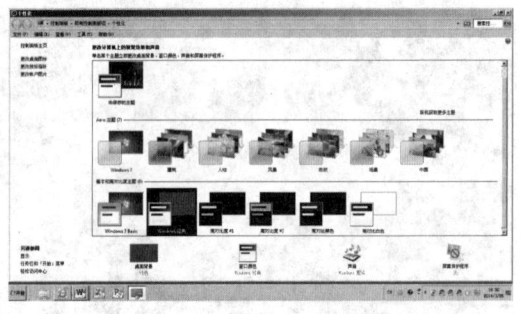

第 1 步:选择"快捷菜单"中的"个性化"　　　　第 2 步:选择"Windows 经典"

 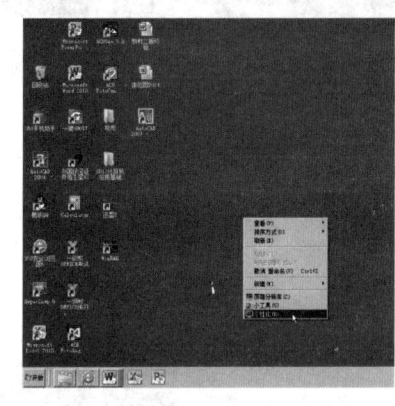

第 3 步:设置系统主题效果　　　　第 4 步:选择"快捷菜单"中的"个性化"

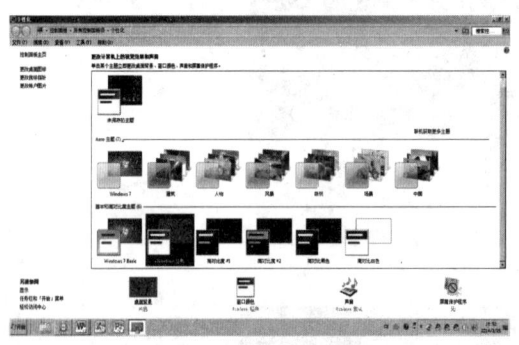 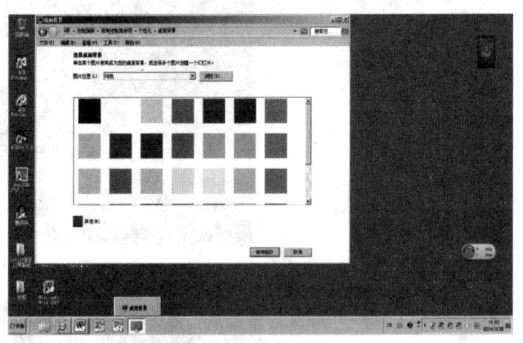

第 5 步:选择"桌面背景"　　　　第 6 步:选择"浏览"

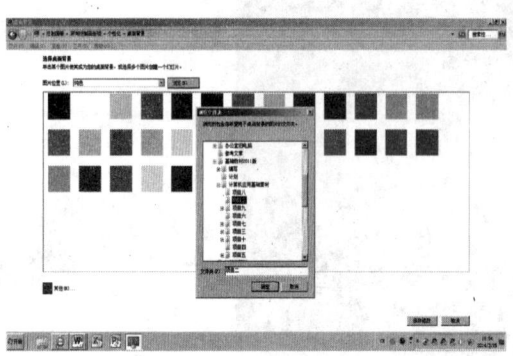 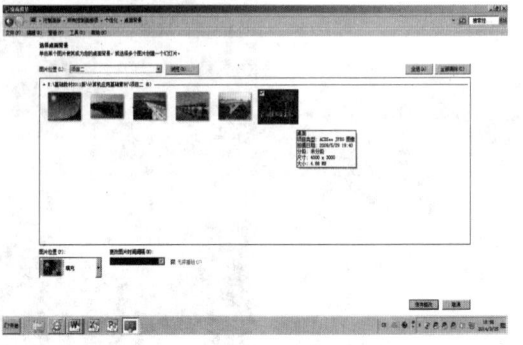

第 7 步:选择"文件夹"　　　　第 8 步:选择"桌面.jpg"

项目二　使用 Windows 7

第 9 步：选择"保存修改"

3. 设置"气泡"作为屏幕保护程序，等待时间设置成 10 分钟。

第 1 步：选择"快捷菜单"中的"个性化"

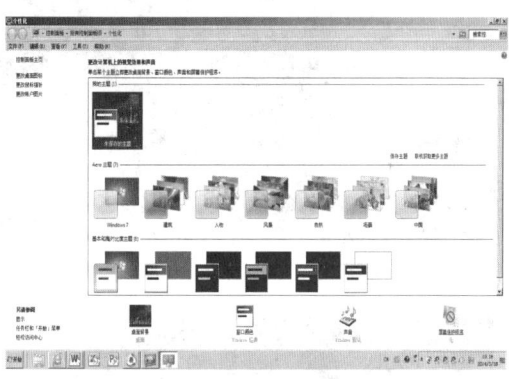

第 2 步：选择"屏幕保护程序"

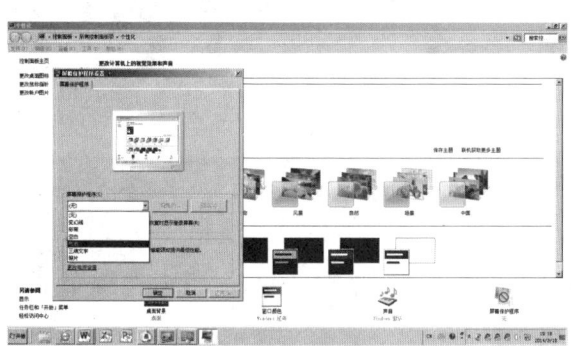

第 3 步：选择"气泡"

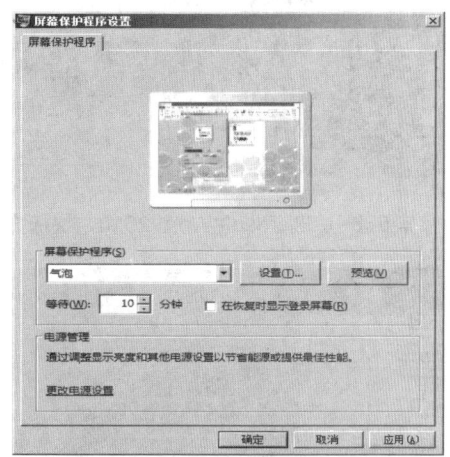

第 4 步：设定等待"10 分钟"

4. 在桌面上创建"Microsoft Office Word 2010""Microsoft Office Excel 2010"和"Microsoft Office PowerPoint 2010"的快捷方式，并将这三个快捷方式图标附到任务栏中，然后按"项目类型"排列桌面图标。

第1步：点击"开始"菜单，点击"所有程序"

第2步：点击"Microsoft Office"

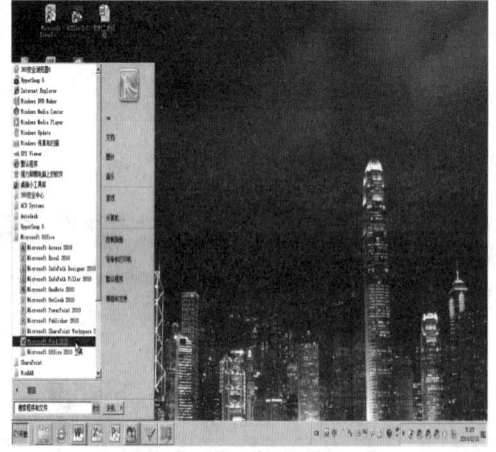
第3步：选择"Microsoft Word 2010"

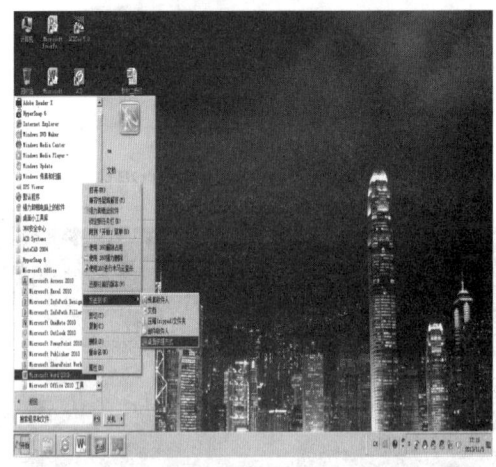
第4步：点击右键"发送到"→"桌面快捷方式"

第5步："Microsoft Word 2010"快捷方式

第6步：点击"开始"菜单，点击"所有程序"

第7步：点击"Microsoft Office"

第8步：选择"Microsoft Excel 2010"

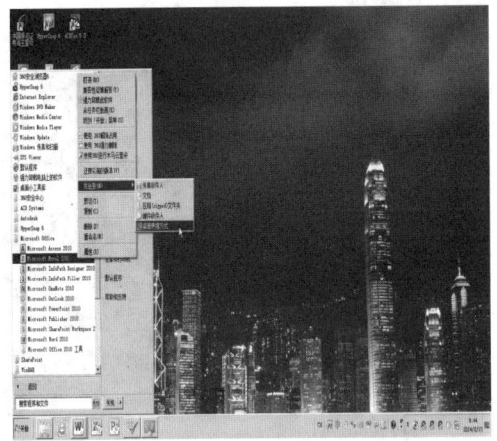
第 9 步:点击右键"发送到"→"桌面快捷方式"

第 10 步:"Microsoft Excel2010"快捷方式

第 11 步:点击"开始"菜单,点击"所有程序"

第 12 步:点击"Microsoft Office"

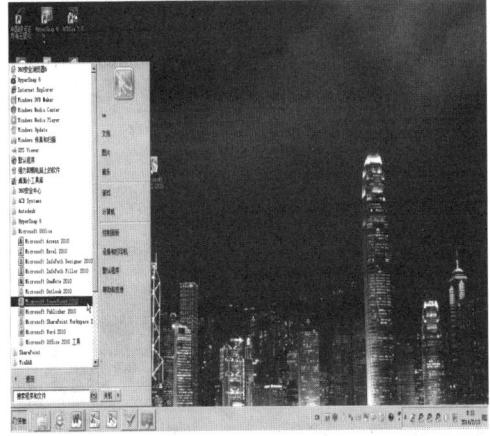
第 13 步:选择"Microsoft PowerPoint 2010"

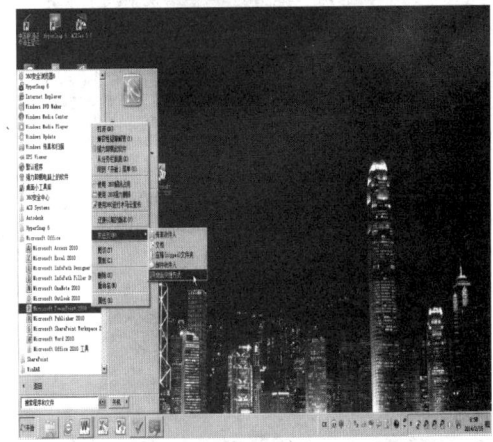
第 14 步:点击右键"发送到"→"桌面快捷方式"

第 15 步:"Microsoft PowerPoint 2010"快捷方式

第 16 步:将这三个快捷方式拖到任务栏中

第17步：点击右键选择"排列方式"→"项目类型"

第18步：排列后的效果

5. 调整鼠标的右键为主要键，左键为次要键。

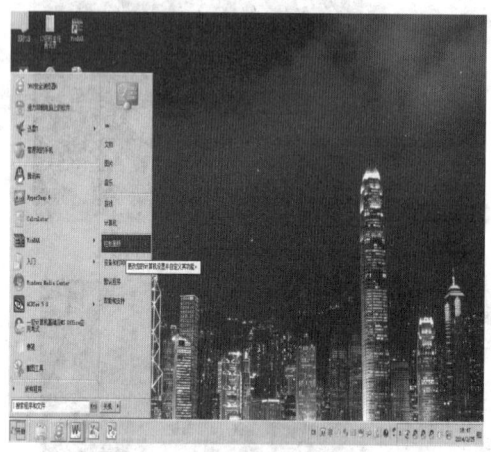
第1步：点击"开始"→"控制面板"

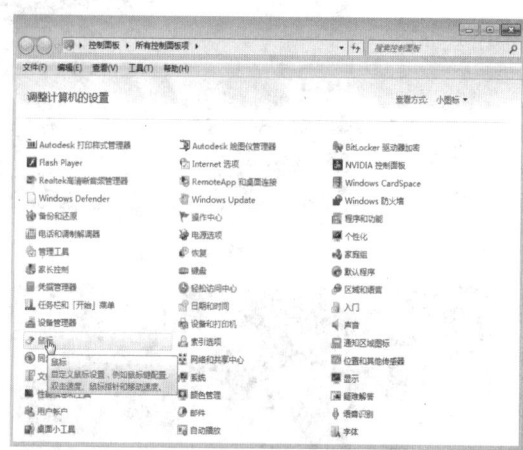
第2步：双击"鼠标"选项

第3步：打开"鼠标属性"

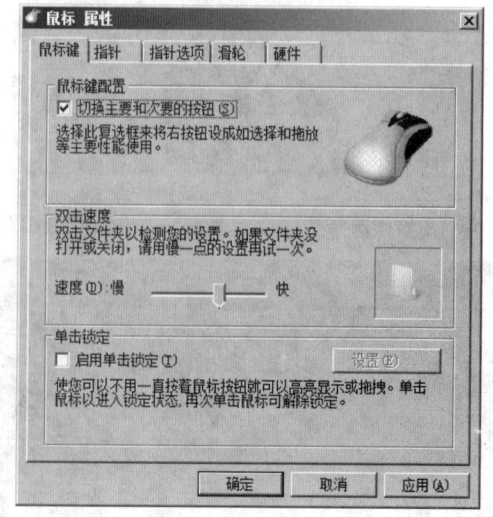
第4步：选择"切换主要和次要的按钮"

四、检查任务

评价表见附录1——任务评价表(学生自评、互评用)和附录2——任务评价表(教师评价用)。

五、小结任务

> 1. 桌面上建立某个应用程序的快捷方式的方法要熟练掌握,可通过鼠标的快捷菜单来完成。
> 2. 鼠标设置了"切换主要和次要的按钮",则鼠标左右键的功能将完全相反,同学们操作时要适应这一变化。

项目二任务二实施

一、提出任务

表2-3 项目二任务二学习任务书

任务二 使用文件夹管理文件				
项 目	项目二 使用 Windows 7		学 时	2学时
学习任务	1. 基本任务 在E盘新建文件夹和复制指定的文件。 2. 拓展任务 《计算机应用基础》教材拓展练习【2-2】			
知识准备	为完成以上任务,应掌握以下操作: 1. 新建、重命名、删除、复制、移动、搜索文件和文件夹; 2. 创建文件和文件夹的快捷方式			
学习要求	1. 每位同学要求完成基本任务; 2. 基本任务完成的同学,尽量完成拓展任务; 3. 学习过程中注意规范操作,培养严谨认真的学习态度; 4. 遇到操作问题,同学之间要互相帮助,多交流操作经验和技巧; 5. 爱护机房卫生,严禁乱丢垃圾; 6. 爱护机房计算机设备,严禁乱拔插头及对鼠标键盘的按键进行破坏			
提交成果	无			

二、分析任务

文件夹及文件操作效果及效果分析如图2-4、2-5、2-6、2-7所示。

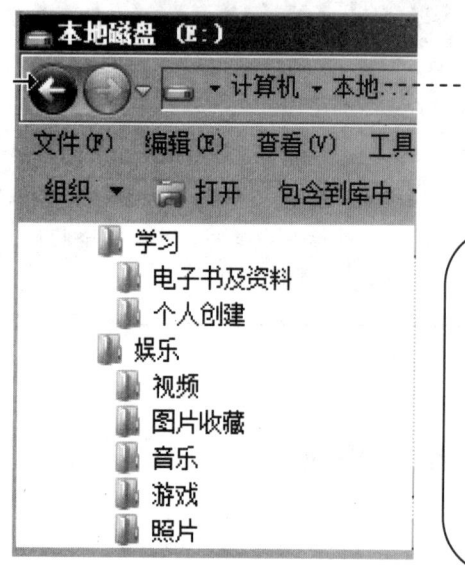

1. 在"E:\"中新建"学习"和"娱乐"两个文件夹。
2. 在"学习"文件夹下新建"电子书及资料"和"个人创建"两个文件夹。
3. 在"娱乐"文件夹下新建"音乐"、"视频"、"图片收藏"、"照片"和"游戏"五个子文件夹。

图 2-4　任务分析 1（项目二任务二）

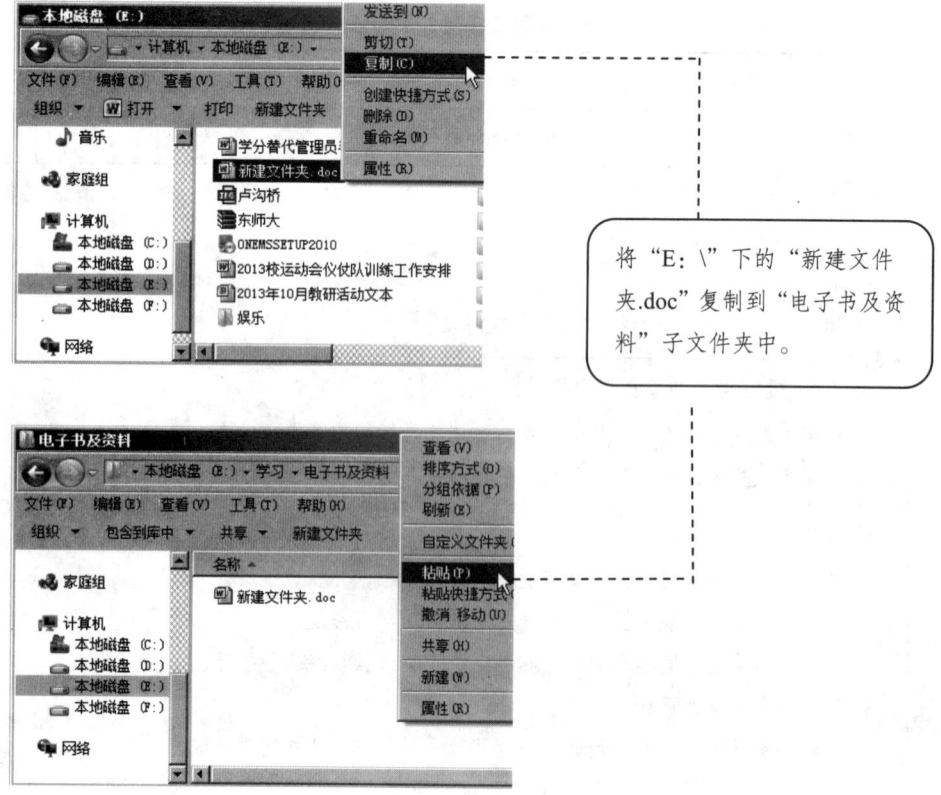

将"E:\"下的"新建文件夹.doc"复制到"电子书及资料"子文件夹中。

图 2-5　任务分析 2（项目二任务二）

项目二 使用 Windows 7

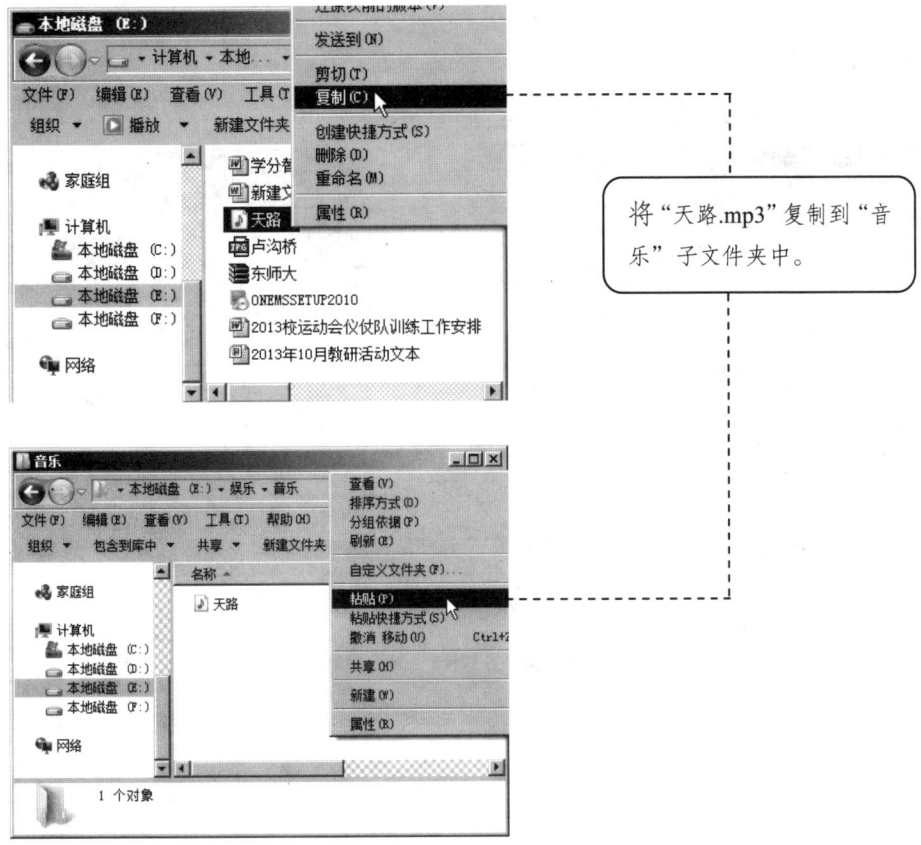

图 2-6 任务分析 3（项目二任务二）

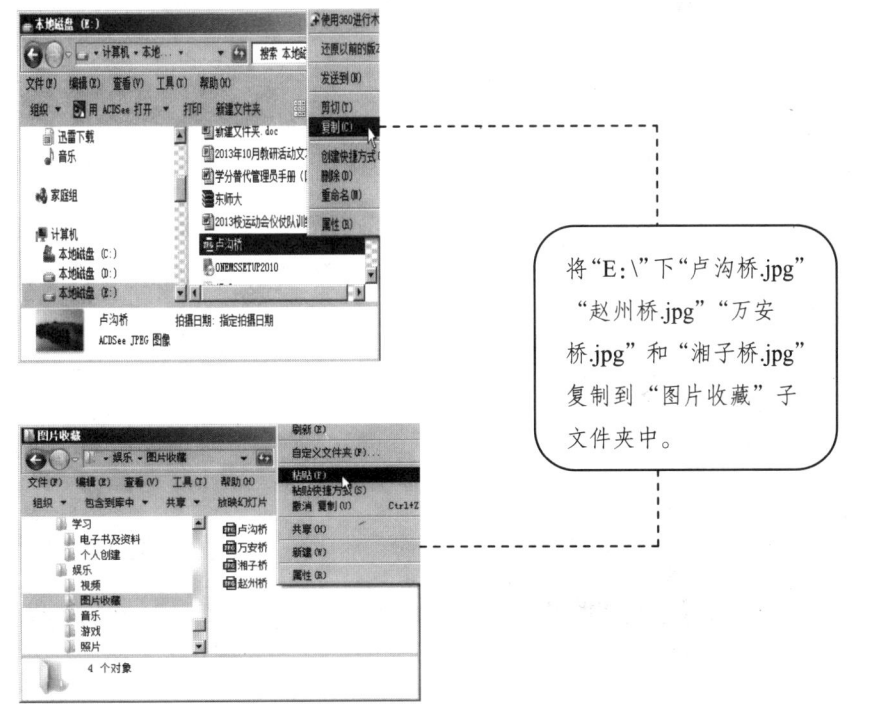

图 2-7 任务分析 4（项目二任务二）

三、完成任务

1. 在"E:\"中新建"学习"和"娱乐"两个文件夹。

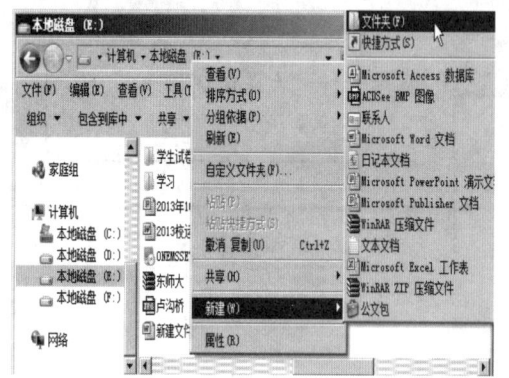 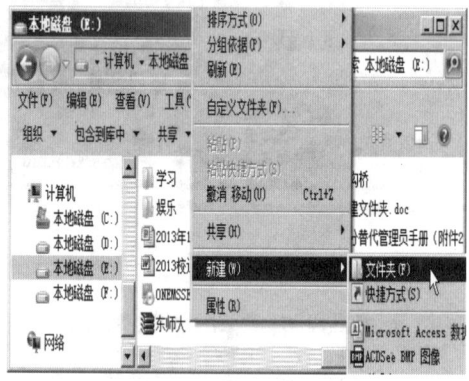

第1步：点击右键"新建"→"文件夹"，输入名称"学习"　　第2步：新建文件夹"娱乐"

2. 在"学习"文件夹下新建"电子书及资料"和"个人创建"两个文件夹。

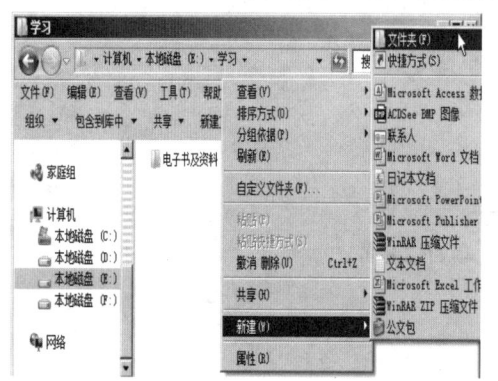 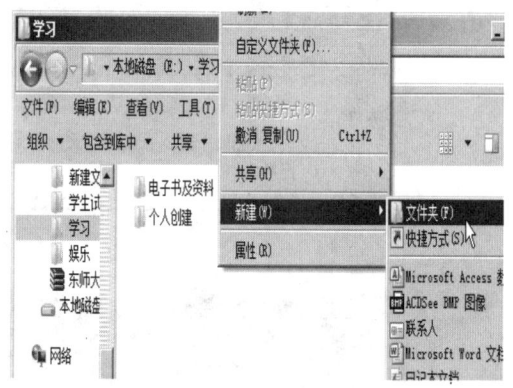

第1步：双击打开"学习"文件夹，　　　　第2步：新建"个人创建"文件夹
新建"电子书及资料"文件夹

3. 在"娱乐"文件夹下新建"音乐""视频""图片收藏""照片"和"游戏"五个子文件夹。

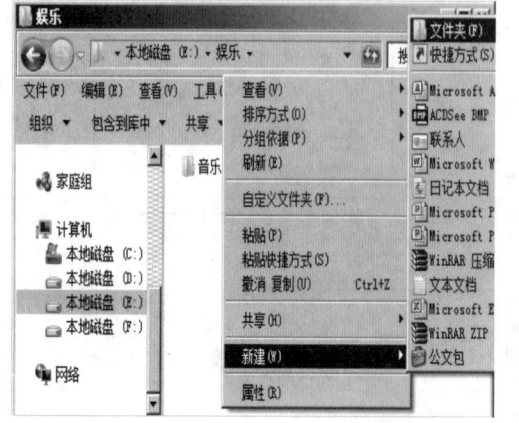 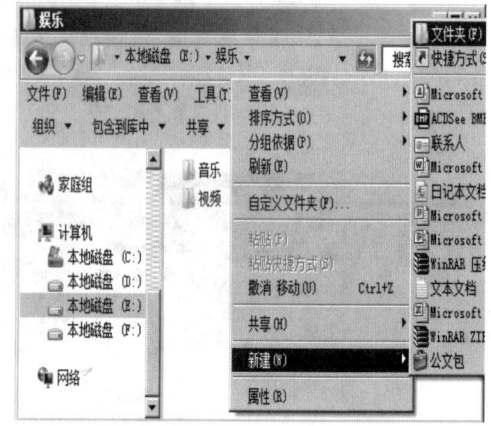

第1步：双击打开"娱乐"文件夹，新建"音乐"文件夹　　第2步：新建"视频"文件夹

项目二 使用 Windows 7

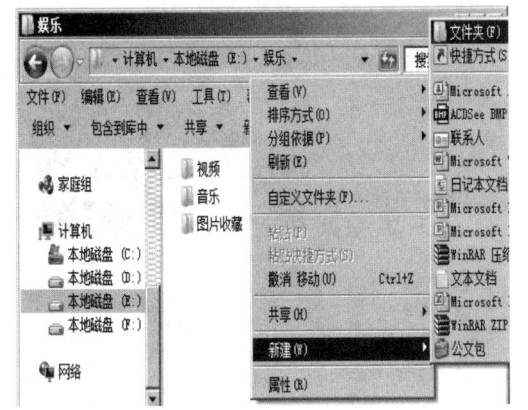

第3步：新建"图片收藏"文件夹

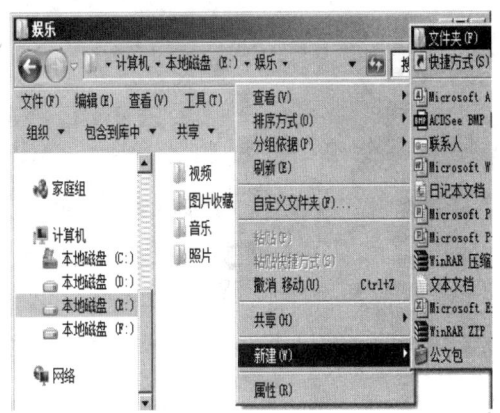

第4步：新建"照片"文件夹

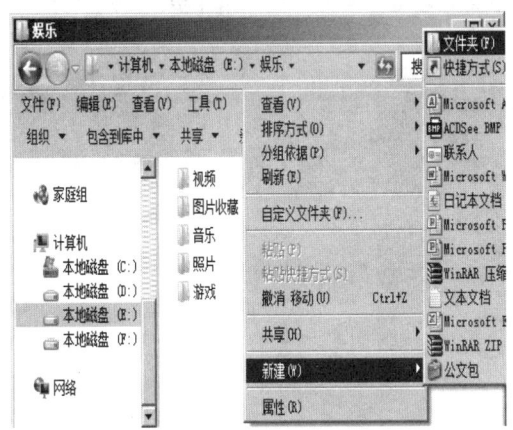

第5步：新建"游戏"文件夹

4. 将"E：\"下的"新建文件夹.doc"复制到"电子书及资料"子文件夹中，将"天路.mp3"复制到"音乐"子文件夹中，将"卢沟桥.jpg""赵州桥.jpg""万安桥.jpg"和"湘子桥.jpg"复制到"图片收藏"子文件夹中。

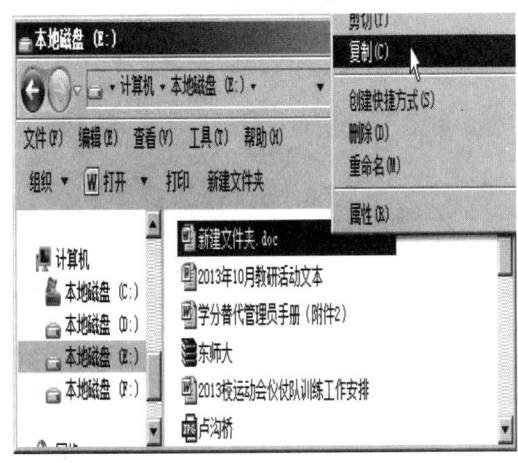

第1步：选择"新建文件夹.doc"，点击右键"复制"

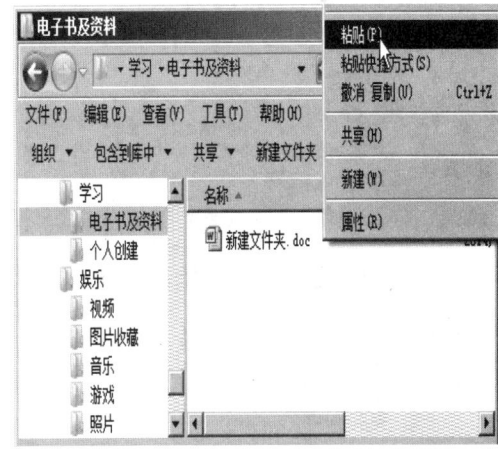

第2步：打开"电子书及资料"文件夹，点击右键"粘贴"

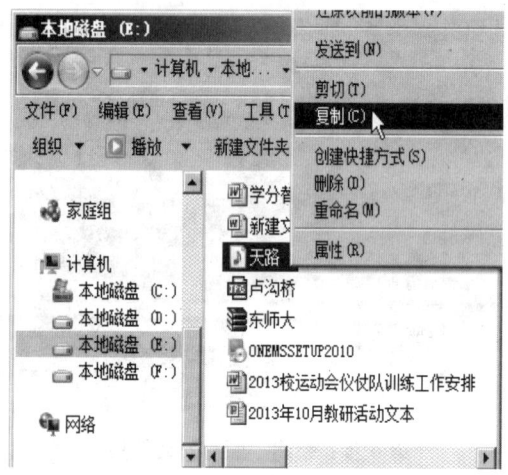

第 3 步：选择"天路.mp3"，点击右键"复制"

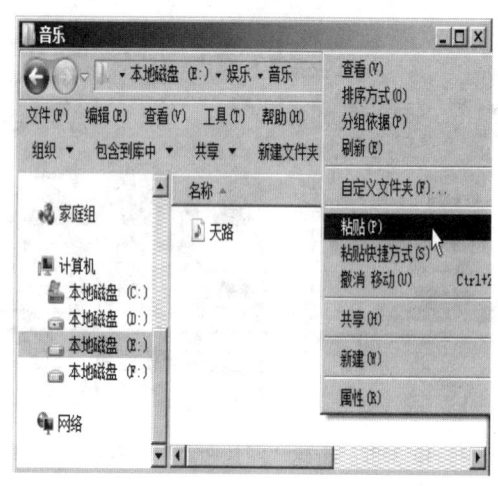

第 4 步：打开"音乐"文件夹，点击右键"粘贴"

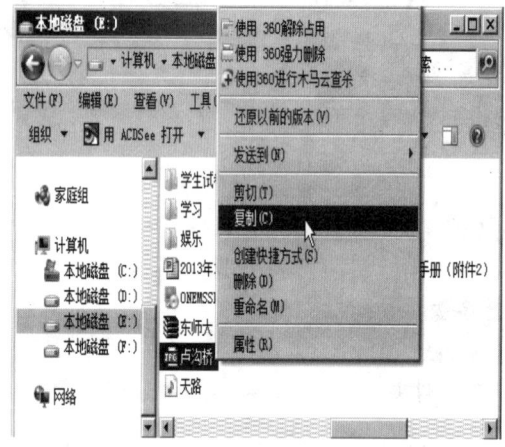

第 5 步：选择"卢沟桥.jpg"，点击右键"复制"

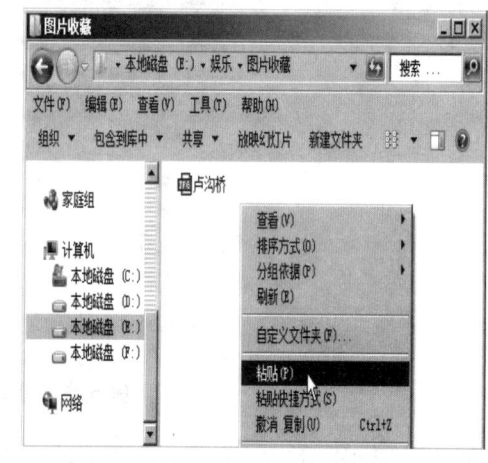

第 6 步：打开"图片收藏"文件夹，点击右键"粘贴"

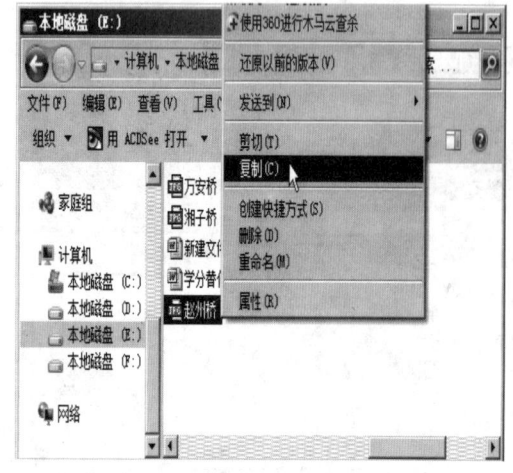

第 7 步：选择"赵州桥.jpg"，点击右键"复制"

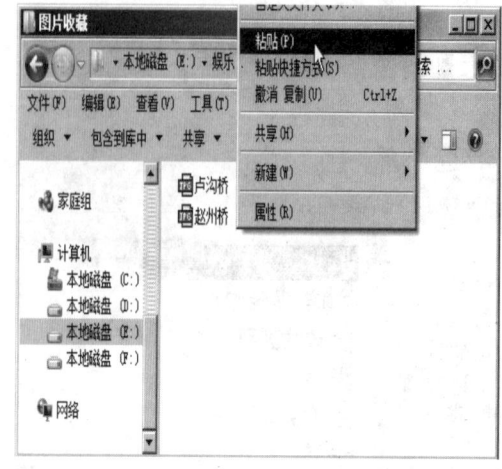

第 8 步：打开"图片收藏"文件夹，点击右键"粘贴"

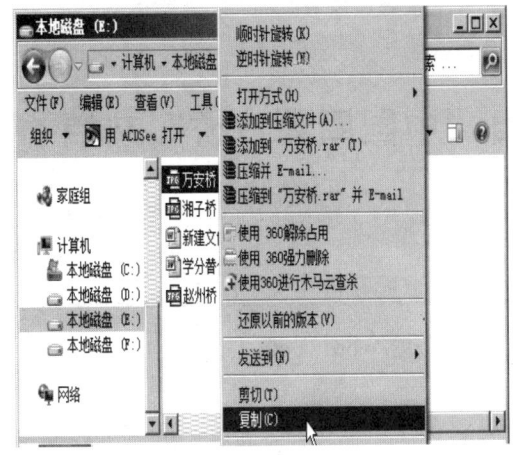
第9步：选择"万安桥.jpg"，点击右键"复制"

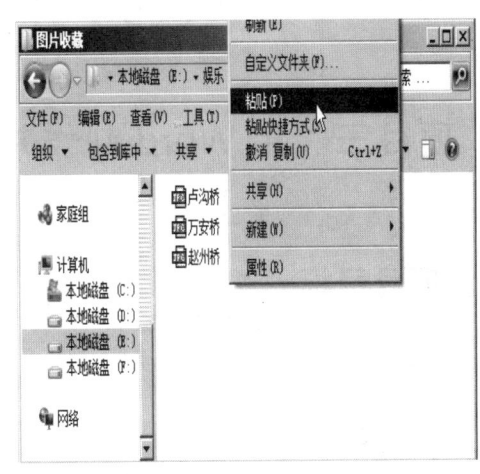
第10步：打开"图片收藏"文件夹，点击右键"粘贴"

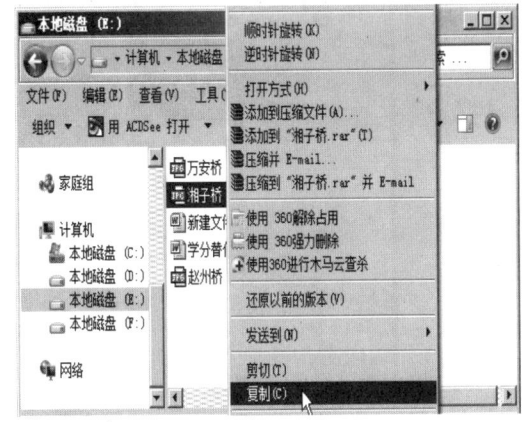
第11步：选择"湘子桥.jpg"，点击右键"复制"

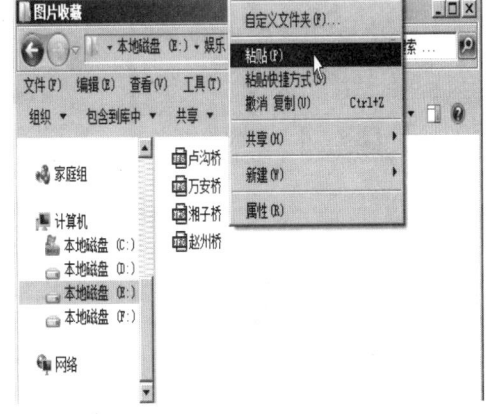
第12步：打开"图片收藏"文件夹，点击右键"粘贴"

四、检查任务

评价表见附录1——任务评价表（学生自评、互评用）和附录2——任务评价表（教师评价用）。

五、小结任务

1. 几个文件在复制或移动时，可以先用"Ctrl"或"Shift"全部选定，执行一次复制或移动操作即可。

2. 文件的移动可以用"剪切"和"粘贴"操作来实现。

3. "剪切""复制""粘贴"的快捷键是："Ctrl+X""Ctrl+C""Ctrl+V"。

项目三　用 Word 制作并输出"中国四大古桥"文档

一、项目目标

➢ 能制作并输出布局美观大方、图片和文字混合排版的 Word 文档。

二、项目引入

"中国四大古桥"文档的制作效果如图 3-1 所示。

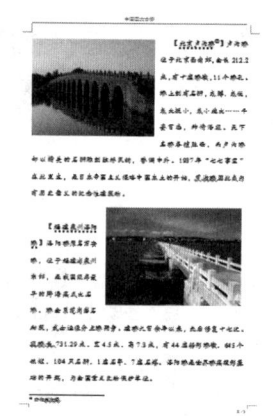

图 3-1　项目三完成效果

三、项目分析（任务分解）

若制作如图 3-1 所示的"中国四大古桥"图文混排文档，一般需要以下四个操作步骤。

1. 录入编辑文档，效果如图 3-2 所示。

图 3-2　任务一完成效果

2. 设置文档的字符和段落格式，效果如图3-3所示。

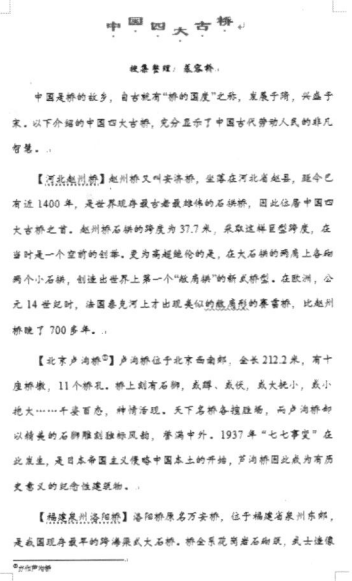

图3-3 任务二完成效果

3. 进一步设置首字下沉、项目符号等格式及插入图片，效果如图3-4所示。

图3-4 任务三完成效果

4. 对文档进行页面排版及输出，效果如图3-1所示。

因此，我们需要将项目三分成四个任务来完成：任务一是录入编辑"中国四大古桥"文档；任务二是编排"中国四大古桥"文档的字符和段落格式；任务三是使用特殊格式及图片美化"中国四大古桥"文档；任务四是对"中国四大古桥"文档进行页面排版及输出。

四、项目实施

1. 任务一的实施过程，见"项目三任务一实施"。
2. 任务二的实施过程，见"项目三任务二实施"。

3. 任务三的实施过程，见"项目三任务三实施"。
4. 任务四的实施过程，见"项目三任务四实施"。

五、项目评价

表 3-1　项目三评价表

班　级		姓　名		所在小组	
项目名称	\multicolumn{4}{c}{用 Word 制作并输出"中国四大古桥"文档}	
评价过程	\multicolumn{3}{c}{评价内容}		项目成绩
	教师评价（0.6）	学生自评（0.2）	学生互评（0.2）		
任务一					
任务二					
任务三					
任务四					
加权平均分					

六、项目总结

1. 制作 Word 文档的一般步骤如下：
（1）打开 Word 软件，输入文档内容并保存；
（2）按照文档的标题、作者、正文、落款等内容依次设置字体格式和段落格式；
（3）根据需要对文档设置特殊格式，包括设置项目符号、边框、底纹、分栏、首字下沉等。
（4）根据需要在文档中插入图片，调整图片大小，将图片放到文档合适位置。
（5）对文档进行页面设置，预览后打印输出。

2. 操作注意事项：
（1）设置字符格式、段落格式和特殊格式时，要考虑文档阅读的实用性、美观性、习惯性；
（2）操作过程中注意及时保存，以免操作过程中出现断电、软件故障导致的文档丢失情况。

项目三任务一实施

一、提出任务

表 3-2　项目三任务一学习任务书

	任务一　录入编辑"中国四大古桥"文档			
项　目	用 Word 制作并输出"中国四大古桥"文档		学　时	2 学时
学习任务	1. 基本任务 （1）在 Word 2010 中录入如图 3-5 所示文档，保存为"中国古代四大桥梁.docx"。 （2）对"中国古代四大桥梁.docx"文档进行编辑，并另存为"中国四大古桥.docx"，完成效果如图 3-2 所示。 2. 拓展任务 《计算机应用基础》教材拓展练习【3-1】、【3-2】			
知识准备	为完成以上任务，应掌握以下操作： 1. 启动和退出 Word； 2. 新建、保存、打开、关闭 Word 文档； 3. 录入、删除、修改文档内容； 4. 对 Word 文档内容进行复制、移动、查找和替换			
学习要求	1. 每位同学要求完成基本任务； 2. 基本任务完成的同学，尽量完成拓展任务； 3. 学习过程中注意规范操作，培养严谨认真的学习态度； 4. 遇到操作问题，同学之间要互相帮助，多交流操作经验和技巧； 5. 爱护机房卫生，严禁乱丢垃圾； 6. 爱护机房计算机设备，严禁乱拔插头及对鼠标键盘的按键进行破坏			
提交成果	1."中国古代四大桥梁.docx"文档。 2."中国四大古桥.docx"文档。 3. 拓展练习【3-1】文档。 4. 拓展练习【3-2】文档			

二、分析任务

1. 制作"中国古代四大桥梁.docx"文档，内容及效果分析如图 3-5 所示。

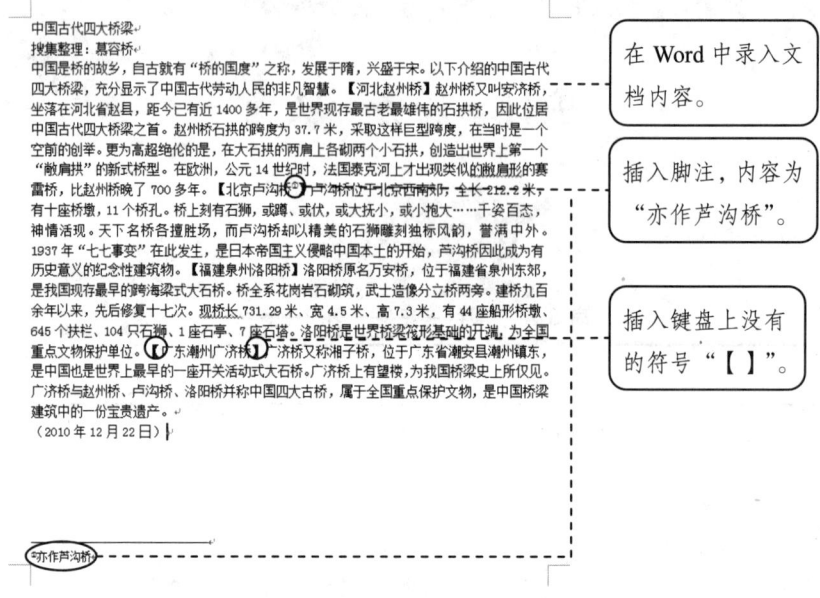

图 3-5　任务分析 1（项目三任务一）

2. 编辑"中国古代四大桥梁.docx"文档，编辑后的文档另存为"中国四大古桥.docx"。"中国四大古桥.docx"文档内容及效果分析如图 3-6 所示。

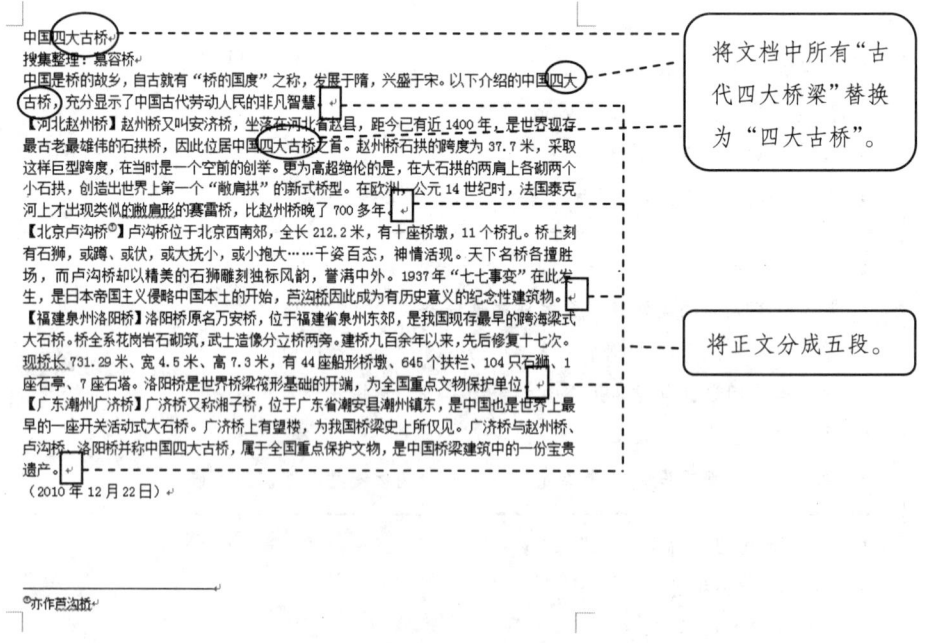

图 3-6　任务分析 2（项目三任务一）

三、完成任务

1. 录入并保存文档。

（1）新建并保存文档为"中国古代四大桥梁.docx"。

第1步：双击Word启动图标新建文档

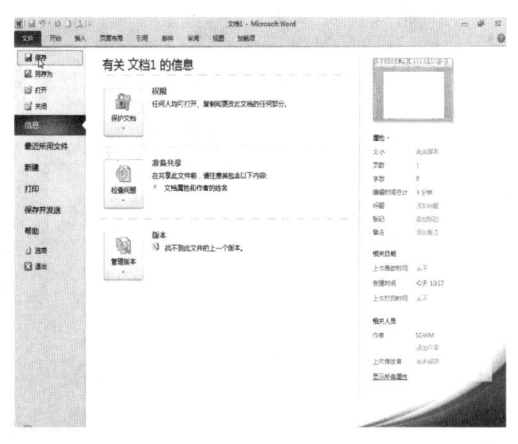
第2步：执行保存文件的命令

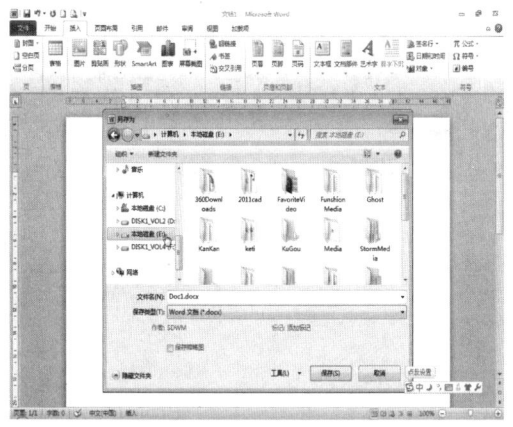
第3步：选择保存位置

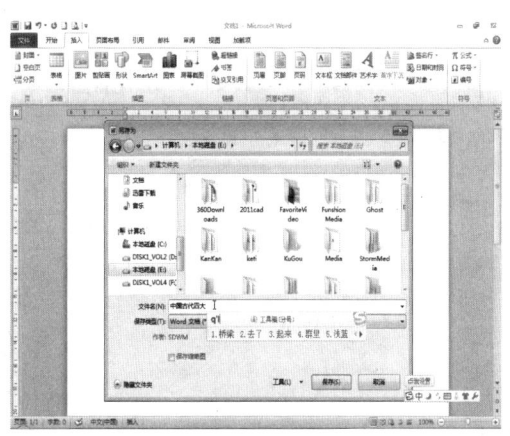
第4步：输入文件名并单击"保存"

（2）生成新段。

第1步：录入第一段（标题）

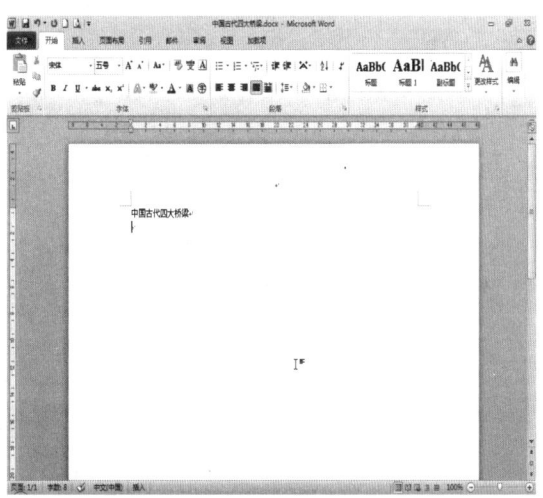
第2步：按回车键生成第二段

（3）输入重复文字。

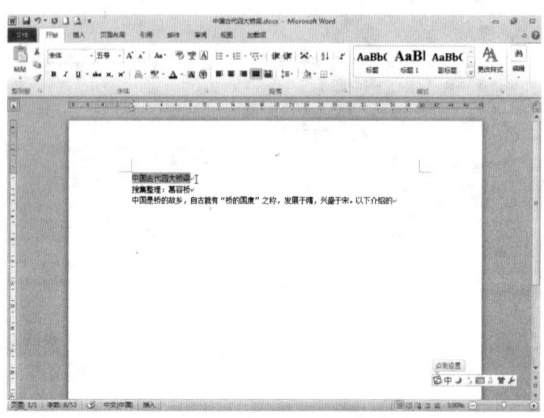 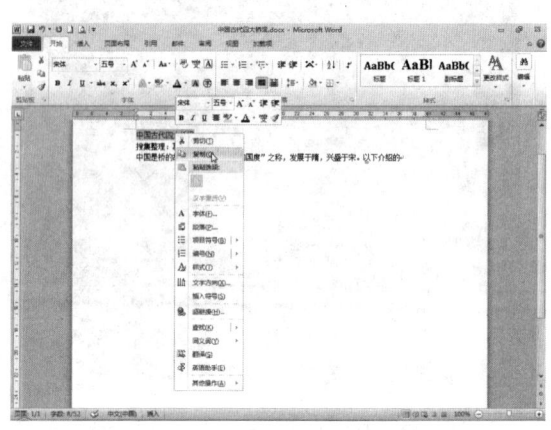

第 1 步：选择要复制的文字　　　　　　第 2 步：执行复制文件的命令

 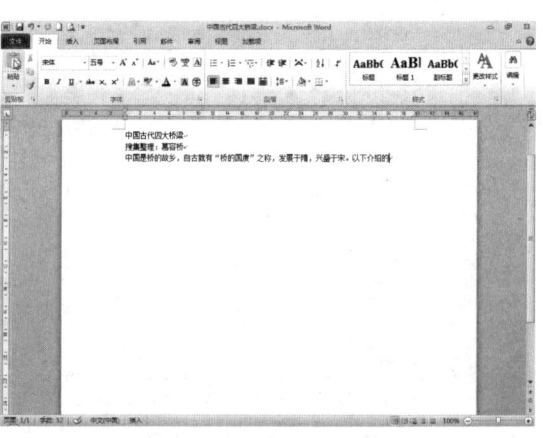

第 3 步：光标定位到要复制文字处　　　第 4 步：执行粘贴文件的命令

（4）插入键盘没有的符号"【】"。

第 1 步：执行插入符号的命令　　　　　第 2 步：选择"子集"—"CJK 符号和标点"

 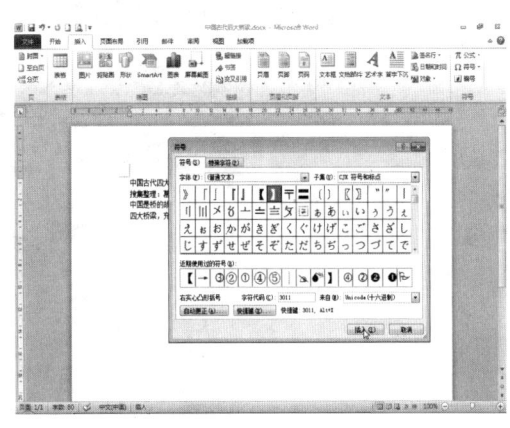

第3步：选择"【"并单击"插入"　　　　第4步：选择"】"并单击"插入"

（5）插入脚注。

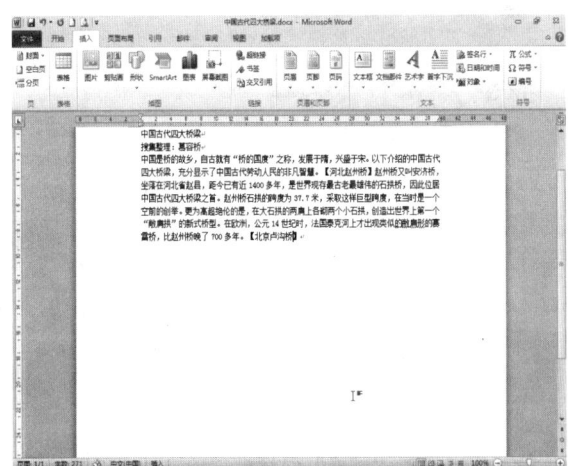 

第1步：光标定位在"北京卢沟桥"后　　　第2步：执行插入脚注的命令

第3步：在光标处输入"亦作芦沟桥"

（6）录入过程中保存文档。

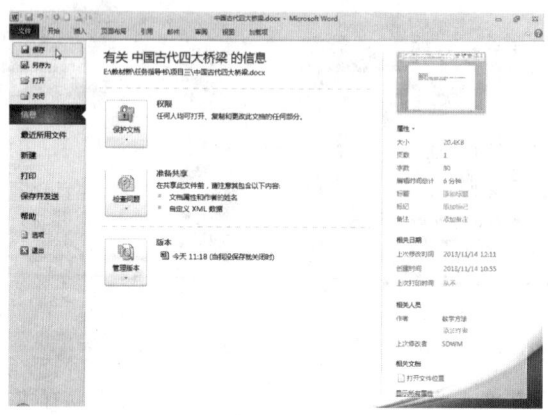

2. 将文中所有"古代四大桥梁"替换为"四大古桥"。

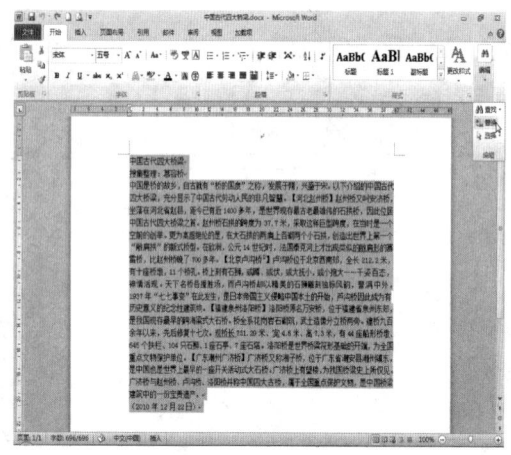 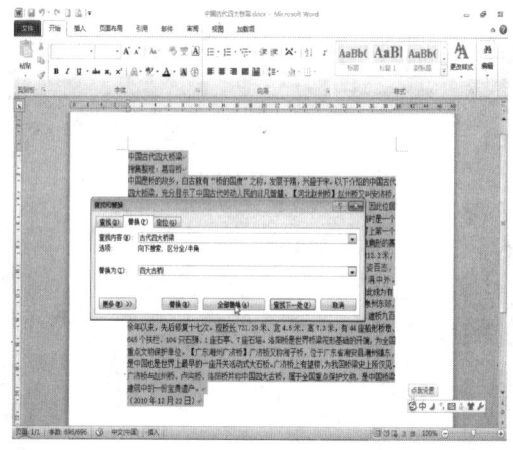

第1步：选定全文并执行进行替换的命令　　　第2步：设置"替换"对话框并单击"全部替换"

3. 将正文"中国是桥的故乡……是中国桥梁建筑中的一份宝贵遗产"分成5个小的段落。

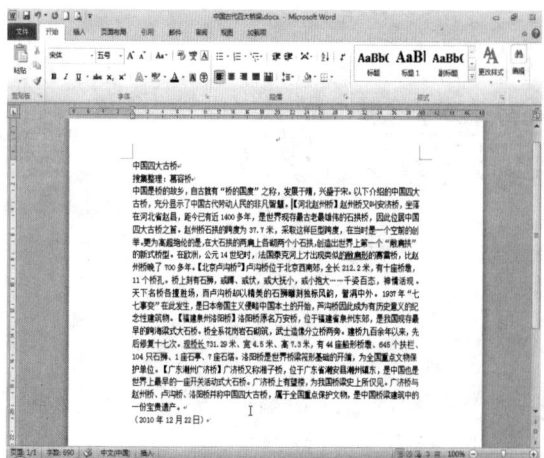 

第1步：将光标定位于"【河北赵州桥】"前　　　　　　　第2步：按回车键

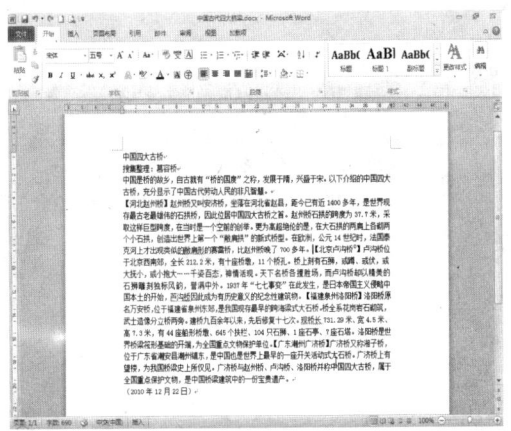

第3步：将光标定位于"【北京卢沟桥】"前

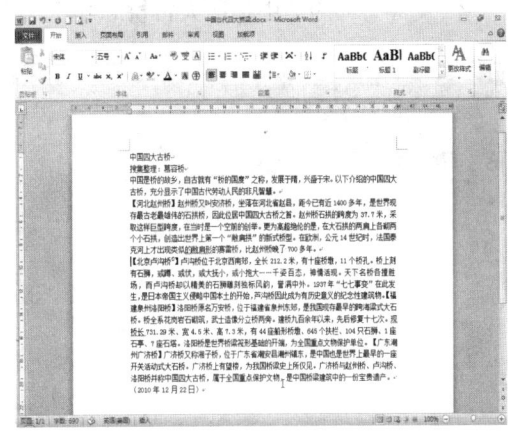

第4步：按回车键

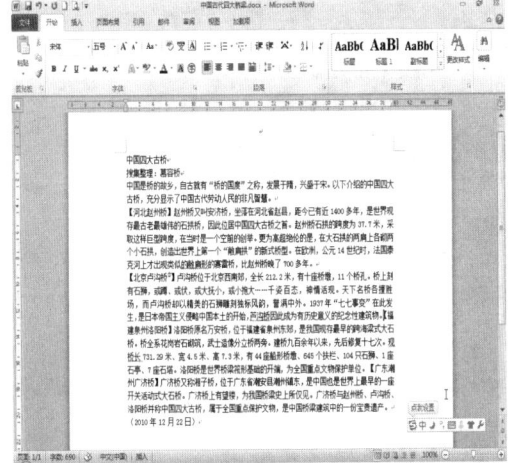

第5步：将光标定位于"【福建泉州洛阳桥】"前

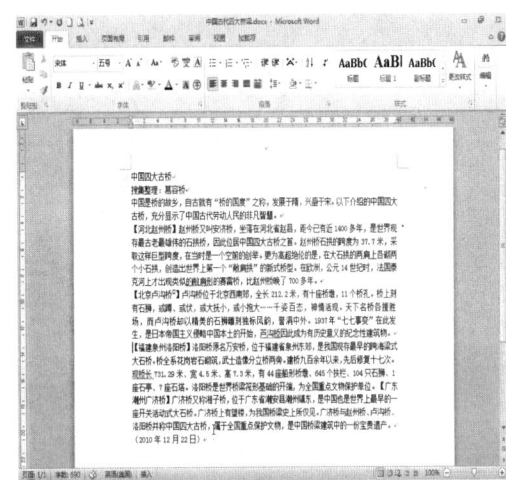

第6步：按回车键

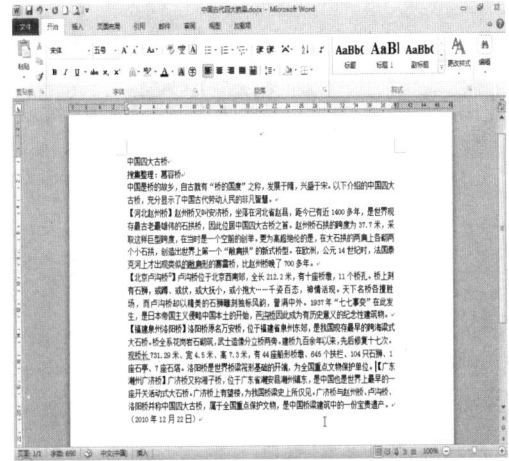

第7步：将光标定位于"【广东潮州广济桥】"前

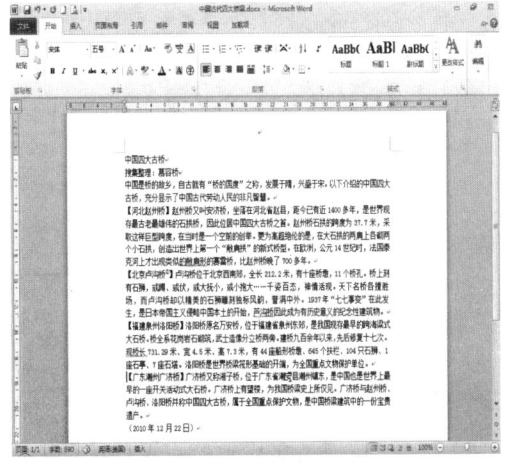

第8步：按回车键

4. 文件另存为"中国四大古桥.docx"。

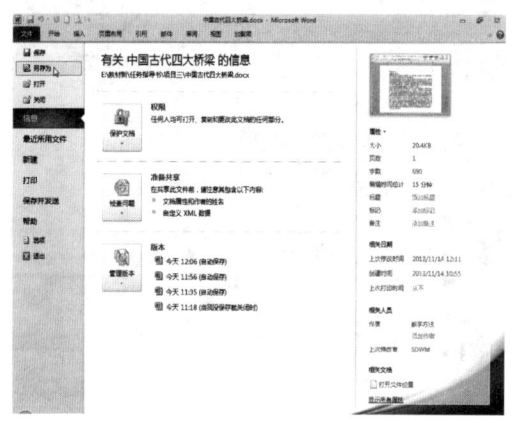

第1步：执行另存文件的命令

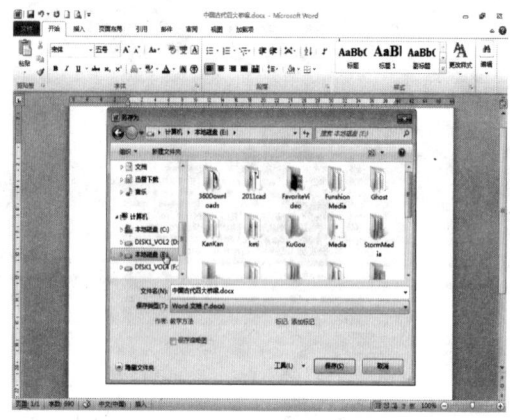

第2步：选择保存位置

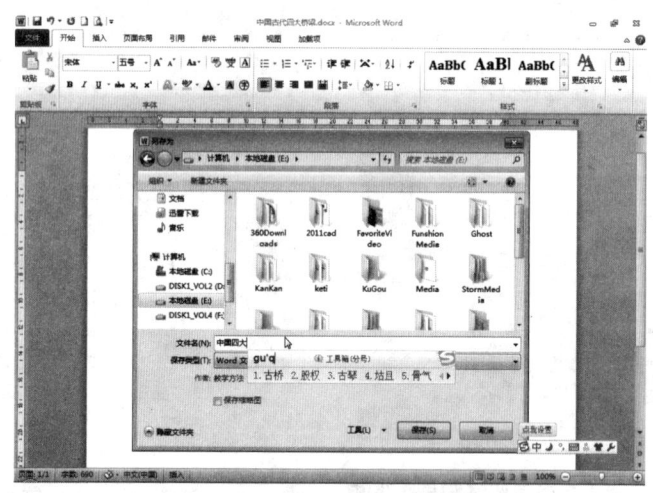

第3步：输入文件名并单击"保存"

四、检查任务

评价表见附录1——任务评价表（学生自评、互评用）和附录2——任务评价表（教师评价用）。

五、小结任务

1. 录入文档中的重复内容时，使用"复制""粘贴"功能可以提高录入速度。
2. Word提供的"替换"功能，可以快速将字或词组进行批量更改，因此能够提高文档的编辑速度。
3. 要有意识地培养及时保存文档的意识，避免不必要的重复工作。

项目三任务二实施

一、提出任务

表 3-3 项目三任务二学习任务书

任务二 编排"中国四大古桥"文档的字符和段落格式			
项　目	用 Word 制作并输出"中国四大古桥"文档	学　时	2 学时
学习任务	1. 基本任务 （1）将上一次任务完成的"中国四大古桥.docx"另存为"中国四大古桥（字符段落格式）.docx"。 （2）对"中国四大古桥（字符段落格式）.docx"文档内容设置字符格式和段落格式，设置效果如图 3-3 所示。 2. 拓展任务 《计算机应用基础》教材拓展练习【3-3】		
知识准备	为完成以上任务，应掌握以下操作： 1. 设置字体、字号等字符格式； 2. 设置对齐、缩进等段落格式； 3. 使用格式刷工具进行格式的复制		
学习要求	1. 完成基本任务，尽量完成拓展任务； 2. 学习过程中注意规范操作，培养严谨认真的学习态度； 3. 遇到操作问题，同学之间要互相帮助，多交流操作经验和技巧； 4. 爱护机房卫生，严禁乱丢垃圾； 5. 爱护机房计算机设备，严禁乱拔插头及对鼠标键盘的按键进行破坏		
提交成果	1. "中国四大古桥（字符段落格式）.docx"文档。 2. 拓展练习【3-3】文档		

二、分析任务

要将图 3-2 所示文档设置成图 3-3 所示的排版效果，需要设置字符格式和段落格式。图 3-2 所示文档由标题、作者、正文、日期四个部分组成，可以按照以上顺序分别进行字符、段落格式的设置。

1. 设置标题和作者，效果分析如图 3-7 所示。

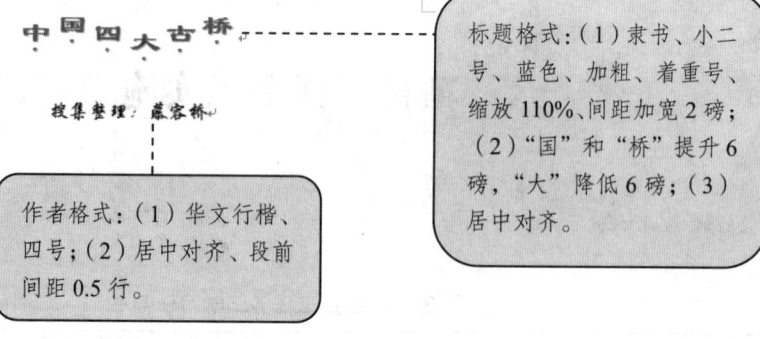

图 3-7 任务分析 1（项目三任务二）

2. 设置正文和日期，效果分析如图 3-8、3-9 所示。

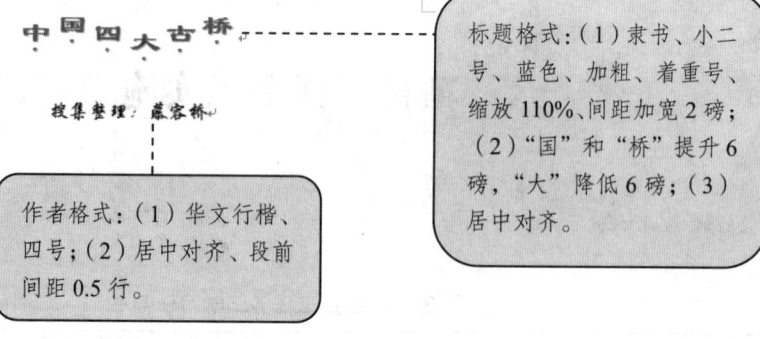

图 3-8 任务分析 2（项目三任务二）

项目三 用 Word 制作并输出"中国四大古桥"文档 37

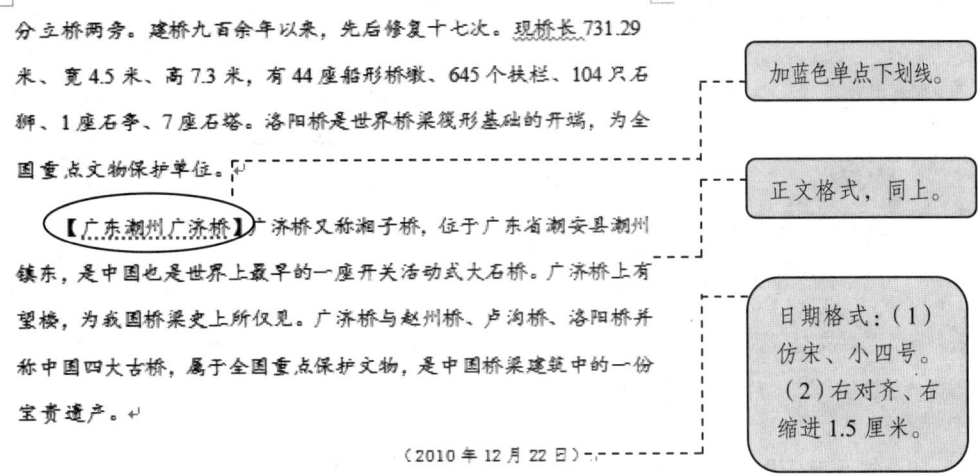

图 3-9 任务分析 3（项目三任务二）

三、完成任务

1. 设置标题"中国四大古桥"的字符、段落格式。

（1）隶书、小二号、蓝色、加粗、着重号、缩放 110%、间距加宽 2 磅。

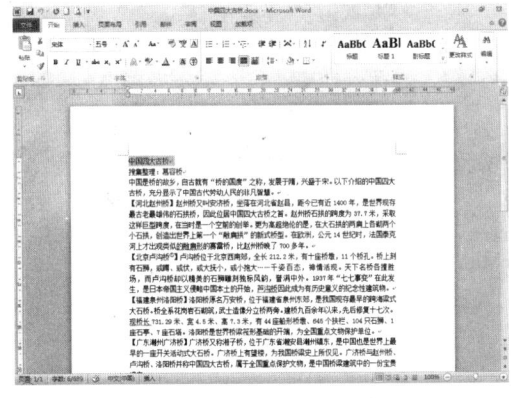

第 1 步：选定标题

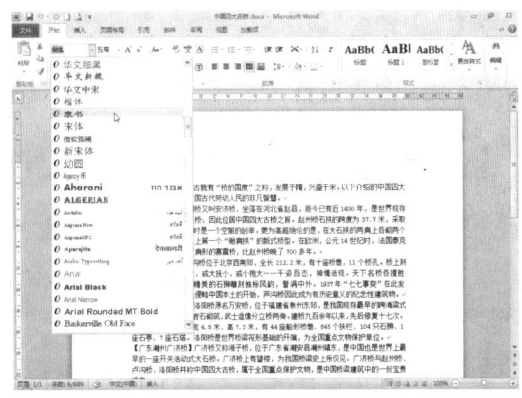

第 2 步：设置"隶书"

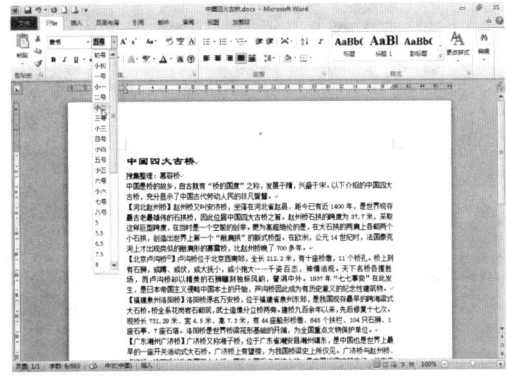

第 3 步：设置"小二号"

第 4 步：设置"蓝色"

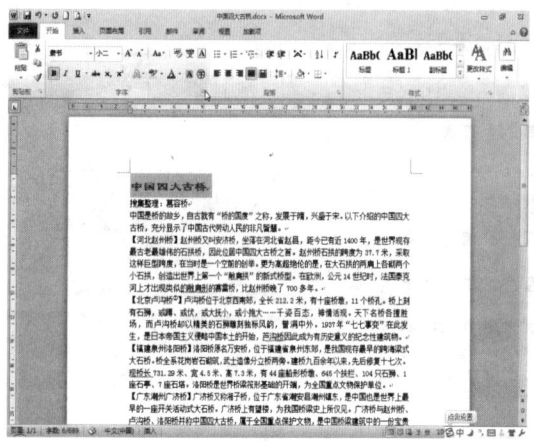
第5步：设置"加粗"

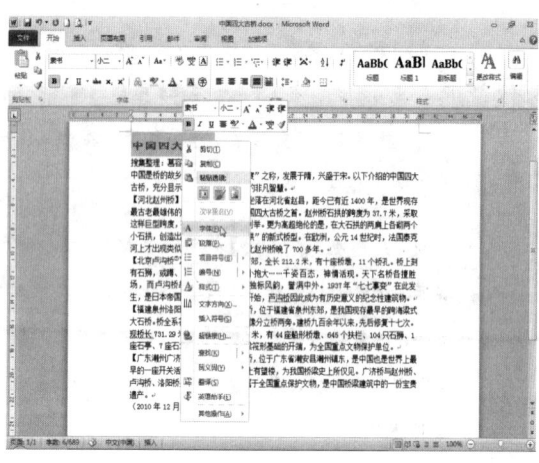
第6步：打开"字体"对话框

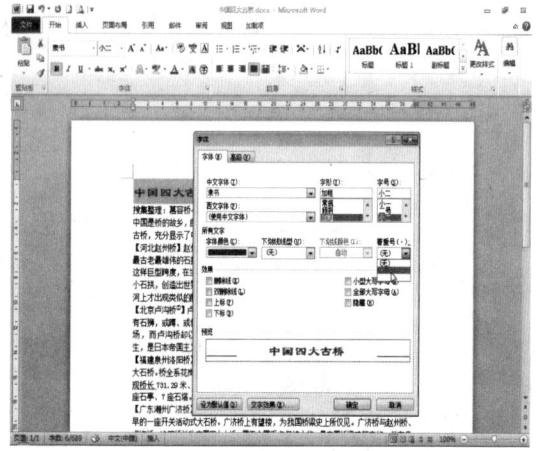
第7步：设置"着重号"

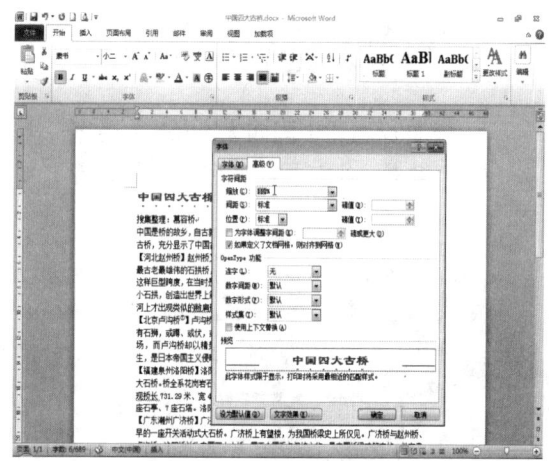
第8步：设置"缩放"

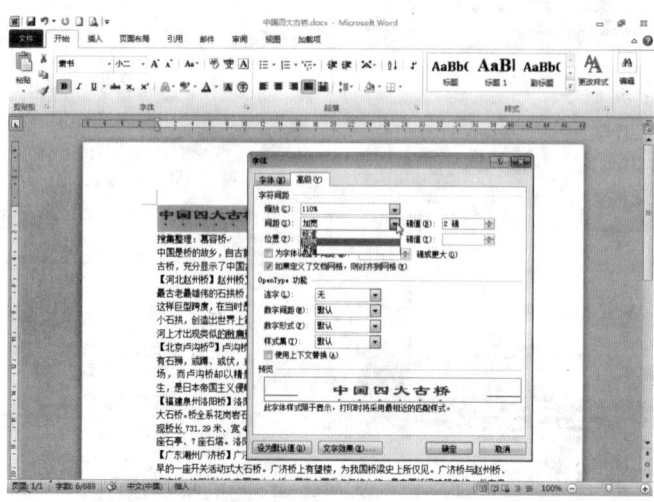
第9步：设置"间距加宽"并单击"确定"

（2）"国"和"桥"提升6磅，"大"降低6磅。

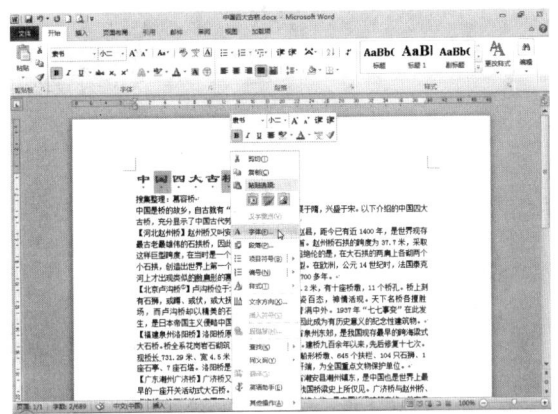

第1步：选定"国"和"桥"并打开"字体"对话框

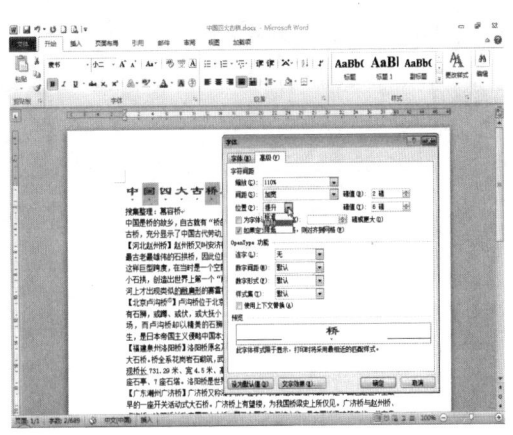

第2步：设置"提升"

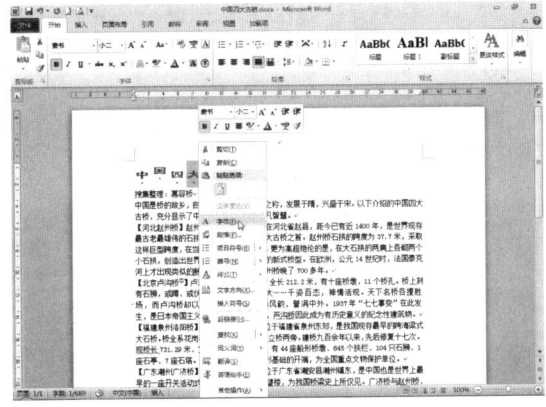

第3步：选定"大"并打开"字体"对话框

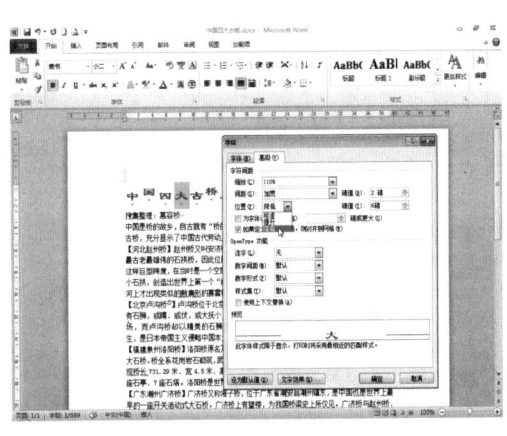

第4步：设置"降低"并单击"确定"

（3）居中对齐。

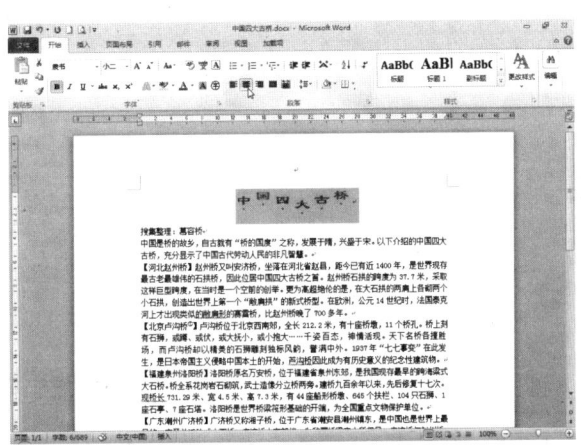

2. 设置作者"搜集整理：慕容桥"的字符、段落格式。华文行楷、四号、居中对齐、段前间距0.5行。

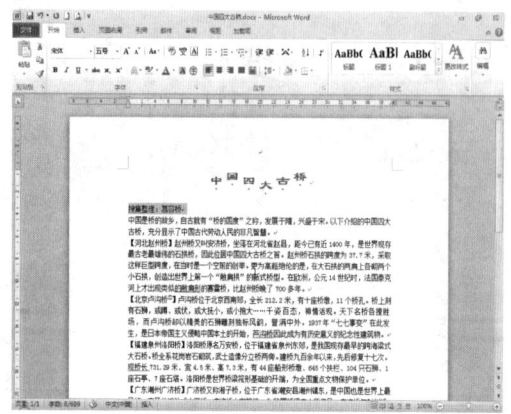

第1步:选定作者

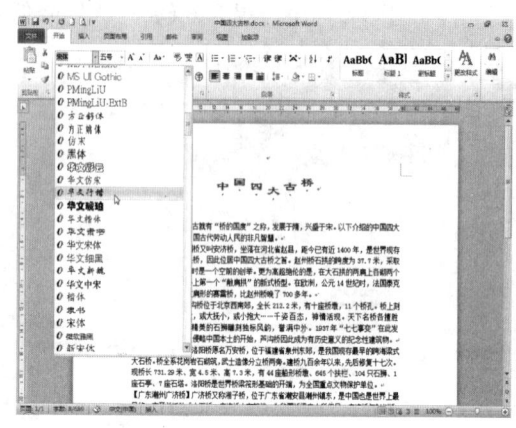

第2步:设置"华文行楷"

第3步:设置"四号"

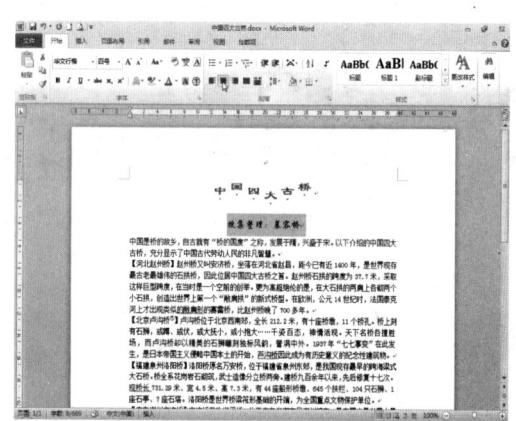

第4步:设置"居中"

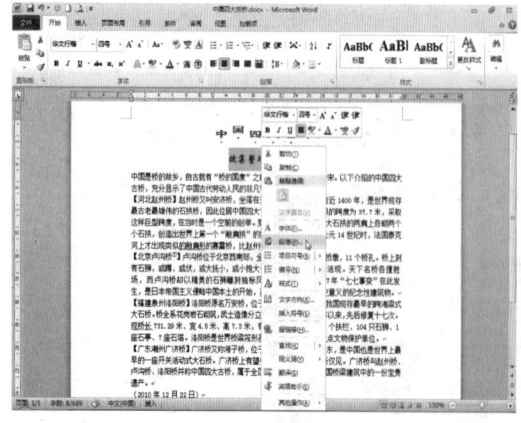

第5步:打开"段落"对话框

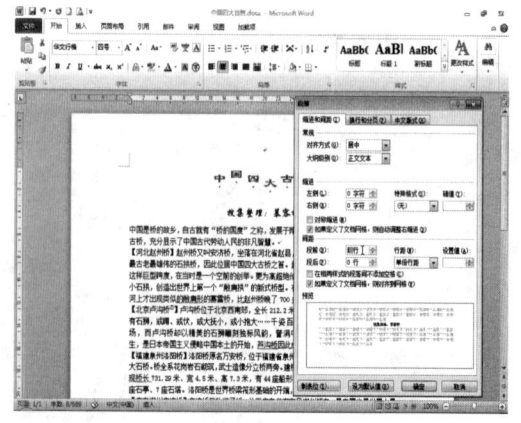

第6步:设置"段前间距"并单击"确定"

3. 设置正文"中国是桥的故乡……是中国桥梁建筑中的一份宝贵遗产"字符、段落格式。楷体(中文字体)、Times New Roman(西文字体)、14磅、首行缩进2字符、段前4磅、段后8磅、1.5倍行间距。

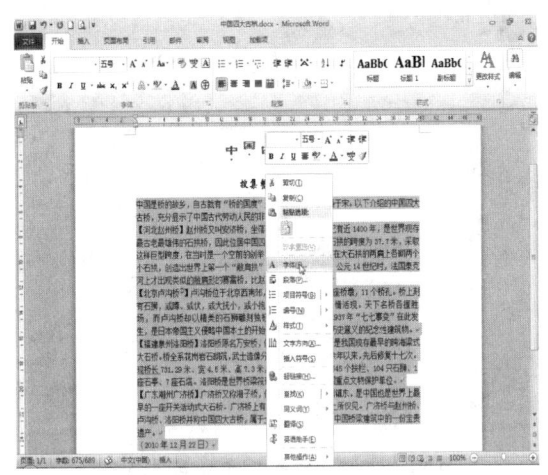

第1步：选定正文并打开"字体"对话框

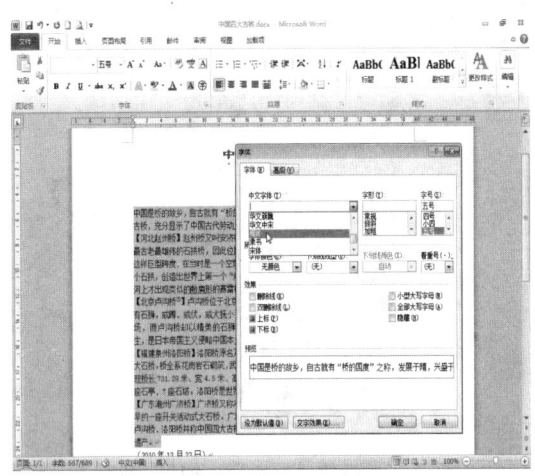

第2步：设置"楷体"

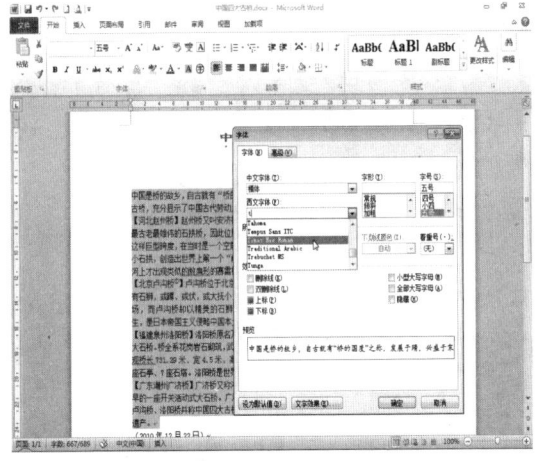

第3步：设置"Times New Roman"

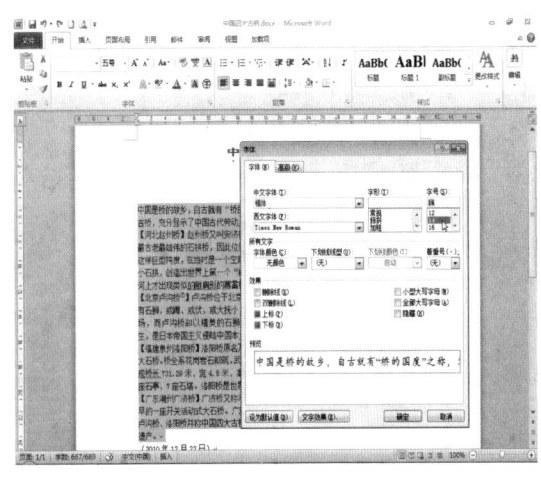

第4步：设置"14磅"并单击"确定"

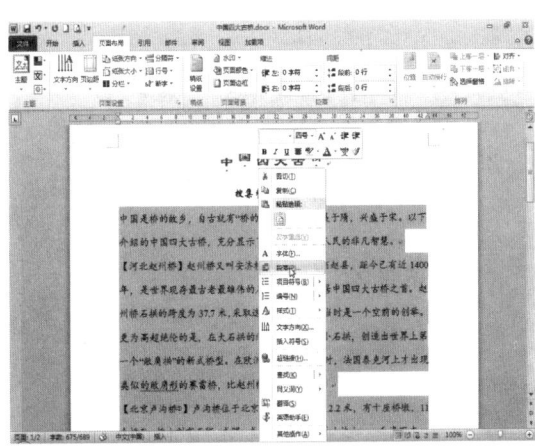

第5步：打开"段落"对话框

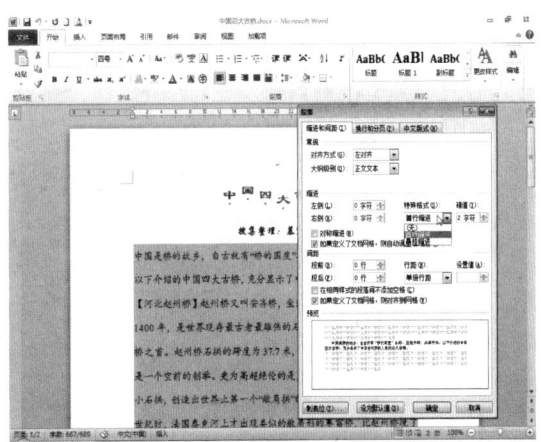

第6步：设置"首行缩进"

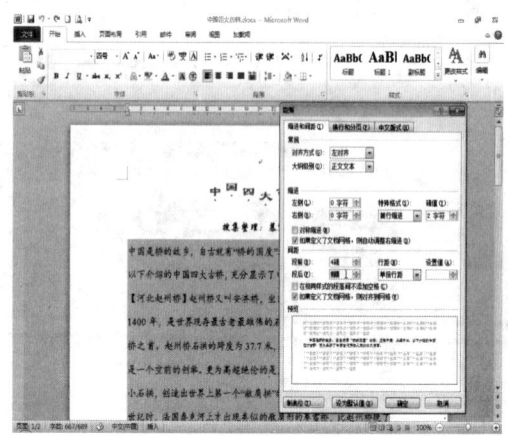
第 7 步：设置"段前""段后"间距

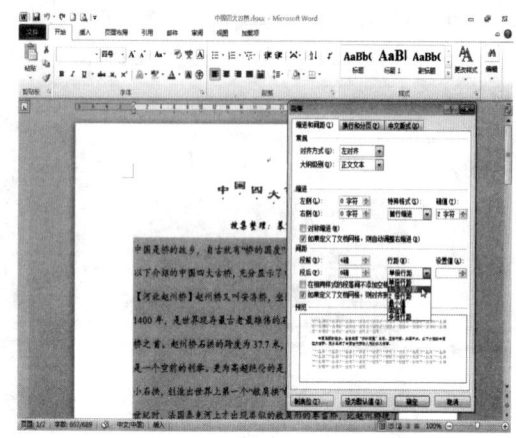
第 8 步：设置"行距"并单击"确定"

4. 设置日期的字符、段落格式。仿宋、小四号、右对齐、右缩进 1.5 厘米。

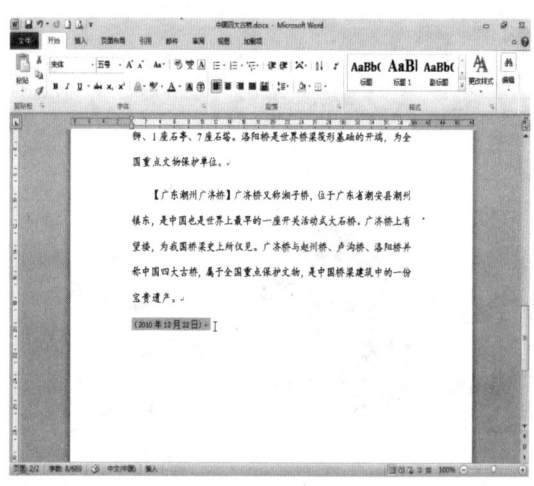
第 1 步：选定日期

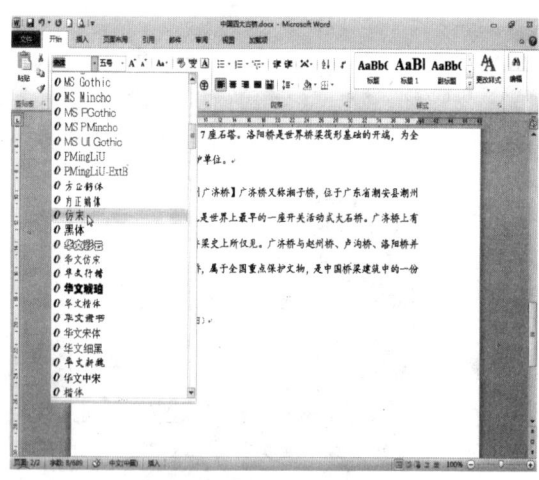
第 2 步：设置"仿宋"

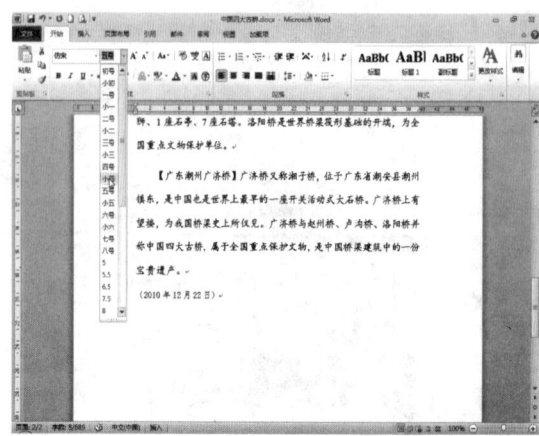
第 3 步：设置"小四号"

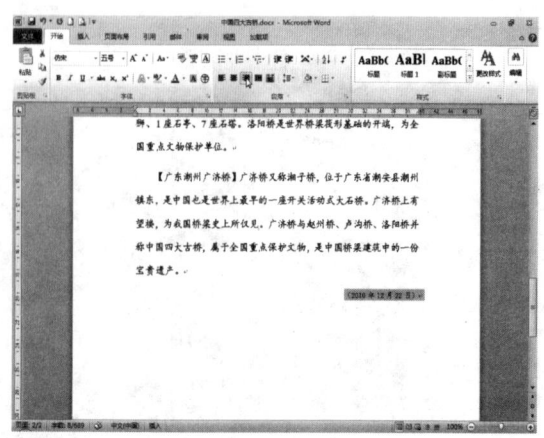
第 4 步：设置"右对齐"

项目三　用 Word 制作并输出"中国四大古桥"文档

第 5 步：打开"段落"对话框

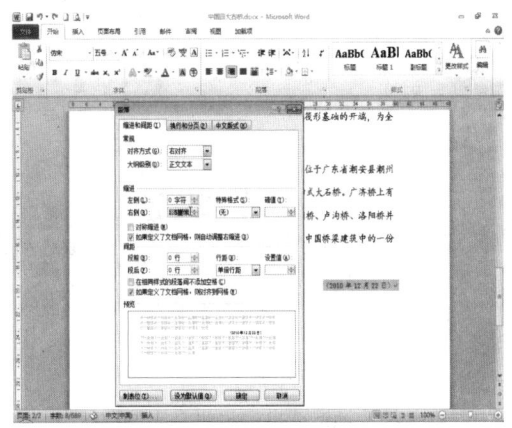

第 6 步：设置"右缩进"并单击"确定"

5. 给"【河北赵州桥】""【北京卢沟桥】""【福建泉州洛阳桥】""【广东潮州广济桥】"中的文字加蓝色点式下划线。

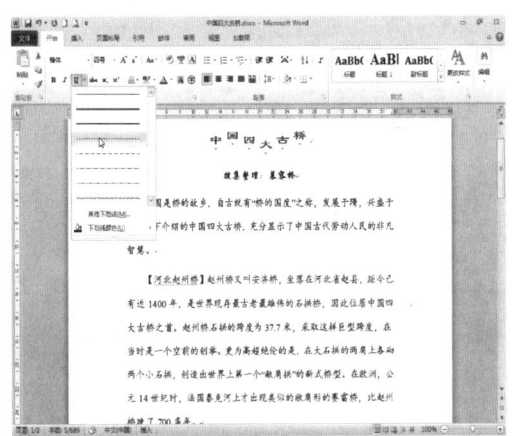

第 1 步：选定"河北赵州桥"并设置"点式下划线"

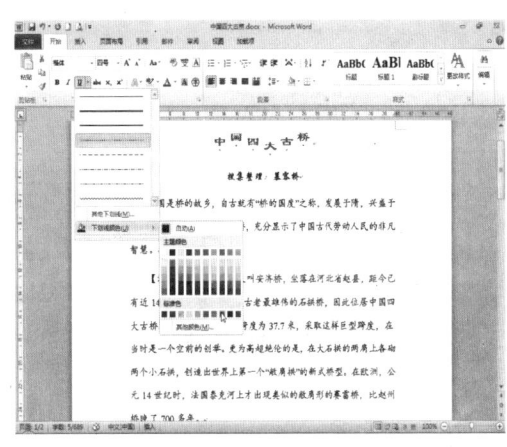

第 2 步：设置下划线"蓝色"

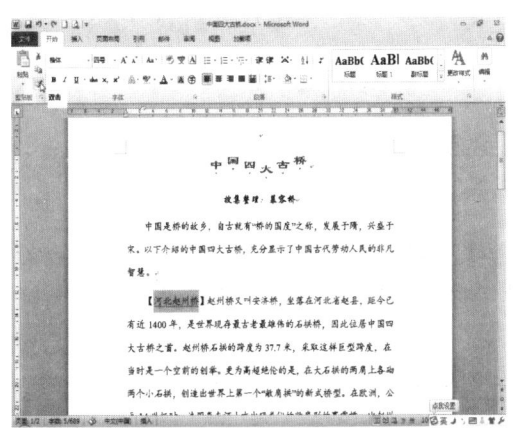

第 3 步：双击"格式刷"按钮

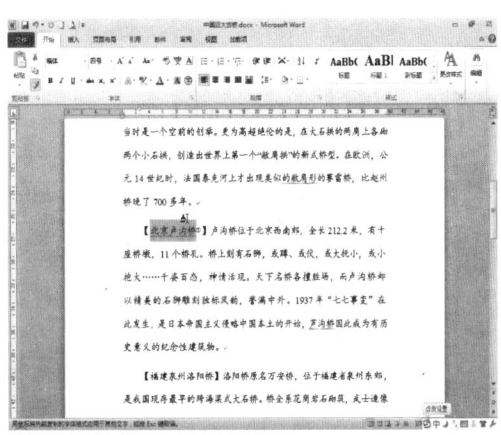

第 4 步：拖选"北京卢沟桥"

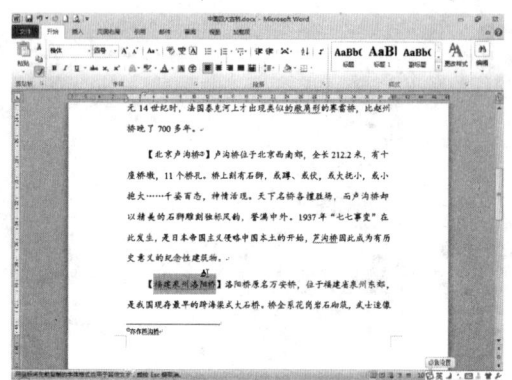
第5步:拖选"福建泉州洛阳桥"

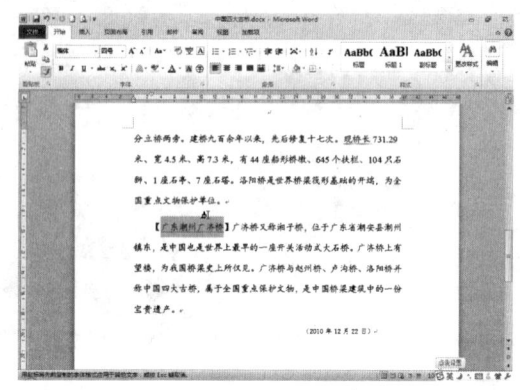
第6步:拖选"广东潮州广济桥"

6. 将"中国四大古桥.docx"另存为"中国四大古桥(字符段落格式).docx"。

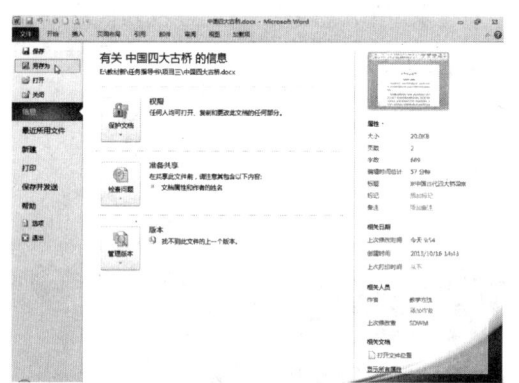
第1步:执行另存文件的命令

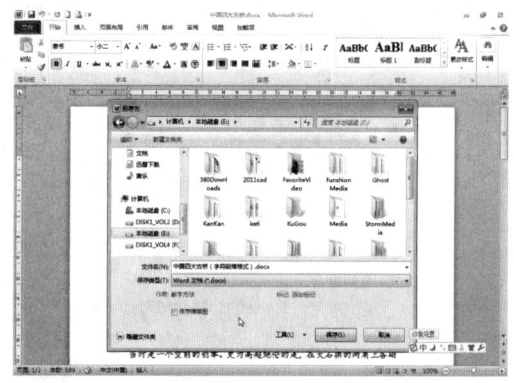
第2步:选择保存位置和输入文件名

四、检查任务

评价表见附录1——任务评价表(学生自评、互评用)和附录2——任务评价表(教师评价用)。

五、小结任务

1. 设置字体和段落格式时,通过浮动工具栏可快速设置字体、字号、加粗等常用格式;如果需要进行更为全面的设置,则需用到"开始"选项卡的"字体""段落"组中的命令按钮;如果以上两种方法仍不能满足设置要求,可用"字体"和"段落"对话框设置。

2. 格式刷可以快速实现字符、段落等格式的复制,可提高操作速度。

项目三任务三实施

一、提出任务

表3-4　项目三任务三学习任务书

任务三　使用特殊格式及图片美化"中国四大古桥"文档			
项　目	用Word制作并输出"中国四大古桥"文档	学　时	2学时
学习任务	1. 基本任务 （1）将上一次任务完成的"中国四大古桥（字符段落格式）.docx"另存为"中国四大古桥（特殊格式及图片）.docx"。 （2）对"中国四大古桥（特殊格式及图片）.docx"文档内容设置边框底纹、首字下沉等格式，设置效果如图3-4所示。 2. 拓展任务 《计算机应用基础》拓展练习【3-4】		
知识准备	为完成以上任务，应掌握以下操作： 1. 设置文字或段落的边框底纹； 2. 设置分栏、项目符号、首字下沉； 3. 插入图片、调整图片大小和设置图片环绕方式		
学习要求	1. 每位同学要求完成基本任务； 2. 基本任务完成的同学，尽量完成拓展任务； 3. 学习过程中注意规范操作，培养严谨认真的学习态度； 4. 遇到操作问题，同学之间要互相帮助，多交流操作经验和技巧； 5. 爱护机房卫生，严禁乱丢垃圾； 6. 爱护机房计算机设备，严禁乱拔插头及对鼠标键盘的按键进行破坏		
提交成果	1. "中国四大古桥（特殊格式及图片）.docx"文档。 2. 拓展练习【3-4】文档		

二、分析任务

图3-4所示排版效果分析如图3-10、3-11、3-12所示。

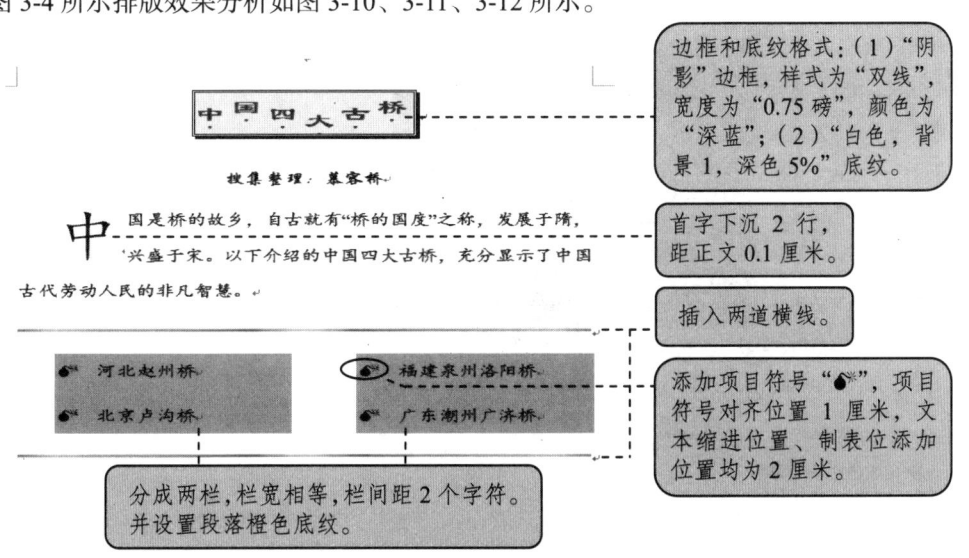

图3-10　任务分析1（项目三任务三）

【河北赵州桥】赵州桥又叫安济桥，坐落在河北省赵县，距今已有近1400年，是世界现存最古老最雄伟的石拱桥，因此位居中国四大古桥之首。赵州桥石拱的跨度为37.7米，采取这样巨型跨度，在当时是一个空前的创举。更为高超绝伦的是，在大石拱的两肩上各砌两个小石拱，创造出世界上第一个"敞肩拱"的新式桥型。在欧洲，公元14世纪时，法国泰克河上才出现类似的敞肩形的赛雷桥，比赵州桥晚了700多年。

> 插入桥梁图片，调整图片到合适大小，适当剪裁，放置到文章合适位置。

【北京卢沟桥①】卢沟桥位于北京西南郊，全长212.2米，有十座桥墩，11个桥孔。桥上刻有石狮，或蹲、或伏、或大抚小、或小抱大……千姿百态，神情活现。天下名桥各擅胜场，而卢沟桥却以精美的石狮雕刻独标风韵，誉满中外。1937年"七七事变"在此发生，是日本帝国主义侵略中国本土的开始，芦沟桥因此成为有历史意义的纪念性建筑物。

【福建泉州洛阳桥】洛阳桥原名万安桥，位于福建省泉州东郊，是我国现存最早的跨海梁式大石桥，桥全系花岗岩石砌筑，武士造像分立桥两旁。建桥九百余年以来，先后修复十七次。现桥长731.29米、宽4.5米、高7.3米，有44座船形桥墩、645个扶栏、104只石狮、1座石亭、7座石塔。洛阳桥是世界桥梁筏形基础的开端，为全国重点文物保护单位。

---
① 亦作芦沟桥

图 3-11　任务分析2（项目三任务三）

【广东潮州广济桥】广济桥又称湘子桥，位于广东省潮安县潮州镇东，是中国也是世界上最早的一座开关活动式大石桥。广济桥上有望楼，为我国桥梁史上所仅见。广济桥与赵州桥、卢沟桥、洛阳桥并称中国四大古桥，属于全国重点保护文物，是中国桥梁建筑中的一份宝贵遗产。

（2010 年 12 月 22 日）

插入桥梁图片，调整图片到合适大小，适当剪裁，放置到文章合适位置。

图 3-12　任务分析 3（项目三任务三）

三、完成任务

1. 设置标题"中国四大古桥"的边框和底纹。"阴影"边框，样式为"双线"，宽度为"0.75 磅"，颜色为"深蓝"。"白色，背景 1，深色 5%"底纹。

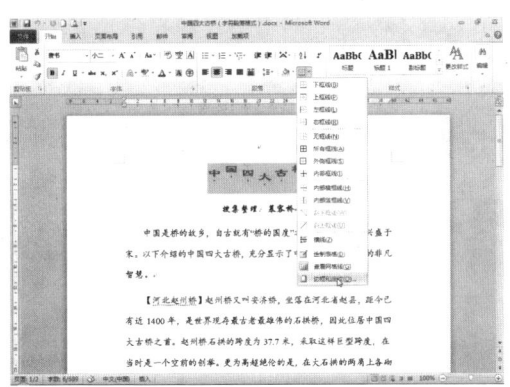

第 1 步：选定标题并执行设置边框和底纹的命令

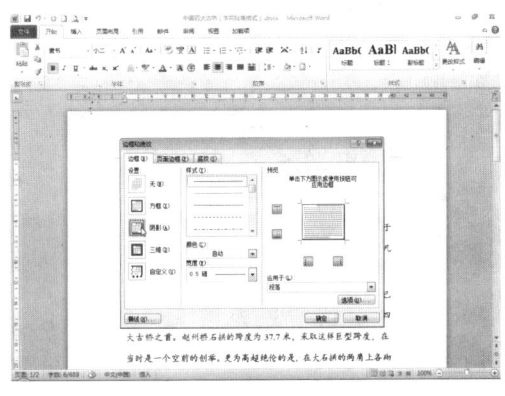

第 2 步：选择"阴影"

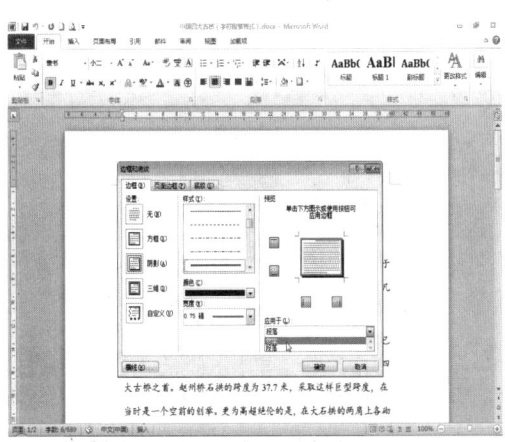

第 3 步：设置"样式""宽度""颜色""应用于"

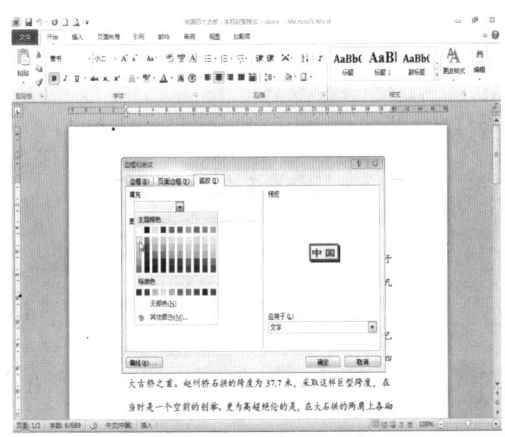

第 4 步：设置"填充"并单击"确定"

2. 设置正文第一段"中国是桥的故乡……劳动人民的非凡智慧"首字下沉 2 行，距正文 0.1 厘米。

第 1 步：选定第一段并执行设置首字下沉的命令

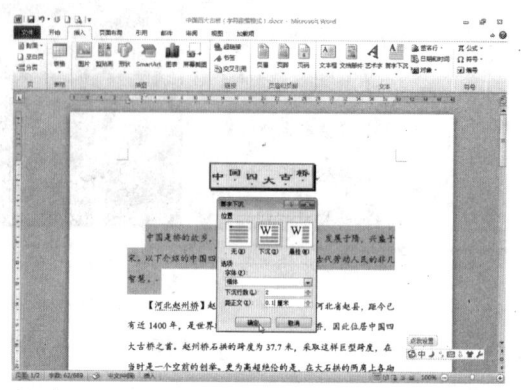
第 2 步：设置"位置""下沉行数"和"距正文"

3. 在正文第一段"中国是桥的故乡……劳动人民的非凡智慧"和第二段"【河北赵州桥】……比赵州桥晚了 700 多年"之间输入带有项目符号"♠※"的四段文字，项目符号对齐位置 1 厘米，文本缩进位置、制表位添加位置均为 2 厘米。

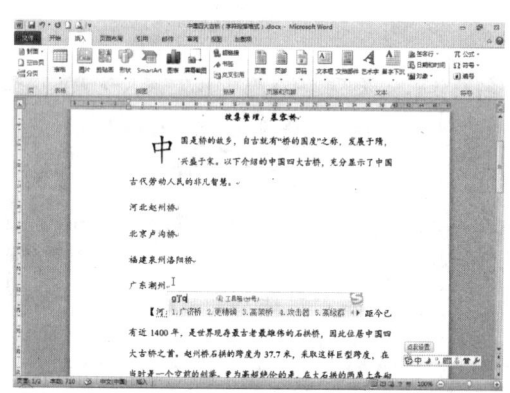
第 1 步：在第一、二段之间插入四段并输入文字

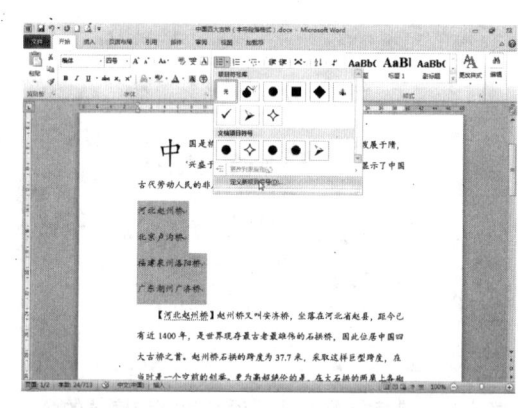
第 2 步：选定四段文字并执行设置项目符号的命令

第 3 步：单击"符号"按钮

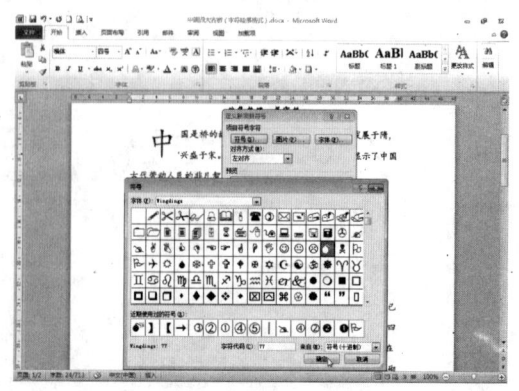
第 4 步：选择项目符号并单击"确定"

第5步:执行设置项目符号格式的命令

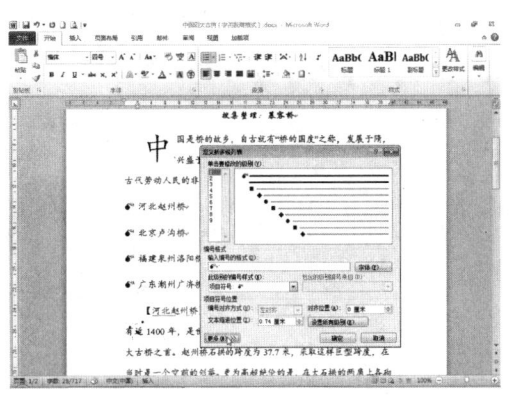
第6步:显示所有设置项

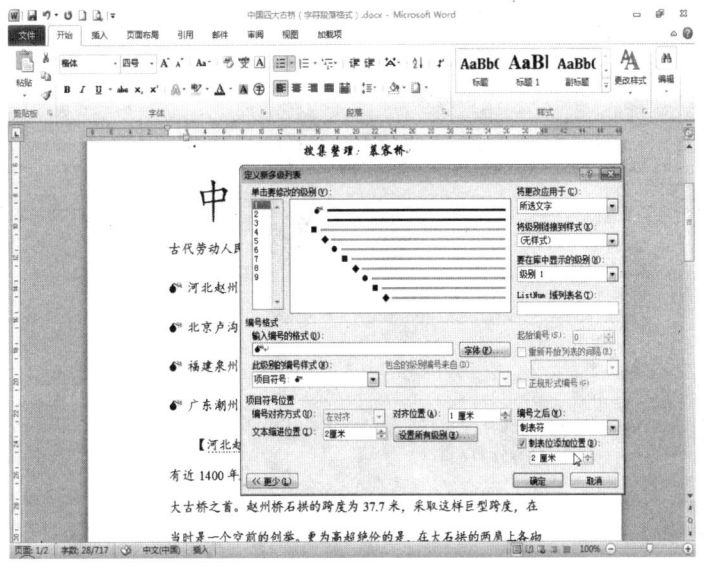
第7步:设置"对齐位置""文本缩进位置""制表位添加位置"并单击"确定"

4. 将四段文字分成两栏,栏宽相等,栏间距2个字符。

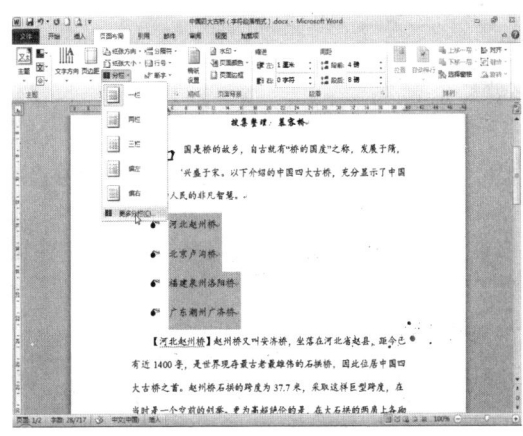
第1步:选定四段文字并执行设置分栏的命令

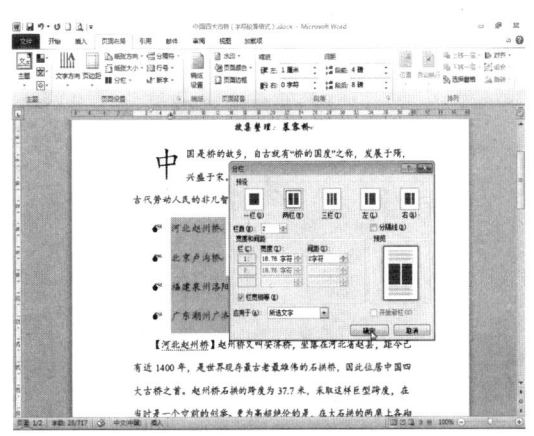
第2步:选择"两栏"、输入"间距"并单击"确定"

5. 在分栏文字上下插入两道横线。

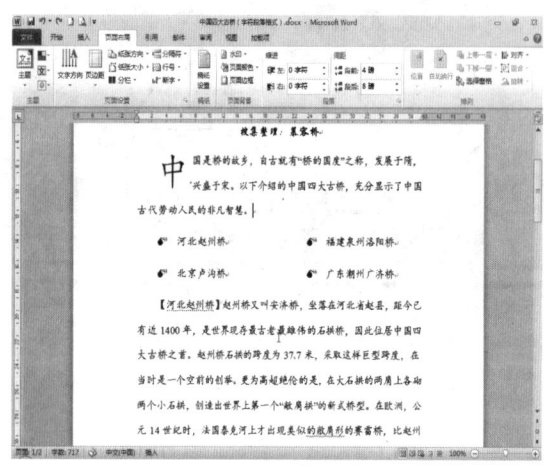
第 1 步：将光标定位于正文第一段末尾

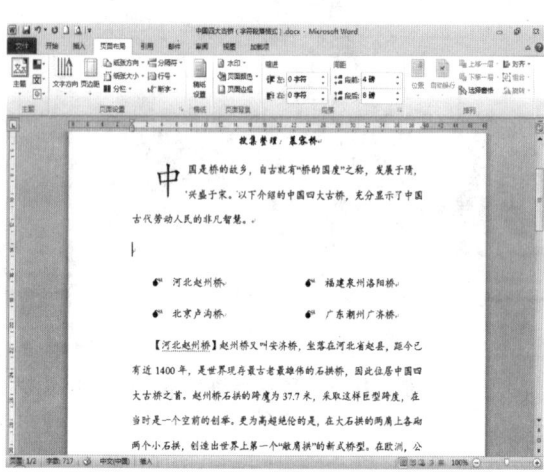
第 2 步：按回车键生成新段

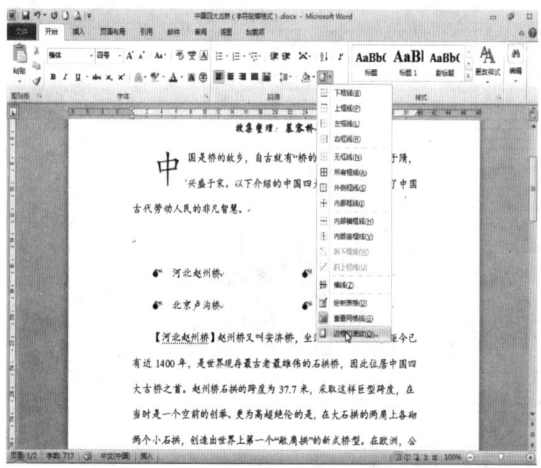
第 3 步：执行插入横线的命令

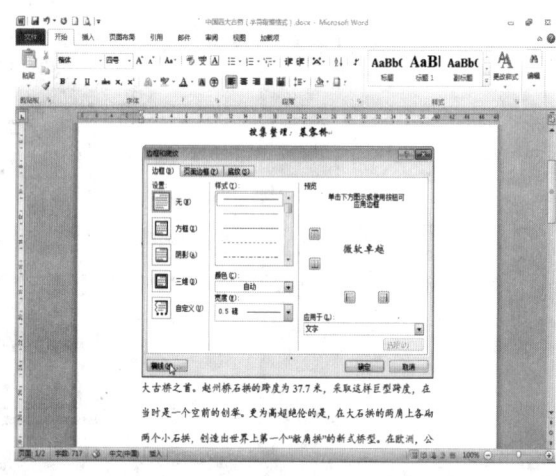
第 4 步：单击"横线"按钮

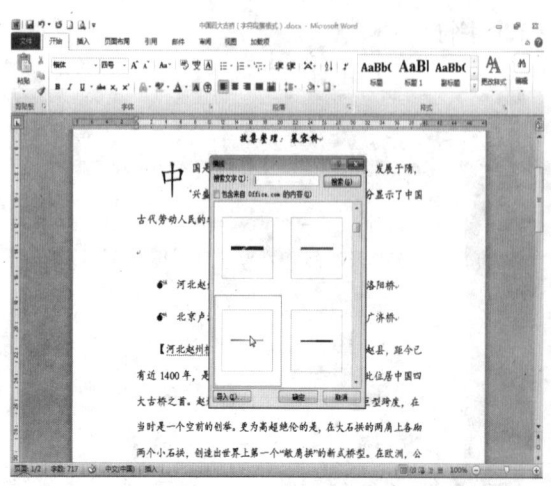
第 5 步：选择要插入的横线并单击"确定"

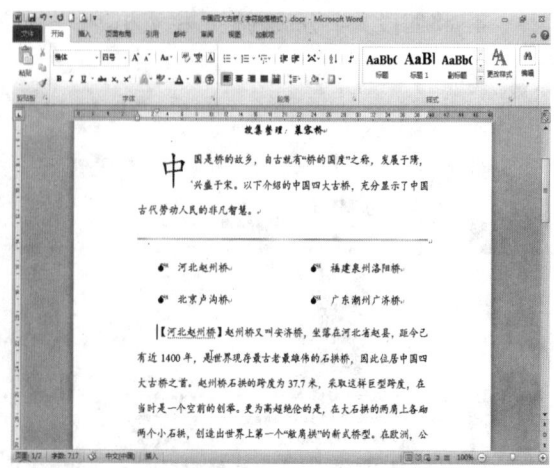
第 6 步：将光标定位于"【河北赵州桥】"前

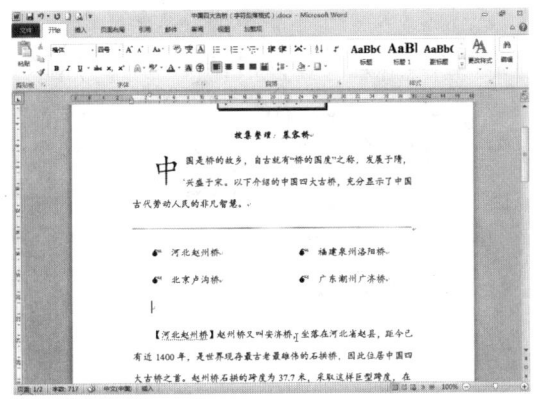
第7步：按回车键生成新段

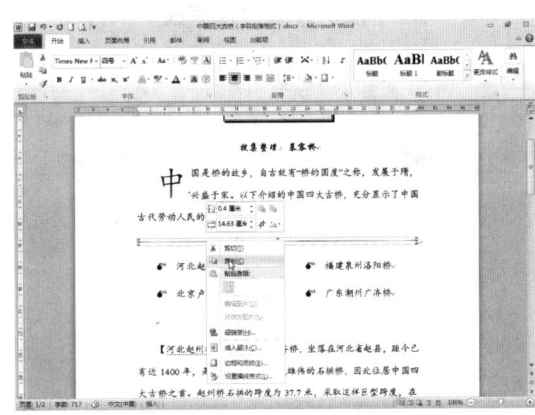
第8步：复制第一条横线

第9步：粘贴到刚生成的新段

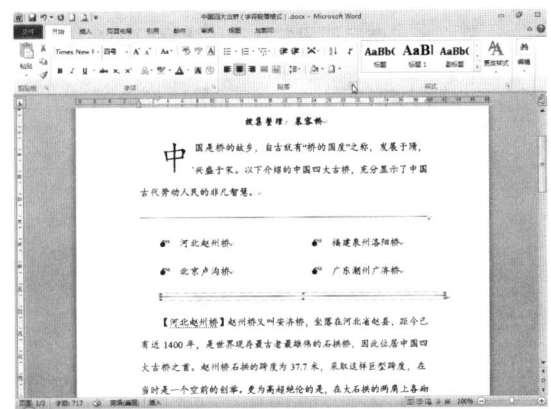
第10步：选择第二条横线并打开"段落"对话框

第11步：取消"首行缩进"并单击"确定"

6. 给四个段落设置橙色底纹。

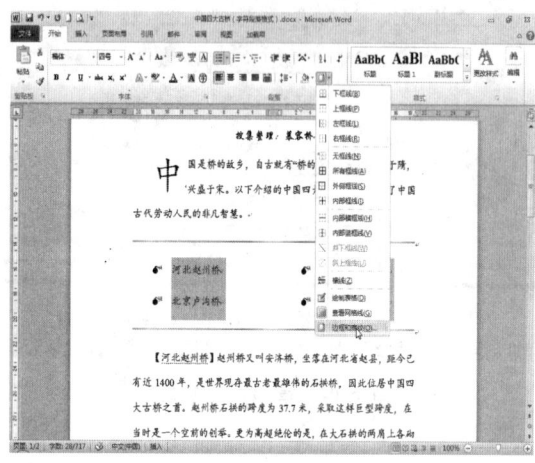

第1步：选定四段并执行设置底纹的命令　　　第2步：设置段落底纹并单击"确定"

7. 插入桥梁图片，调整图片到合适大小，适当剪裁，放置到文章合适位置。

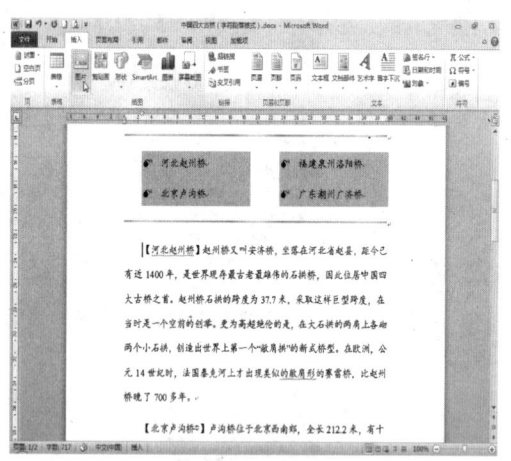 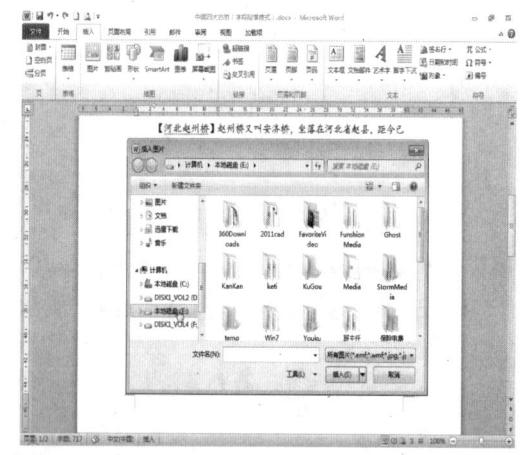

第1步：将光标定位于正文第二段首并执行插入图片的命令　　　第2步：选择图片位置

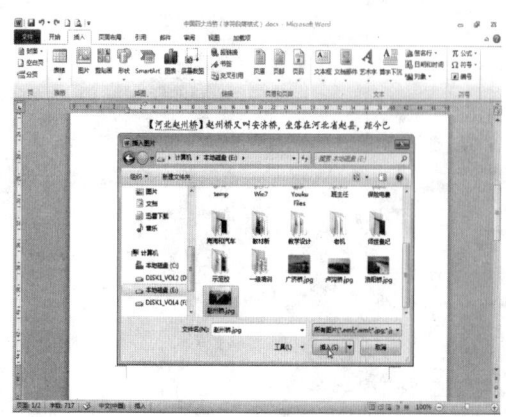 

第3步：选择图片文件并单击"插入"　　　第4步：调整图片大小

第 5 步：进入图片裁剪状态

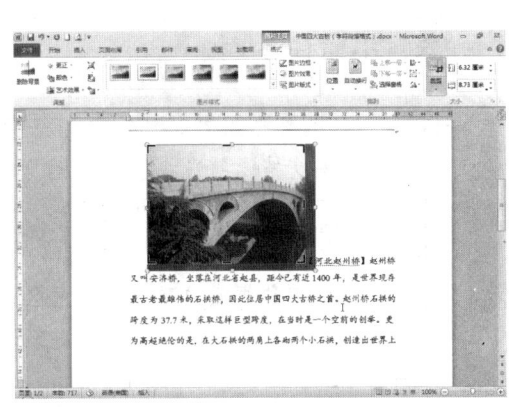

第 6 步：裁剪图片

第 7 步：设置图片环绕方式

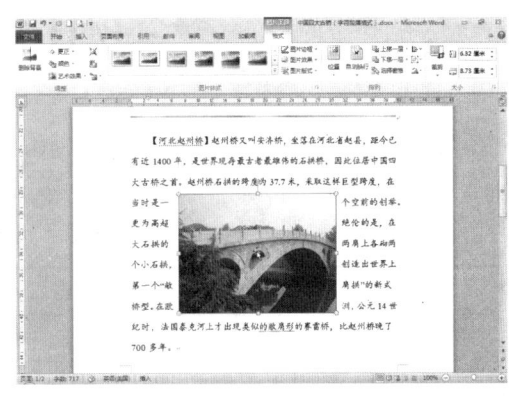

第 8 步：调整图片位置

8. 将"中国四大古桥（字符段落格式）.docx"另存为"中国四大古桥（特殊格式及图片）.docx"。

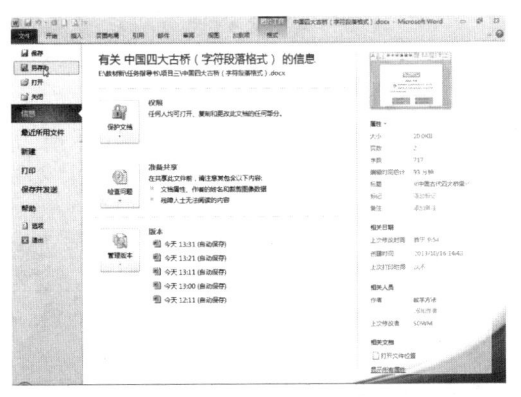

第 1 步：执行另存文件的命令

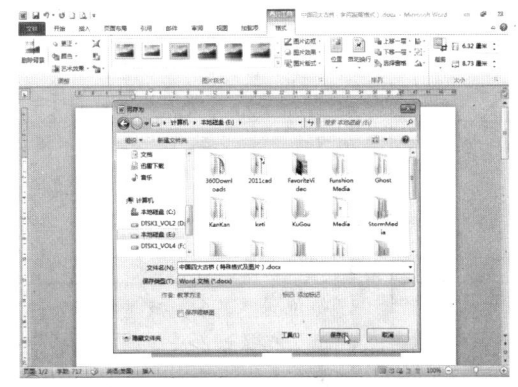

第 2 步：选择保存位置、输入文件名并单击"保存"

四、检查任务

评价表见附录 1——任务评价表（学生自评、互评用）和附录 2——任务评价表（教师评价用）。

五、小结任务

> 1. 对文档设置"字符""段落"格式后,还可通过设置"边框底纹""项目符号""首字下沉""分栏"等格式进一步美化文档。设置时要注意符合日常阅读习惯,避免为设置而设置。
> 2. 设置边框底纹时,要注意区分应用于文字还是段落。
> 3. 在文档中插入图片,能更好地体现文档内容。

项目三任务四实施

一、提出任务

表3-5 项目三任务四学习任务书

任务四	对"中国四大古桥"文档进行页面排版及输出		
项 目	用 Word 制作并输出"中国四大古桥"文档	学 时	2学时
学习任务	1. 基本任务 (1)将上一次任务完成的"中国四大古桥(特殊格式及图片).docx"另存为"中国四大古桥(页面排版).docx"。 (2)对"中国四大古桥(页面排版).docx"文档设置纸张、页边距等页面格式,设置效果如图3-1所示。 2. 拓展任务 《计算机应用基础》拓展练习【3-5】		
知识准备	为完成以上任务,应掌握以下操作: 1. 设置纸张大小、方向及页边距; 2. 设置页眉页脚; 3. 打印预览及打印		
学习要求	1. 每位同学要求完成基本任务; 2. 基本任务完成的同学,尽量完成拓展任务; 3. 学习过程中注意规范操作,培养严谨认真的学习态度; 4. 遇到操作问题,同学之间要互相帮助,多交流操作经验和技巧; 5. 爱护机房卫生,严禁乱丢垃圾; 6. 爱护机房计算机设备,严禁乱拔插头及对鼠标键盘的按键进行破坏		
提交成果	1. "中国四大古桥(页面排版).docx"文档。 2. 拓展练习【3-5】文档		

二、分析任务

打印文档前需要设置的页面格式及打印预览效果分析如图 3-13 所示。

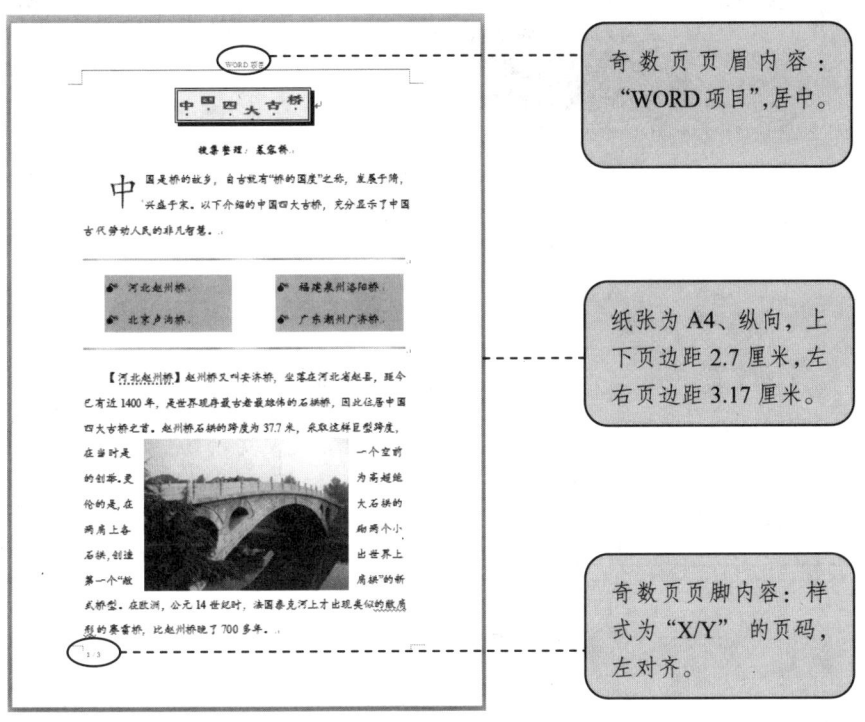

（a）文档第一页

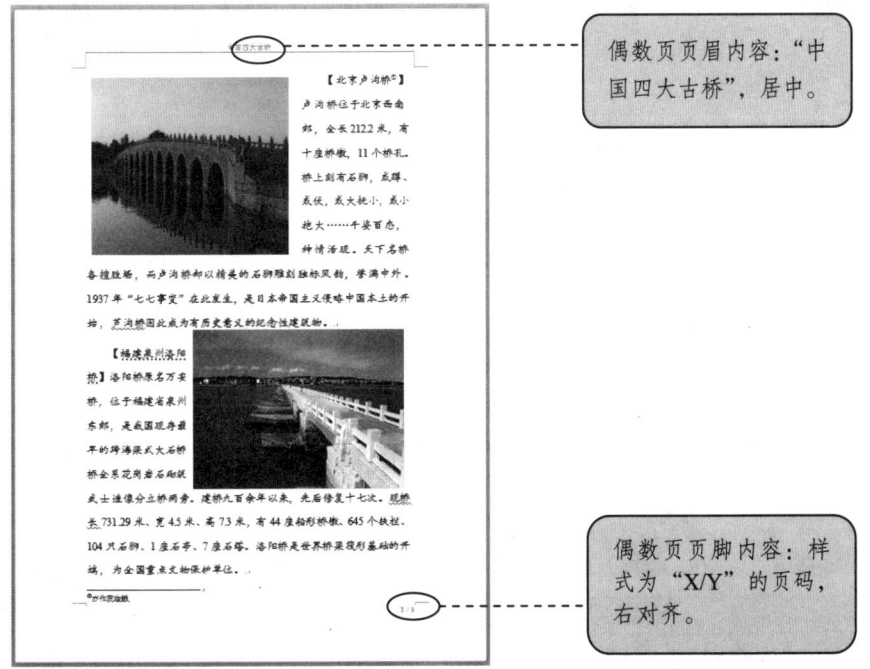

（b）文档第二页

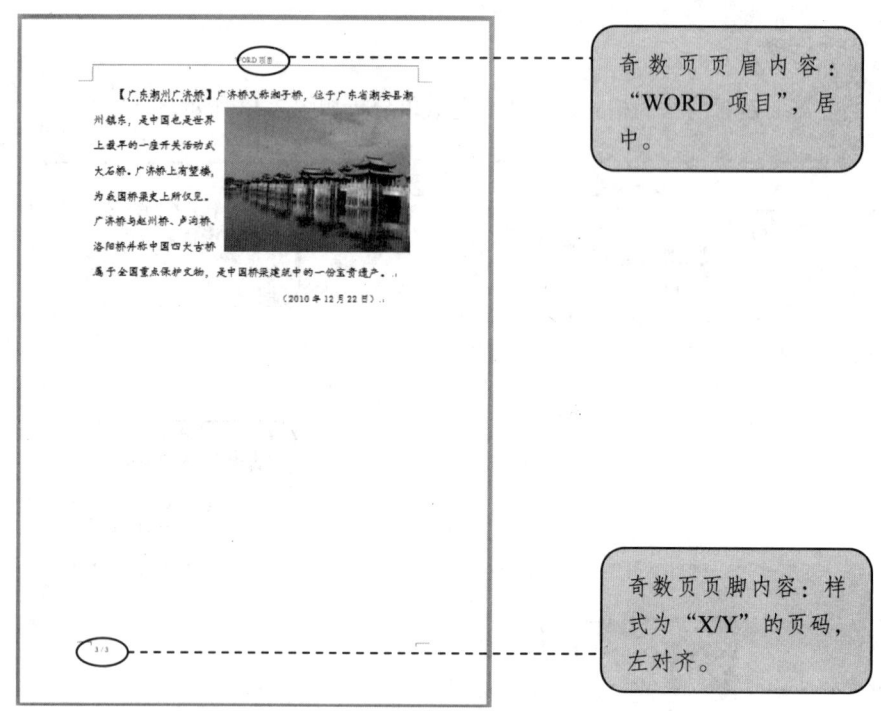

（c）文档第三页

图 3-13　任务分析（项目三任务四）

三、完成任务

1. 设置整篇文档页面纸张为 A4 纸、纵向，上下页边距 2.7 厘米，左右页边距 3.17 厘米。

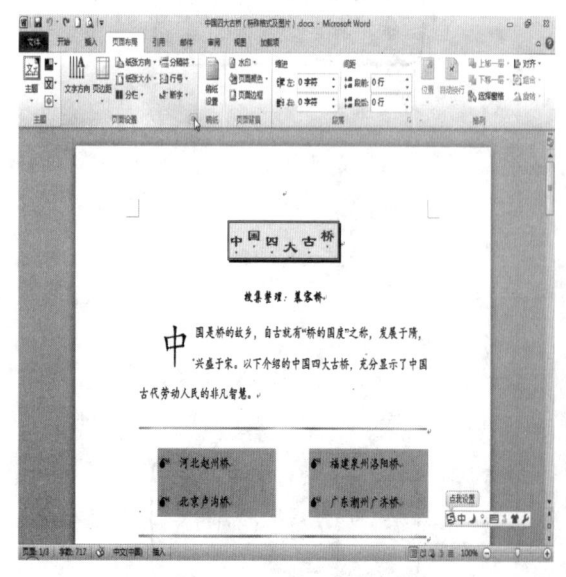

第 1 步：执行设置页面格式的命令

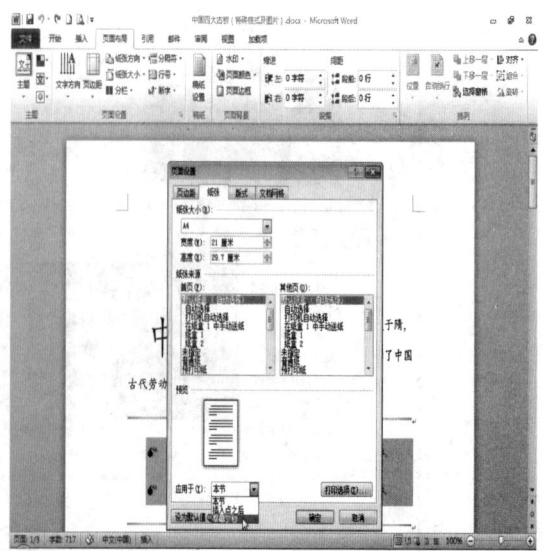

第 2 步：设置纸张大小

第 3 步：设置页边距、方向并单击"确定"

2. 插入奇偶页不同的页眉和页脚，页眉距边界 1.6 厘米，页脚距边界 1.7 厘米。

（1）奇数页页眉内容："WORD 项目"，居中；奇数页页脚内容：样式为"X/Y"的页码，左对齐。

（2）偶数页页眉内容："中国四大古桥"，居中；偶数页页脚内容：样式为"X/Y"的页码，右对齐。

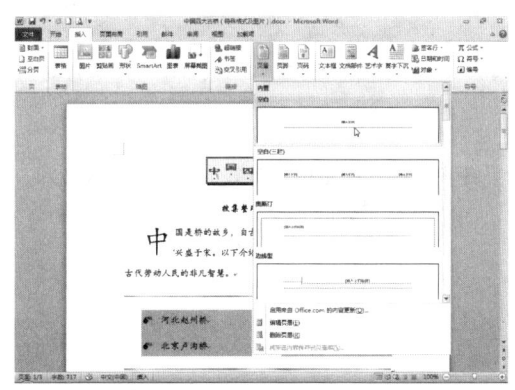

第 1 步：插入"空白"页眉

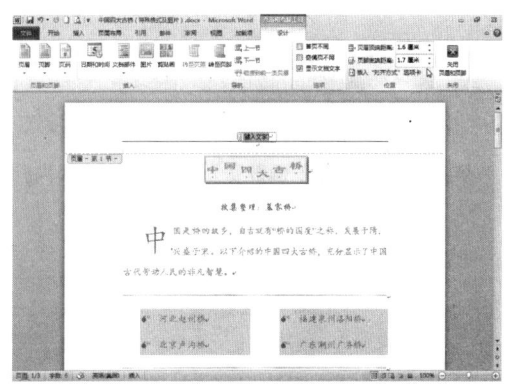

第 2 步：设置页眉页脚距边界位置

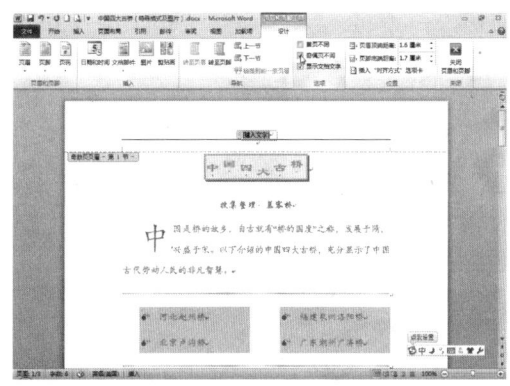

第 3 步：勾选"奇偶页不同"选项

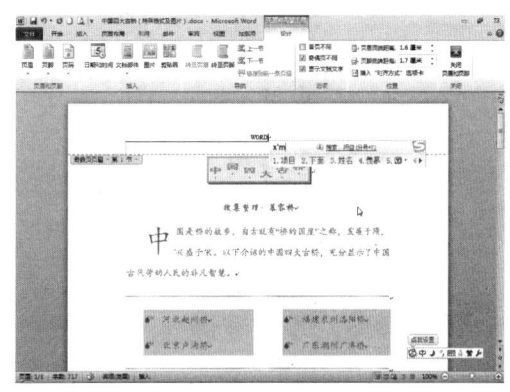

第 4 步：输入奇数页页眉内容

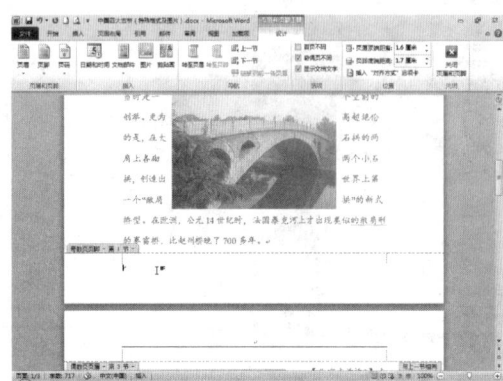

第5步：将光标定位于奇数页页脚位置

第6步：插入左对齐的"X/Y"样式页码

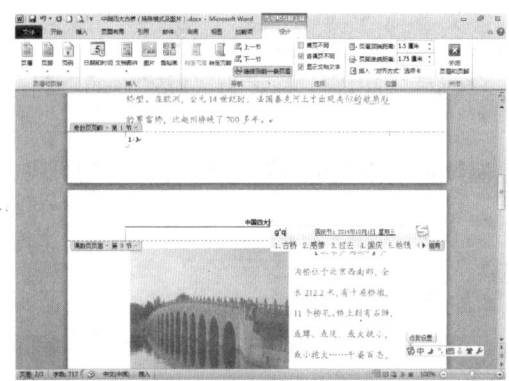

第7步：将光标定位于偶数页页眉位置并输入内容

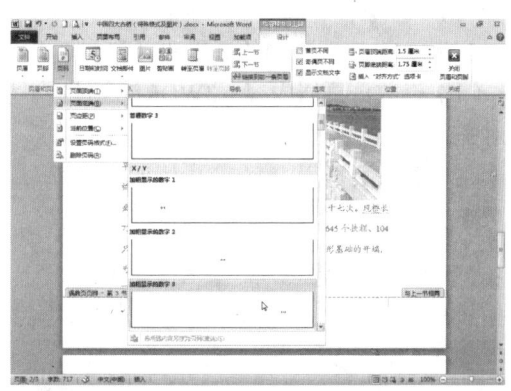

第8步：将光标定位于奇数页页脚位置并插入右对齐的"X/Y"样式页码

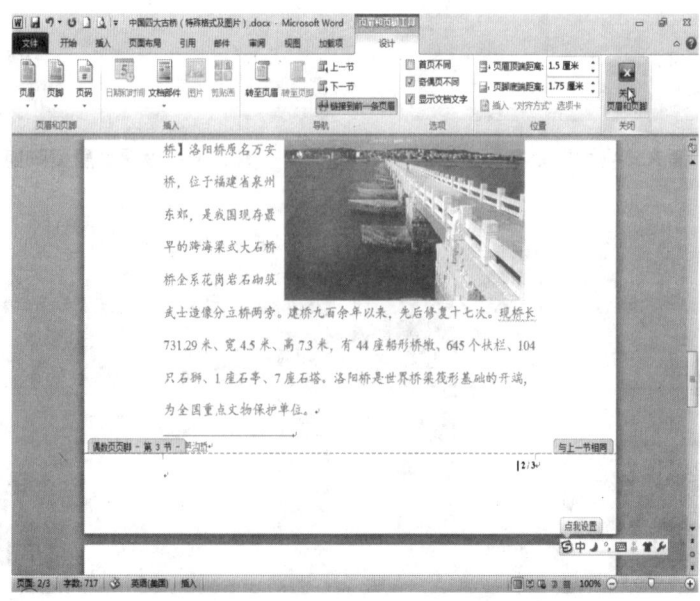

第9步：退出"页眉页脚"编辑状态

3. 对设置好的文档进行打印预览及打印。

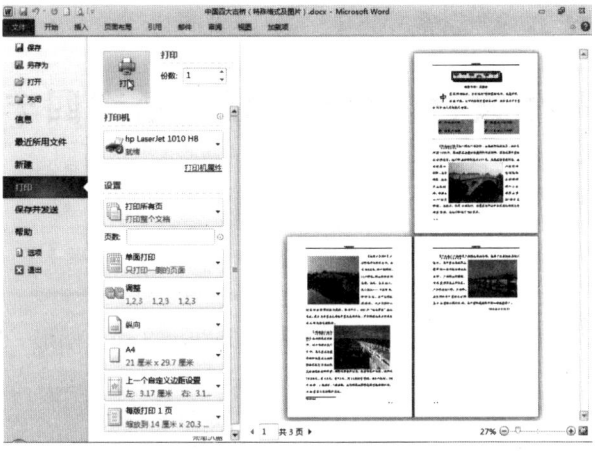

4. 将"中国四大古桥(特殊格式及图片).docx"另存为"中国四大古桥(页面排版).docx"。

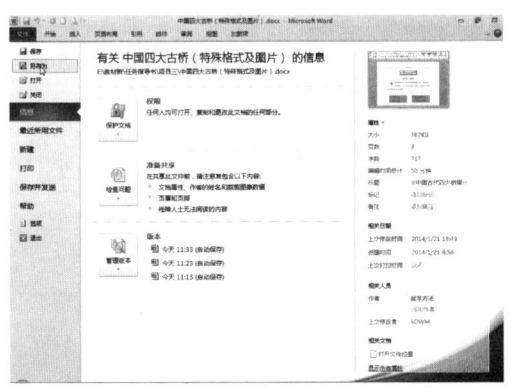

第 1 步：执行另存文件的命令

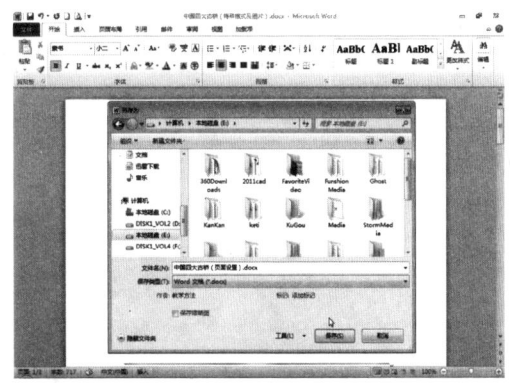

第 2 步：选择保存位置、输入文件名并单击"确定"

四、检查任务

评价表见附录 1——任务评价表(学生自评、互评用)和附录 2——任务评价表(教师评价用)。

五、小结任务

1. 通过设置页边距，可以调整纸张的打印范围。
2. 在打印文档前进行打印预览，能及时发现文档存在的问题，避免浪费打印耗材。
3 设置奇偶页不同的页眉页脚，可使文档排版效果看起来更为专业。

项目四 用 Word 设计"跨越长江的桥梁四丰碑"电子小报

一、项目目标

➢ 能用形状图形、艺术字、文本框等对象制作并输出文字、图形、图片灵活布局的 Word 文档。

二、项目引入

电子小报"跨越长江的桥梁四丰碑"文档制作效果如图 4-1 所示。

图 4-1 项目四完成效果

三、项目分析（任务分解）

项目四只包含一个任务：设计电子小报"跨越长江的桥梁四丰碑"。"跨越长江的桥梁四丰碑"文档与项目三的"中国四大古桥"文档相比，其主要特点是：文字对象可以放置在页面的任意位置，实现了文字、图形、图片在页面中的灵活布局。因此，完成本项目的重点在于如何实现文字对象在页面的任意定位。

四、项目实施

任务一的实施过程,见"项目四任务一实施"。

五、项目评价

表 4-1 项目四评价表

班　级		姓　名		所在小组	
项目名称	用 Word 设计"跨越长江的桥梁四丰碑"电子小报				
评价过程	评价内容			项目成绩	
	教师评价(0.6)	学生自评(0.2)	学生互评(0.2)		
任务一					
加权平均分					

六、项目总结

　　1. 在 Word 中使用形状图形、艺术字、文本框这三个可以任意移动位置的对象,可以实现文字在页面中的任意位置布局。

　　2. 制作类似项目四的文档时,可以先用形状图形或文本框在页面中进行版面定位,调整好位置后再插入文字或图片等内容。

　　3. 操作过程中注意及时保存,以免操作过程中出现断电、软件故障导致的文档丢失情况。

项目四任务一实施

一、提出任务

表 4-2　项目四任务一学习任务书

任务一　设计"跨越长江的桥梁四丰碑"电子小报			
项　　目	用 Word 设计"跨越长江的桥梁四丰碑"电子小报	学　　时	4 学时
学习任务	1. 基本任务 在 Word 2010 中制作如图 4-1 所示文档,保存为"跨越长江的桥梁四丰碑.docx"。 2. 拓展任务 《计算机应用基础》教材拓展练习【4-1】		
知识准备	为完成以上任务,应掌握以下操作: 1. 插入、删除、移动、复制形状图形、艺术字、文本框及调整其大小; 2. 设置形状图形、艺术字、文本框的形状轮廓和形状填充; 3. 给形状图形添加文字; 4. 设置艺术字的文本轮廓和文本填充		
学习要求	1. 每位同学要求完成基本任务; 2. 基本任务完成的同学,尽量完成拓展任务; 3. 学习过程中注意规范操作,培养严谨认真的学习态度; 4. 遇到操作问题,同学之间要互相帮助,多交流操作经验和技巧; 5. 爱护机房卫生,严禁乱丢垃圾; 6. 爱护机房计算机设备,严禁乱拔插头及对鼠标键盘的按键进行破坏		
提交成果	1. "跨越长江的桥梁四丰碑.docx"文档。 2. 拓展练习【4-1】文档		

二、分析任务

1. 设置文档页面纸张大小为 A4,横向,上下页边距 1 厘米,左右页边距 2 厘米。
2. 制作电子小报刊头,效果分析如图 4-2 所示。

项目四　用 Word 设计"跨越长江的桥梁四丰碑"电子小报　63

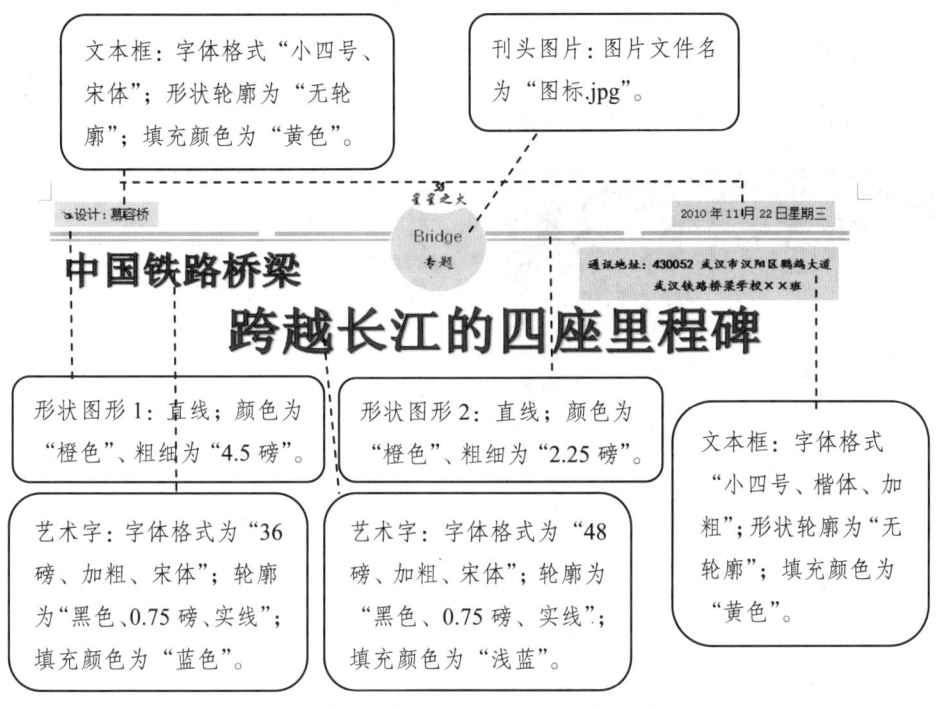

图 4-2　任务分析 1（项目四任务一）

3. 制作电子小报其余内容，效果分析如图 4-3 所示。

图 4-3　任务分析 2（项目四任务一）

三、完成任务

1. 新建文档,保存为"跨越长江的桥梁四丰碑.docx"。

第 1 步:双击 Word 启动图标新建文档

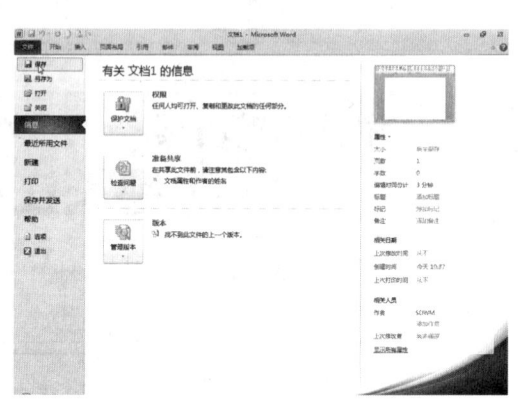

第 2 步:执行另存文件的命令

第 3 步:选择保存位置

第 4 步:输入文件名并单击"保存"

2. 设置文档页面纸张大小为 A4,横向,上下页边距 1 厘米,左右页边距 2 厘米。

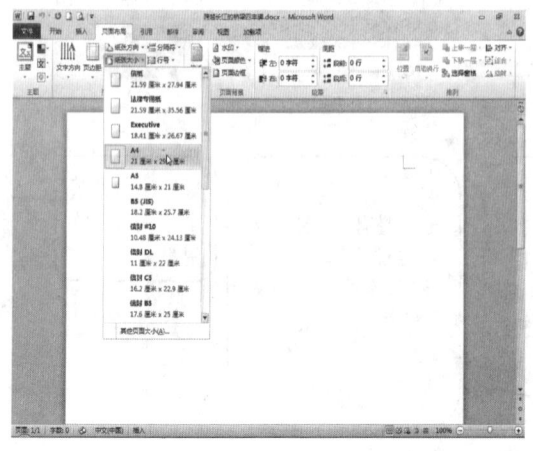

第 1 步:设置纸张"A4"

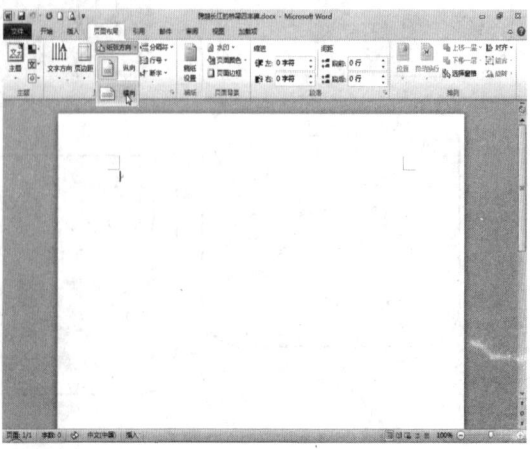

第 2 步:设置纸张"横向"

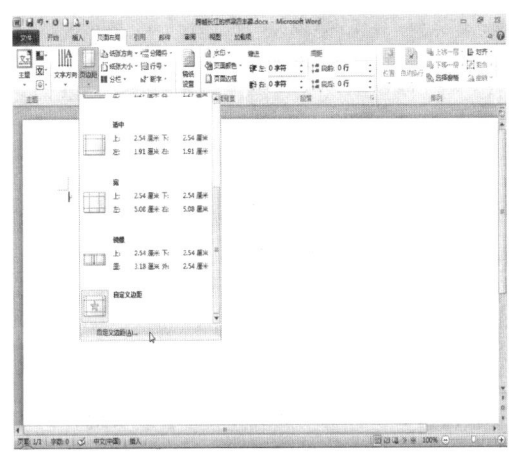
第3步：执行自定义页边距的命令

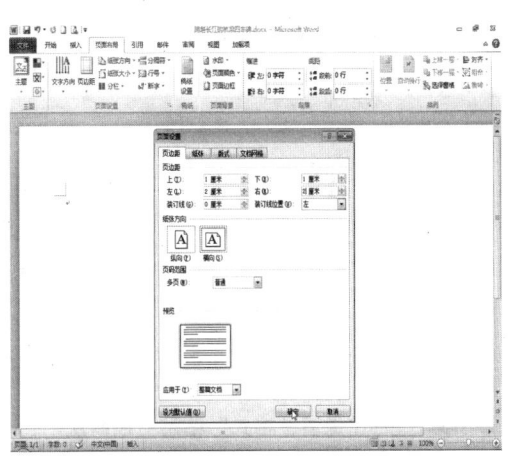
第4步：设置页边距并单击"确定"

3. 制作刊头。

（1）绘制四条颜色为"橙色"的直线，第一行的几条直线粗细均为"4.5磅"，第二行的直线粗细为"2.25磅"，移动直线到适当位置。

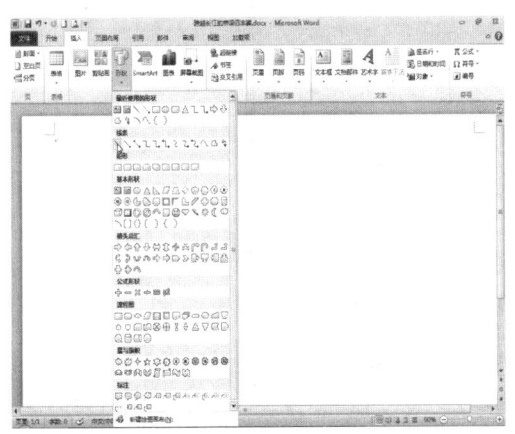
第1步：选择绘制直线的命令

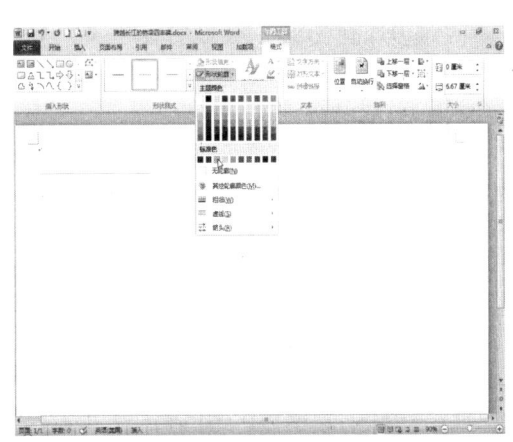
第2步：绘制直线并设置"橙色"

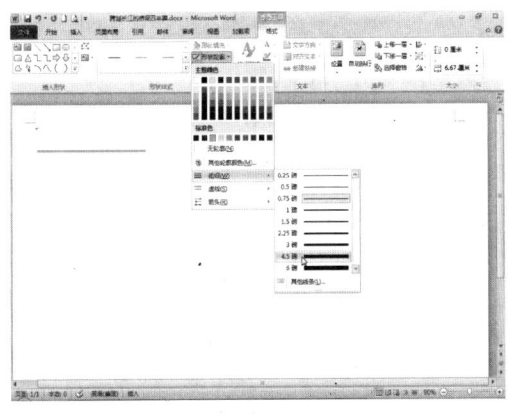
第3步：设置直线"4.5磅"

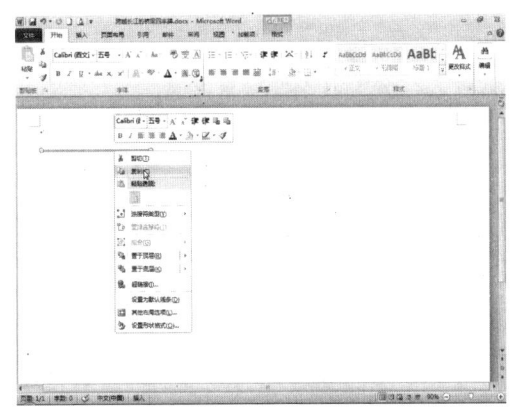
第4步：复制直线

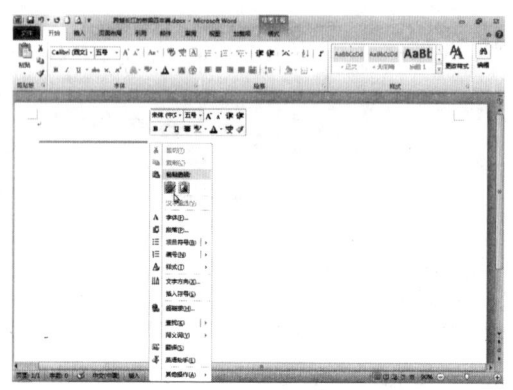
第5步："保留源格式"粘贴直线两次

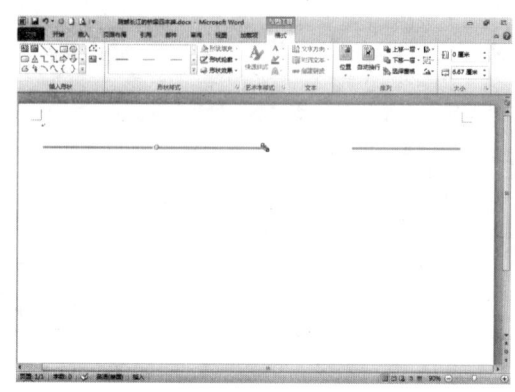
第6步：移动直线并调整直线长度

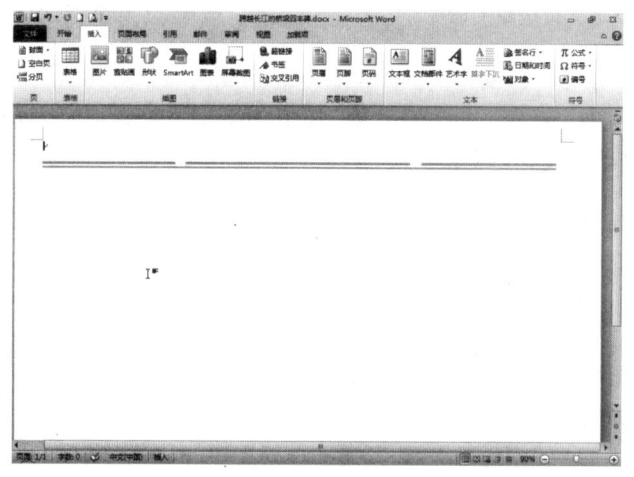
第7步：绘制"2.25磅""橙色"直线

（2）插入三个文本框，分别输入文字"设计：慕容桥""2010年12月22日星期三"和"通讯地址：430052 武汉市汉阳区鹦鹉大道武汉铁路桥梁学校××班"。设置三个文本框内容的字体格式分别为"小四号、宋体""小四号、宋体"和"小四号、楷体、加粗"。设置三个文本框的形状轮廓均为"无轮廓"，填充颜色均为"黄色"。移动文本框到合适位置。

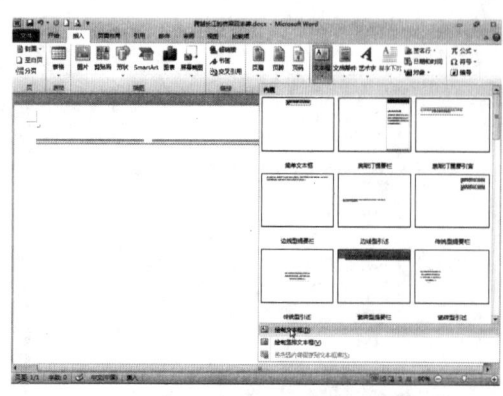
第1步：执行插入文本框的命令

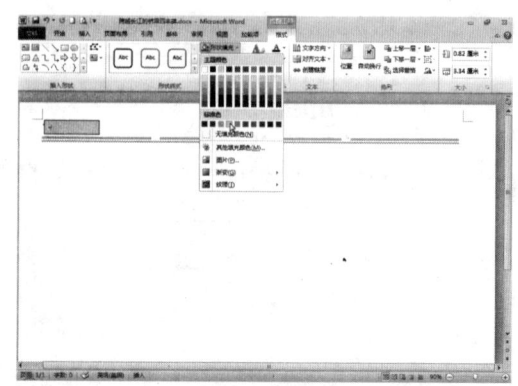
第2步：绘制文本框并设置填充"黄色"

项目四 用Word设计"跨越长江的桥梁四丰碑"电子小报

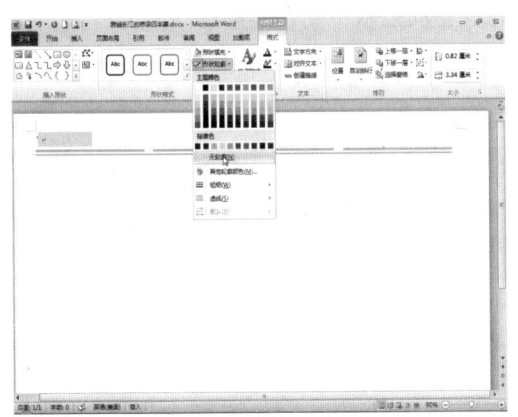

第3步：设置文本框"无轮廓"

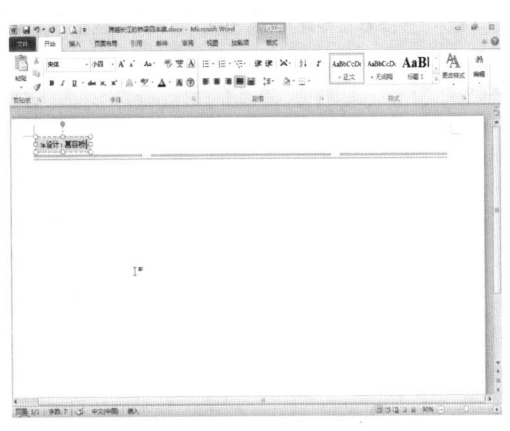

第4步：输入文本框文字并设置字体格式

第5步：复制文本框

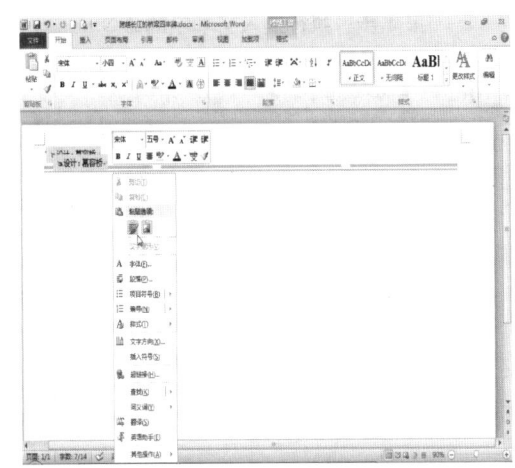

第6步："保留源格式"粘贴文本框两次

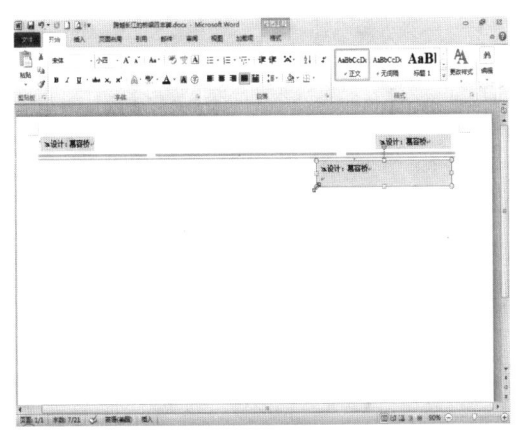

第7步：移动文本框并调整大小

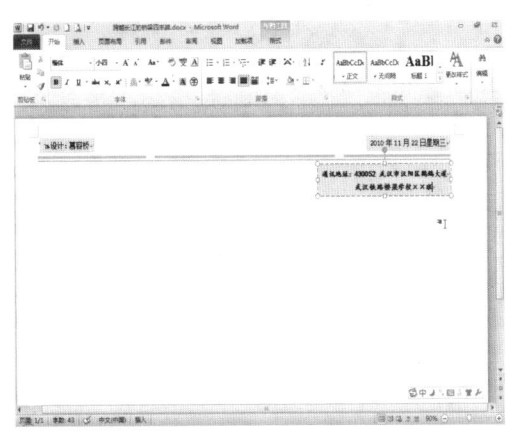

第7步：修改文本框文字并设置字体格式

（3）插入两行艺术字，内容分别为"中国铁路桥梁"和"跨越长江的四座里程碑"。设置艺术字的字体格式分别为"36磅、加粗、宋体"和"48磅、加粗、宋体"，艺术字轮廓均为"黑色、

0.75 磅、实线",填充颜色分别为"蓝色"和"浅蓝"。移动艺术字到合适位置。

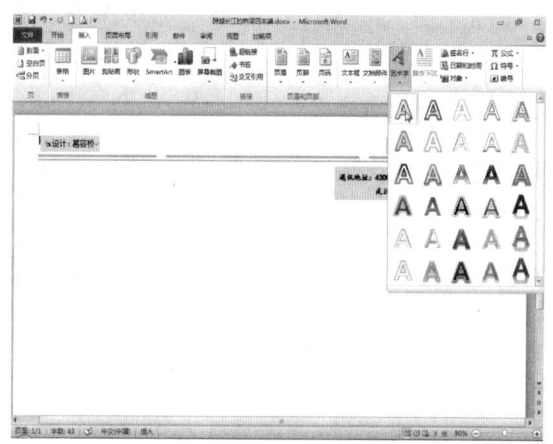

第1步:执行插入艺术字的命令

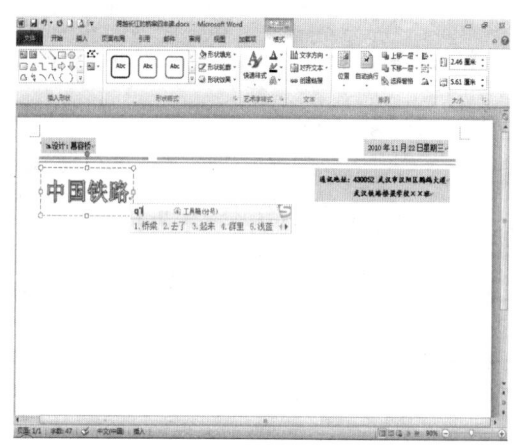

第2步:输入第一行艺术字文字

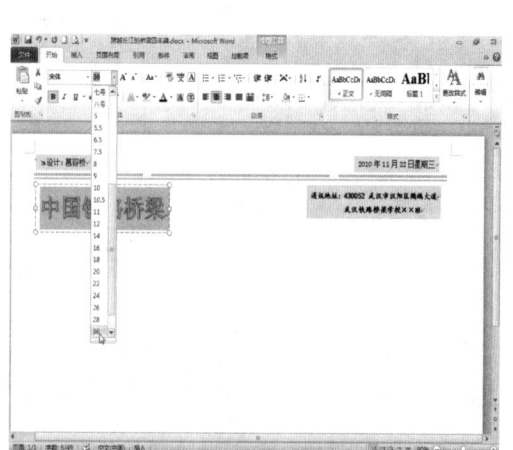

第3步:选定第一行艺术字文字并设置"36磅"

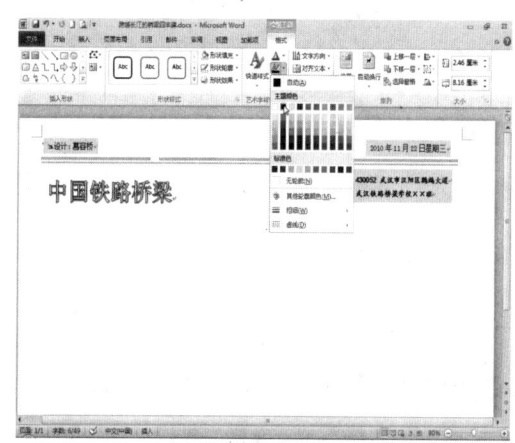

第4步:设置第一行艺术字轮廓"黑色"

第5步:设置第一行艺术字填充"蓝色"

第6步:复制第一行艺术字

第 7 步:"保留源格式"粘贴艺术字

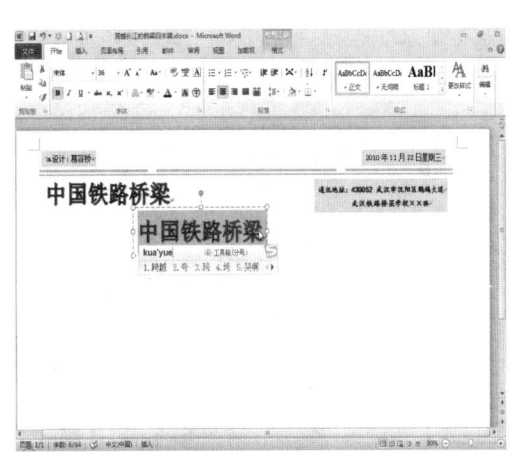

第 8 步:修改第二行艺术字文字

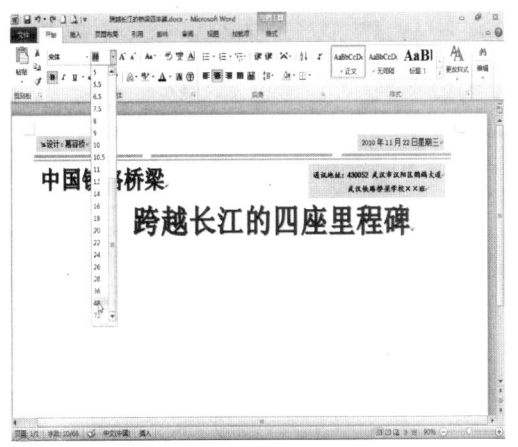

第 9 步:设置第二行艺术字"48 磅"

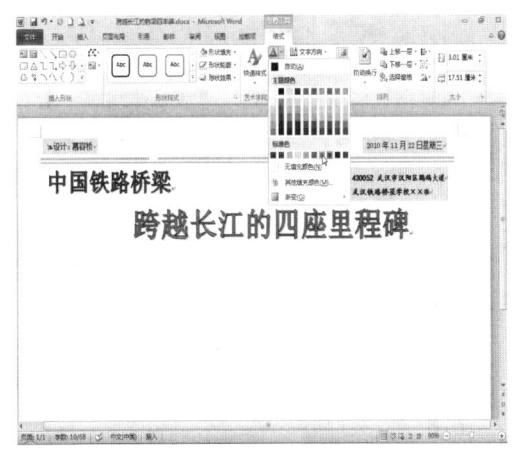

第 10 步:修改第二行艺术字填充为"浅蓝"

(4)绘制一个文本框,在文本框内插入刊头图片,图片文件名为"图标.jpg",移动文本框到合适位置。

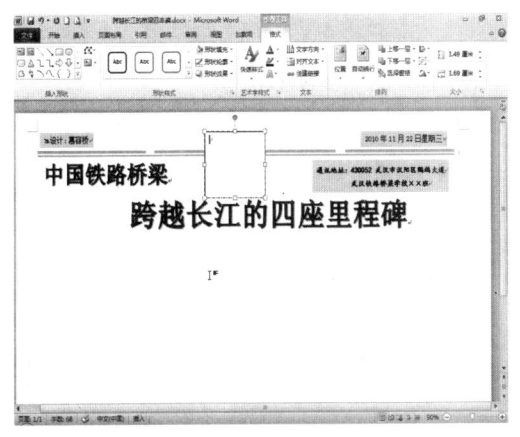

第 1 步:在适当位置插入文本框

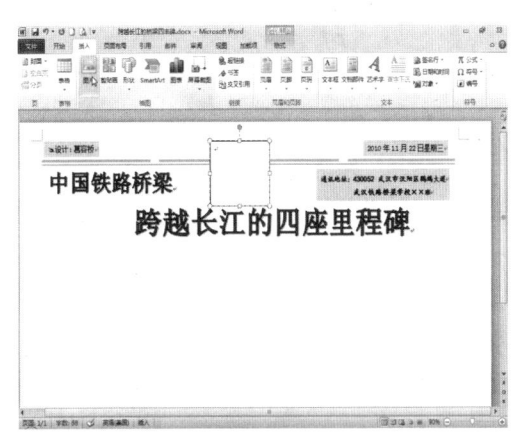

第 2 步:执行插入图片的命令

第3步：选择图片位置、文件名并单击"插入"

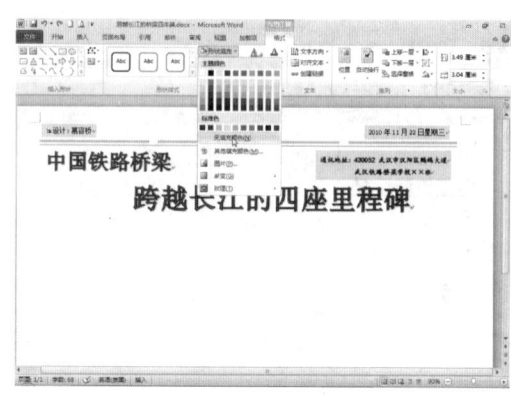

第4步：选定图片的文本框并设置"无填充颜色"

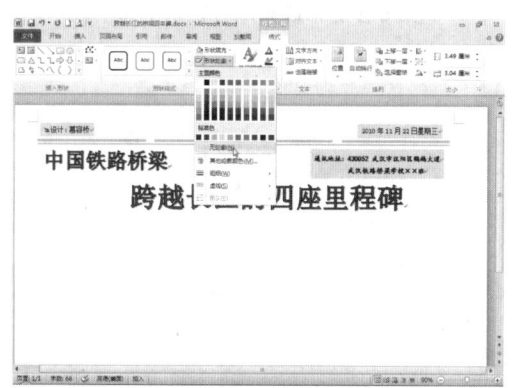

第5步：设置图片的文本框"无轮廓"

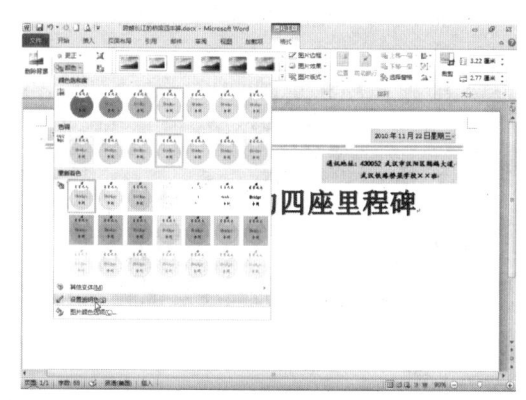

第6步：选定图片并设置透明色

4．输入"特别提示"和"后记"。

（1）绘制第一个圆角矩形，设置其轮廓为"橙色、0.75磅、实线"，填充颜色为"无填充颜色"，添加文字"特别提示……四座里程碑"。设置文字首行缩进2字符，行距固定值16磅。设置"特别提示"为"小四号、宋体、黑色"，设置其余文字为"五号、楷体、黑色"并添加"白色，背景1，深色15%"底纹。移动圆角矩形到合适位置。

第1步：执行绘制圆角矩形的命令

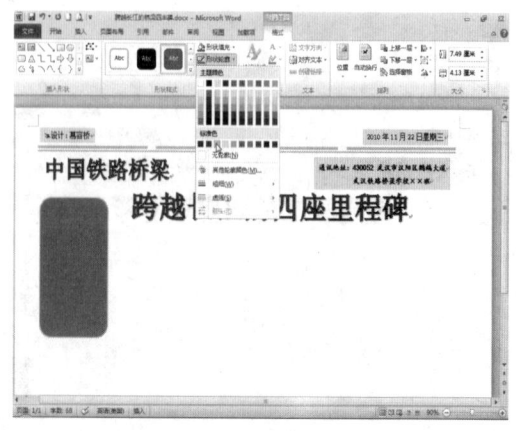

第2步：绘制圆角矩形并设置轮廓"橙色"

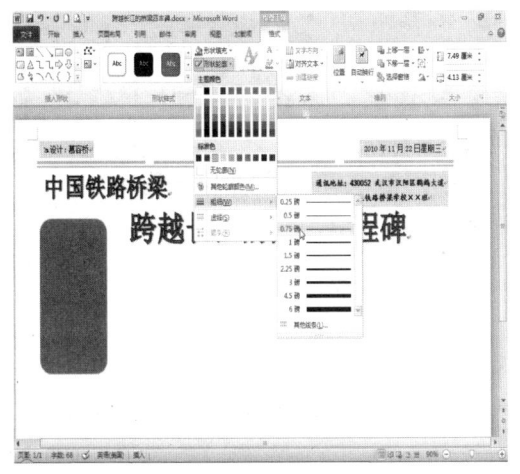

第 3 步：设置圆角矩形轮廓"0.75 磅"

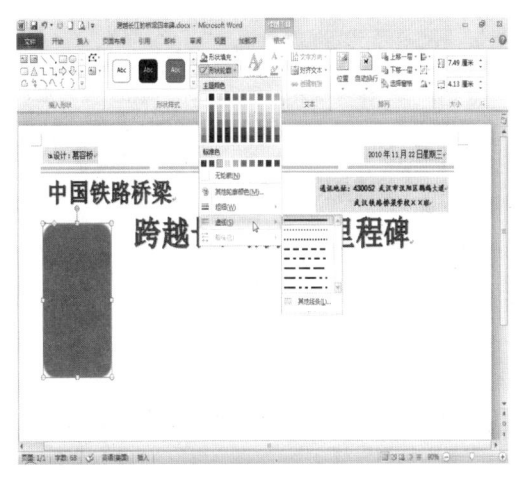

第 4 步：默认圆角矩形轮廓"实线"

第 5 步：执行给圆角矩形添加文字的命令

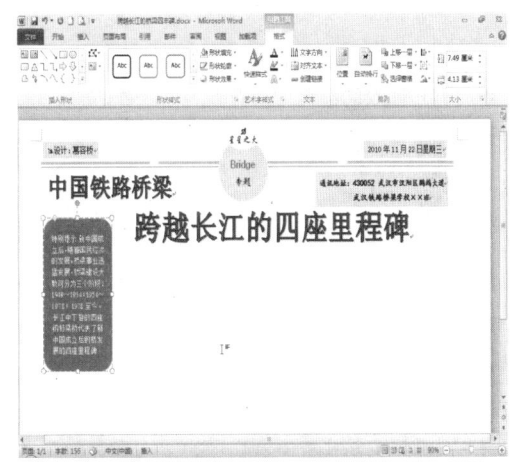

第 6 步：添加文字

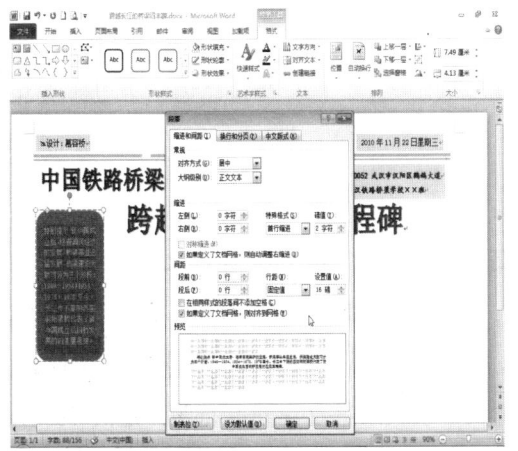

第 7 步：选定文字并设置首行缩进、行距

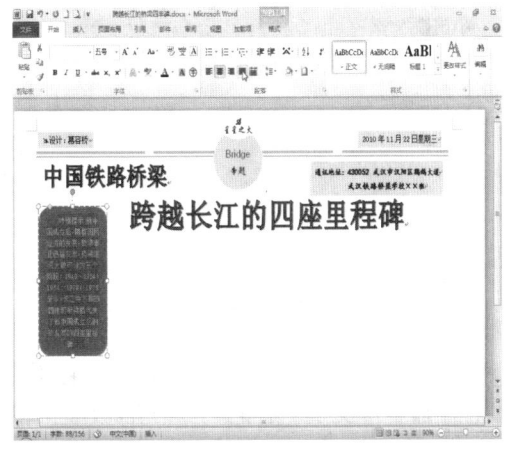

第 8 步：设置文字"两端对齐"

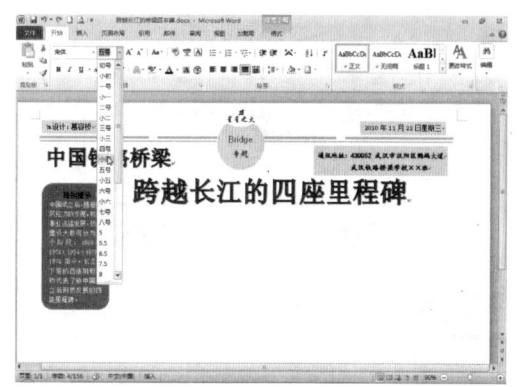

第 9 步：选定并设置"特别提示"字体格式

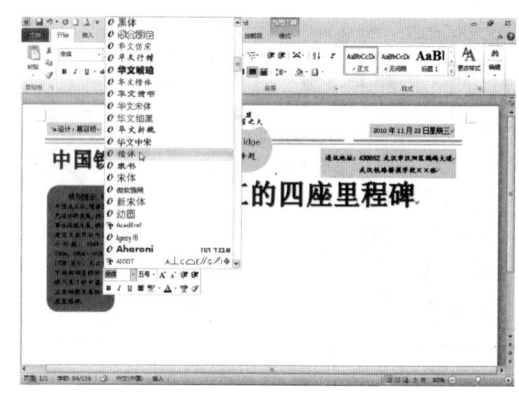

第 10 步：选定并设置其余文字字体格式

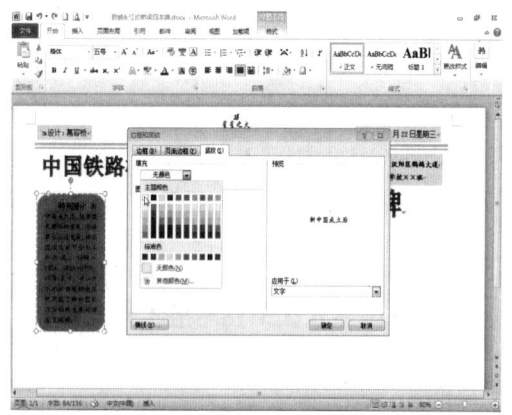

第 11 步：设置其余文字底纹

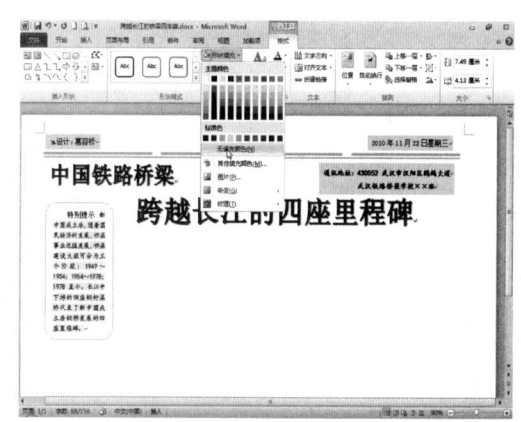

第 12 步：设置圆角矩形"无填充颜色"

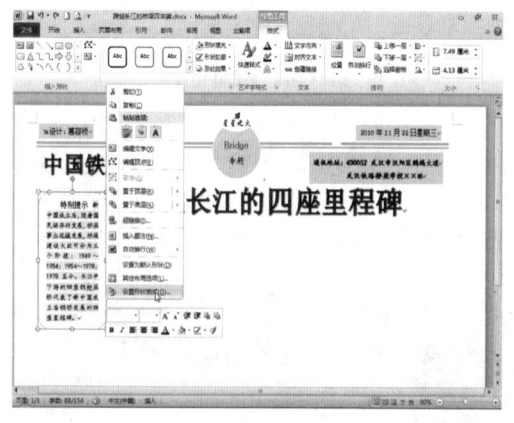

第 13 步：执行设置圆角矩形格式的命令

第 14 步：设置圆角矩形文本框左右内部间距

（2）绘制第二个圆角矩形，设置其轮廓为"橙色、0.75 磅、实线"，填充颜色为"无填充颜色"，添加竖排文字"后记……第五座里程碑"。设置文字首行缩进 2 字符，行距固定值 16 磅。设置"后记"为"小四号、宋体、黑色"，设置其余文字为"五号、楷体、黑色"并添加"白色，背景 1，深色 15%"底纹。移动圆角矩形到合适位置。

第1步：复制第一个圆角矩形

第2步：调整第二个圆角矩形大小及位置

第3步：修改第二个圆角矩形文字

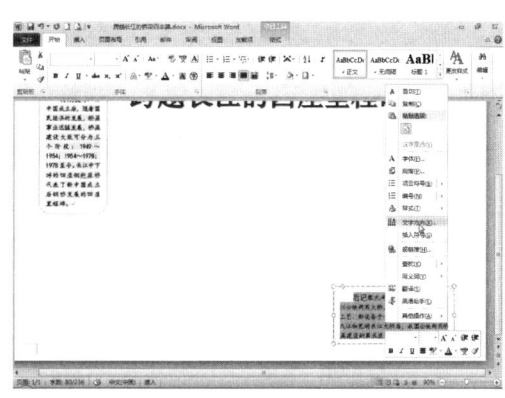
第4步：执行设置文字方向的命令

第5步：设置文字方向并单击"确定"

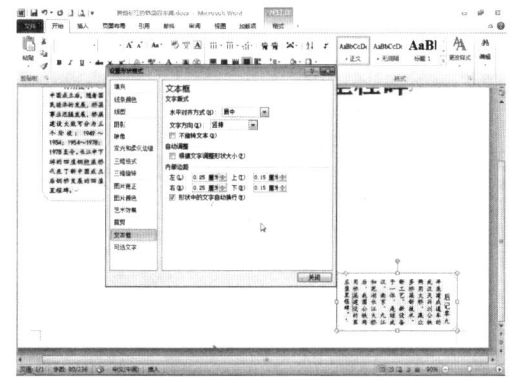
第6步：设置圆角矩形文本框上下左右内部间距

5. 输入四个小标题（"❶武汉长江大桥""❷南京长江大桥"等）。

插入四个文本框，内容分别为"❶武汉长江大桥""❷南京长江大桥""❸九江长江大桥"和"❹芜湖长江大桥"。设置序号为"二号、楷体"，设置其余文字为"小四号、楷体"，字符间距加宽2磅并添加黄色底纹。设置文本框形状轮廓为"无轮廓"，移动文本框到合适位置。

第1步：插入文本框并输入内容

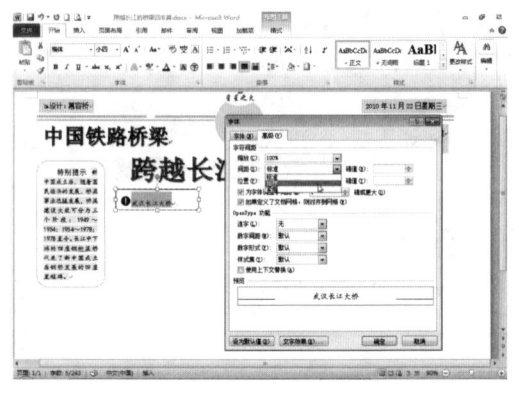

第2步：设置序号和文字的字体格式

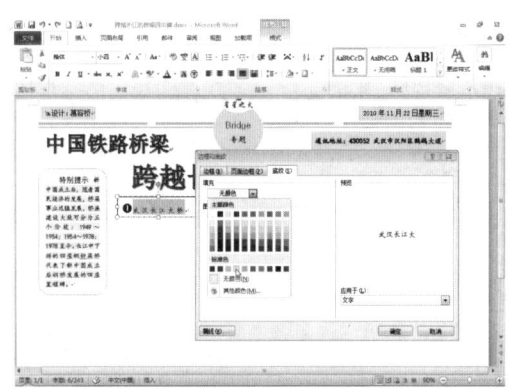

第3步：设置文字黄色底纹

第4步：设置文本框"无轮廓"

第5步：复制小标题文本框三次

第6步：修改其余三个小标题文本框文字并移动到合适位置

6. 插入四张桥梁图片。

绘制四个文本框，在文本框内分别插入桥梁图片，图片文件名分别为"武汉长江大桥.jpg""南京长江大桥.jpg""九江长江大桥.jpg"和"芜湖长江大桥.jpg"，调整图片到合适大小，移动图片到合适位置。

项目四 用Word设计"跨越长江的桥梁四丰碑"电子小报

第1步：插入文本框并插入武汉长江大桥图片

第2步：插入文本框并插入南京长江大桥图片

第3步：插入文本框并插入九江长江大桥图片

第4步：插入文本框并插入芜湖长江大桥图片

7. 插入四段桥梁介绍文字。

  插入四个文本框，分别输入文字"1957年10月建成通车……下层为2线铁路""1968年9月通车……从北京可直达上海""1995年全线贯通……是当时世界最长的铁路、公路两用钢桁梁大桥"和"2000年9月建成通车……也是20世纪中国工程量最大的桥梁"。设置文字字体格式为Word默认字体、字号，首行缩进2字符，行距固定值18磅。设置文本框形状轮廓为"无轮廓"，移动文本框到合适位置。

第1步：插入文本框并输入武汉长江大桥介绍文字

第2步：设置文字的字体段落格式并调整文本框大小

第 3 步：插入文本框并输入南京长江大桥介绍文字　　第 4 步：设置文字的字体段落格式并调整文本框大小

第 5 步：插入文本框并输入九江长江大桥介绍文字　　第 6 步：设置文字的字体段落格式并调整文本框大小

第 7 步：插入文本框并输入芜湖长江大桥介绍文字　　第 8 步：设置文字的字体段落格式并调整文本框大小

8. 设置图片文本框和介绍文字文本框"无轮廓"。

四、检查任务

评价表见附录1——任务评价表(学生自评、互评用)和附录2——任务评价表(教师评价用)。

五、小结任务

1. 自选图形、文本框、艺术字这三个对象的复制、移动、删除、调整大小、设置形状样式等操作方法相同,学习时注意归纳总结。

2. 对艺术字设置形状样式和艺术字样式的区别在于:形状样式是对艺术字所处的外围文本框的轮廓、填充等进行设置,而艺术字样式是对艺术字文本的轮廓、填充等进行设置。后者在实际中应用得更多。

3. 对于文档中的重复对象,如本文档的两个圆角矩形、四个小标题等,制作时采用复制后再修改文本的方法,可以大大提高操作速度。

项目五　用 Word 制作"××地铁右线洞门变形观测表"

一、项目目标

> 能用 Word 制作并输出具有不规则结构的表格。

二、项目引入

"××地铁右线洞门变形观测表"的制作效果如图 5-1 所示。

××地铁右线洞门变形观测表

类型＼坐标点号		坐标X	坐标Y	本次偏离值(mm)		累计偏离值(mm)	
				ΔX	ΔY	ΔX	ΔY
初始值	1						
	2						
	3						
（点分）上午	1						
	2						
	3						
（点分）下午	1						
	2						
	3						

注：ΔX 为正时表示向外偏移，ΔX 为负时则表示向内偏移；
　　ΔY 为正时表示向北偏移，ΔY 为负则时表示向南偏移。

观测者：
检查者：
20　年　月　日

图 5-1　项目五完成效果

三、项目分析（任务分解）

若制作如图 5-1 所示的表格，一般需要以下两个操作步骤。
1. 进行生成表格结构，输入文字，调整行高、列宽等操作，效果如图 5-2 所示。

项目五 用 Word 制作"××地铁右线洞门变形观测表"

类型	坐标 点号	坐标X	坐标Y	本次偏离值(mm)		累计偏离值(mm)	
				△X	△Y	△X	△Y
初始值	1						
	2						
	3						
上午(点 分)	1						
	2						
	3						
下午(点 分)	1						
	2						
	3						

注：△X 为正时表示向外偏移，△X 为负时则表示向内偏移；
△Y 为正时表示向北偏移，△Y 为负时则表示向南偏移。
观测者：
检查者：
20 年   月   日

图 5-2 任务一完成效果

2. 设置表格边框、底纹、单元格对齐等格式，效果如图 5-1 所示。

因此，我们需要将项目五分成两个任务来完成：任务一是制作"××地铁右线洞门变形观测表"；任务二是格式化"××地铁右线洞门变形观测表"。

四、项目实施

1. 任务一的实施过程，见"项目五任务一实施"。
2. 任务二的实施过程，见"项目五任务二实施"。

五、项目评价

表 5-1 项目五评价表

班级			姓名		所在小组	
项目名称		用 Word 制作"××地铁右线洞门变形观测表"				
评价过程	评价内容					项目成绩
	教师评价（0.6）		学生自评（0.2）		学生互评（0.2）	
任务一						
任务二						
加权平均分						

六、项目总结

1. 用 Word 制作不规则结构表格的一般步骤如下：

（1）插入具有规则结构的表格；

（2）通过合并、拆分单元格更改表格结构，形成具有不规则结构的表格；

（3）录入文字，调整表格行高列宽；

（4）根据需要设置边框、底纹、单元格对齐等格式。

（5）如果表格有斜线表头，建议最后一步制作。

2. 操作过程中注意及时保存，以免操作过程中出现断电、软件故障导致的文档丢失情况。

项目五任务一实施

一、提出任务

表 5-2　项目五任务一学习任务书

任务一　创建"洞门变形观测表"				
项　目	用 Word 制作"××地铁右线洞门变形观测表"		学　时	2 学时
学习任务	1. 基本任务 在 Word 2010 中制作如图 5-2 所示表格,保存为"洞门变形观测表.docx"。 2. 拓展任务 《计算机应用基础》教材拓展练习【5-1】			
知识准备	为完成以上任务,应掌握以下操作: 1. 插入、移动、删除表格; 2. 插入、删除表格行、列及单元格; 3. 合并、拆分单元格; 4. 设置表格行高、列宽; 5. 制作斜线表头			
学习要求	1. 每位同学要求完成基本任务; 2. 基本任务完成的同学,尽量完成拓展任务; 3. 学习过程中注意规范操作,培养严谨认真的学习态度; 4. 遇到操作问题,同学之间要互相帮助,多交流操作经验和技巧; 5. 爱护机房卫生,严禁乱丢垃圾; 6. 爱护机房计算机设备,严禁乱拔插头及对鼠标键盘的按键进行破坏			
提交成果	1. "洞门变形观测表.docx"文档。 2. 拓展练习【5-1】文档			

二、分析任务

"洞门变形观测表.docx"文档内容及效果分析如图 5-3 所示。

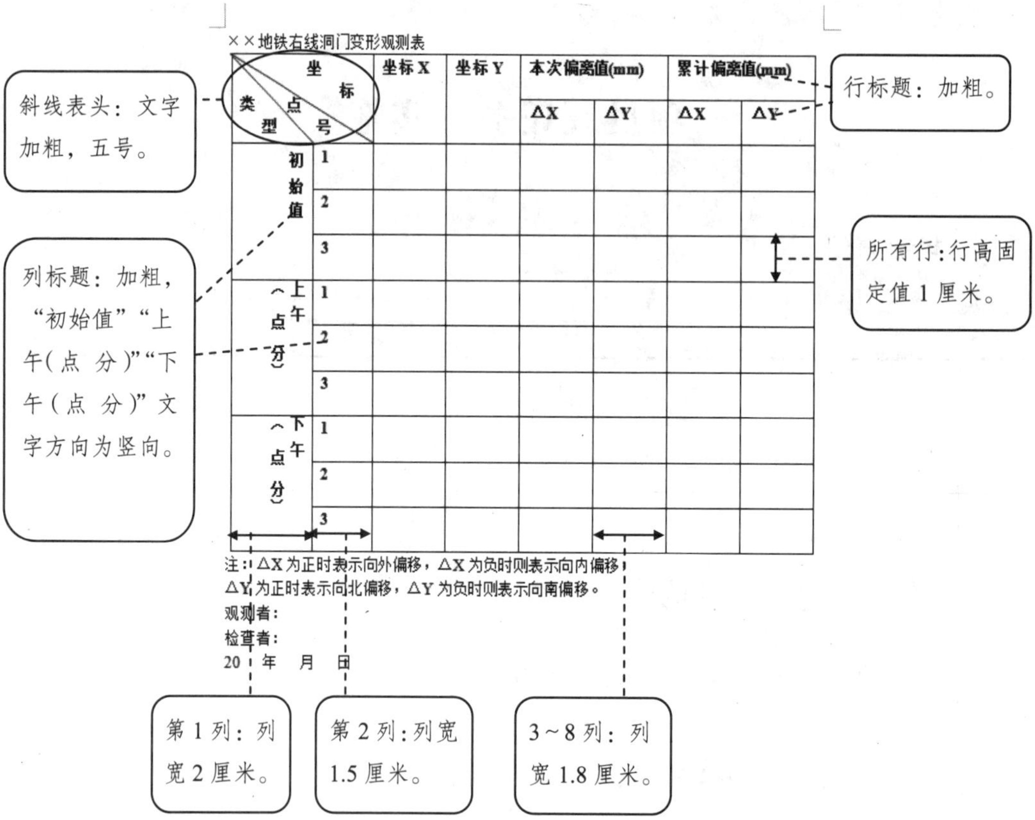

图 5-3 任务分析（项目五任务一）

三、完成任务

1. 创建新 Word 文档，保存为"洞门变形观测表.docx"。

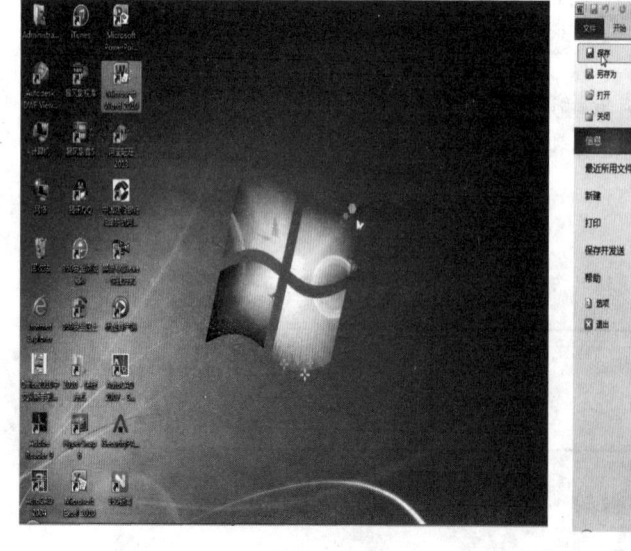

第 1 步：双击 Word 启动图标新建文档

第 2 步：执行保存文件的命令

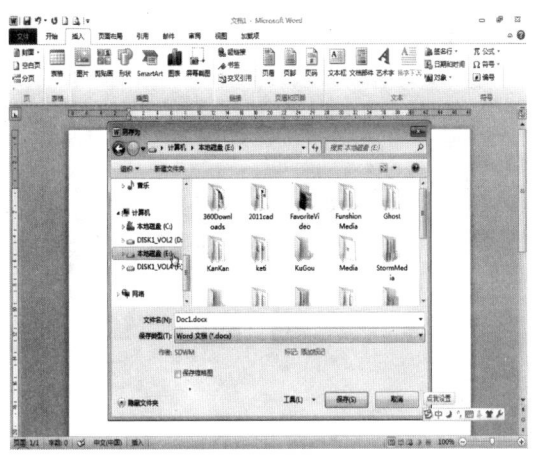

第3步：选择保存位置   第4步：输入文件名并单击"保存"

2. 创建如图 5-4 所示的表格。

××地铁右线洞门变形观测表

		坐标X	坐标Y	本次偏离值(mm)		累计偏离值(mm)	
				ΔX	ΔY	ΔX	ΔY
初始值	1						
	2						
	3						
上午 (点 分)	1						
	2						
	3						
下午 (点 分)	1						
	2						
	3						

图 5-4 创建表格

 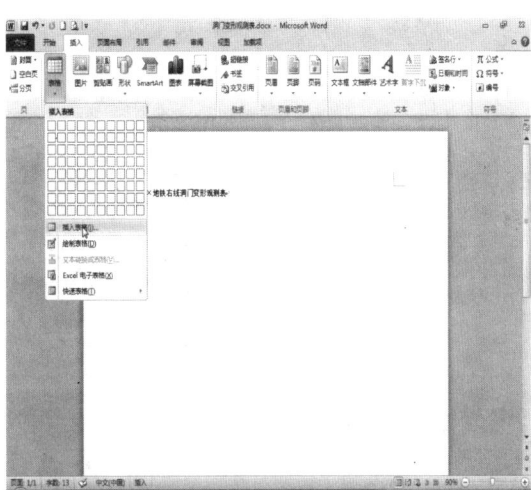

第1步：录入表格标题   第2步：执行插入表格的命令

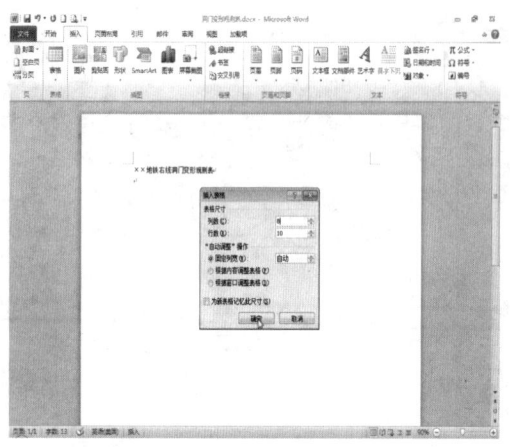

第 3 步：设置插入表格 10 行 8 列并单击"确定"

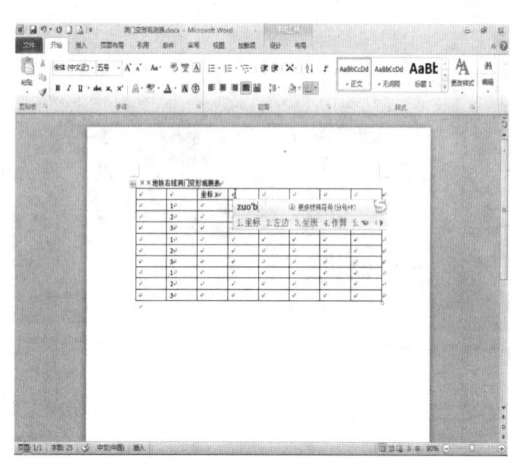

第 4 步：输入表格部分文字

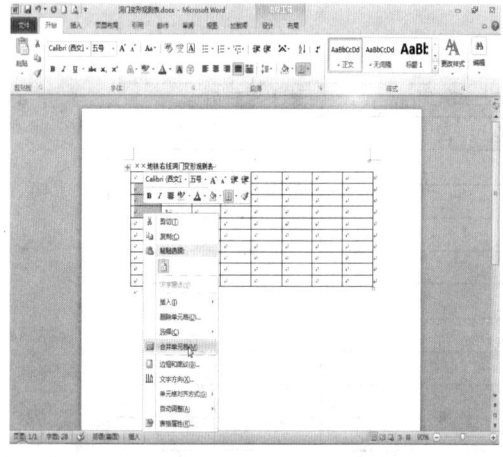

第 5 步：合并"初始值"单元格并输入文字

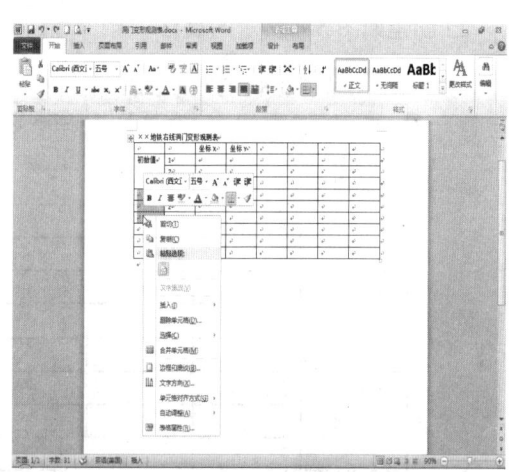

第 6 步：合并"上午（点 分）"单元格并输入文字

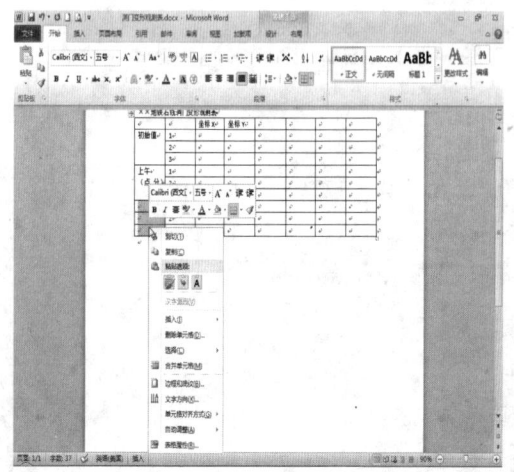

第 7 步：合并"下午（点 分）"单元格并输入文字

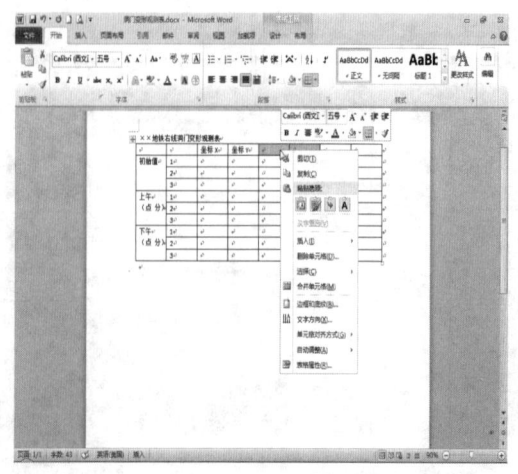

第 8 步：合并"本次偏离值（mm）"单元格并输入文字

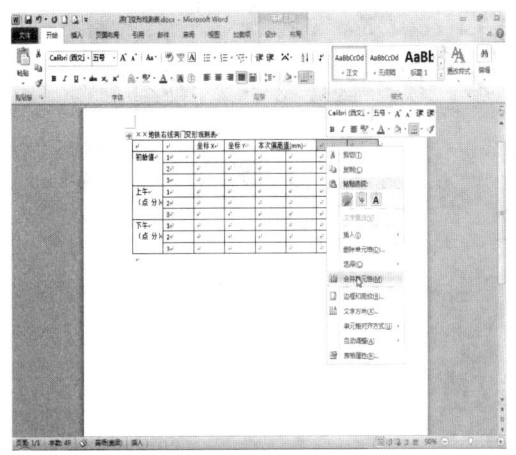

第 9 步：合并"累计偏离值（mm）"单元格并输入文字

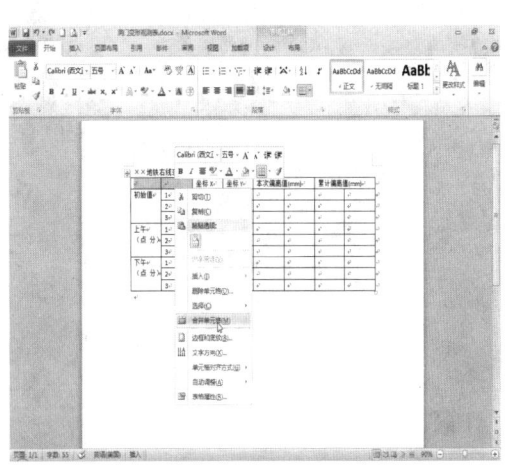

第 10 步：合并斜线表头单元格

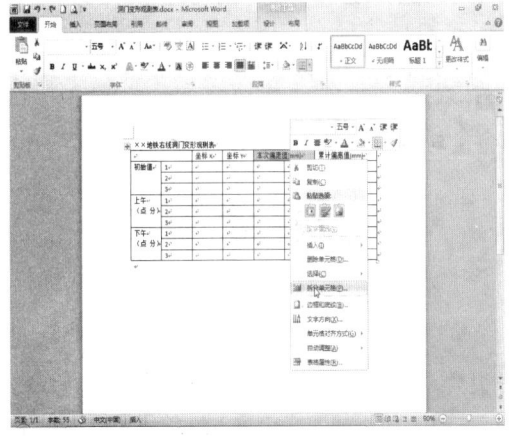

第 11 步：选定"本次偏离值（mm）"单元格并执行拆分单元格的命令

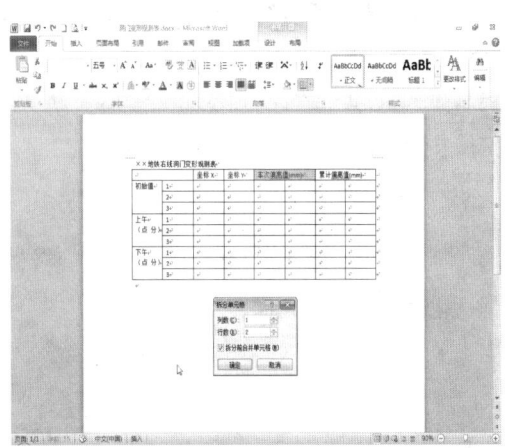

第 12 步：设置拆分 2 行 1 列并单击"确定"

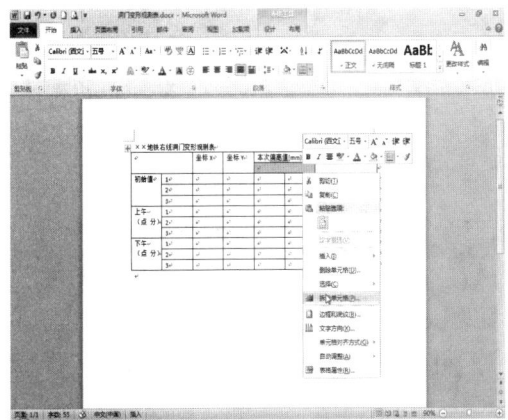

第 13 步：选定单元格并执行拆分单元格的命令

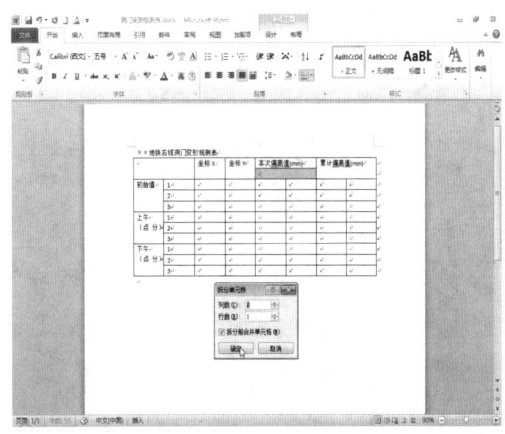

第 14 步：设置拆分 1 行 2 列并单击"确定"

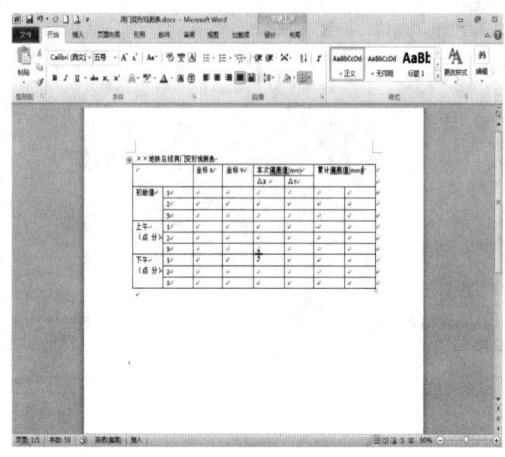
第 15 步：在拆分后的单元格中输入文字

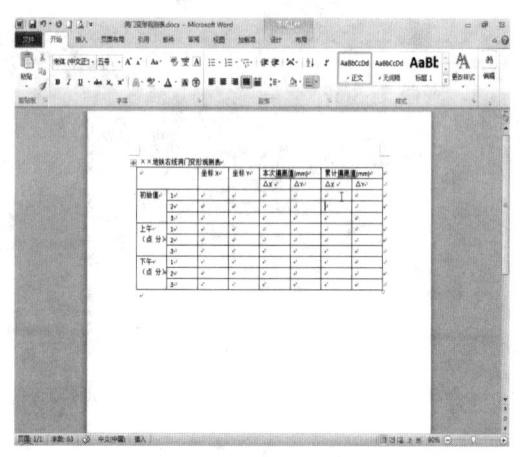
第 16 步：拆分"累计偏离值（mm）"单元格并输入文字

3. 设置表格所有行的行高为固定值 1 厘米。第一列列宽 2 厘米，第二列列宽 1.5 厘米，其余 3~8 列列宽 1.8 厘米。

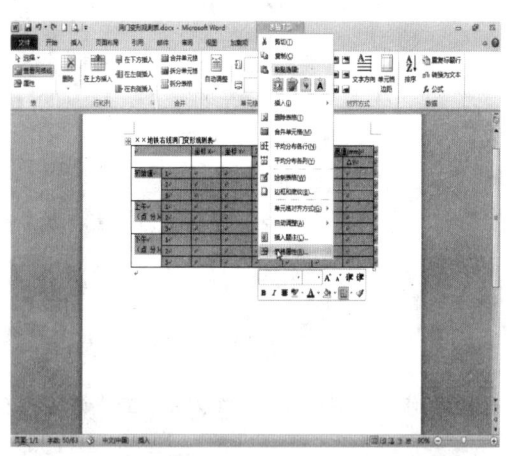
第 1 步：选定表格并执行设置行高的命令

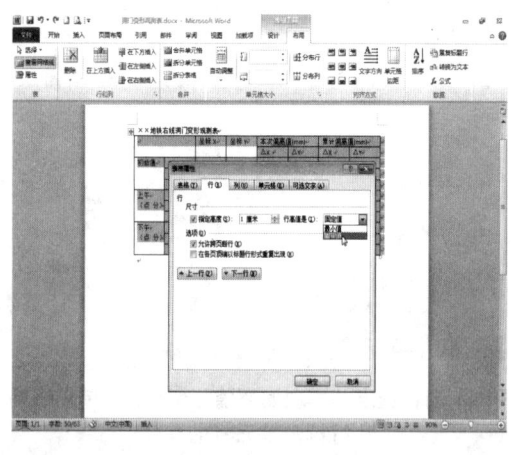
第 2 步：设置"行高值是"和"指定高度"并单击"确定"

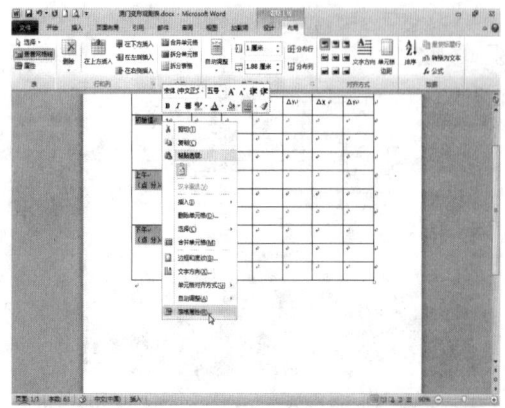
第 3 步：选定第 1 列并执行设置列宽的命令

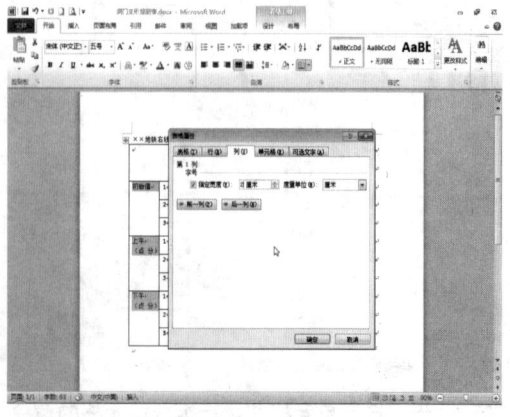
第 4 步：设置第 1 列"指定宽度"

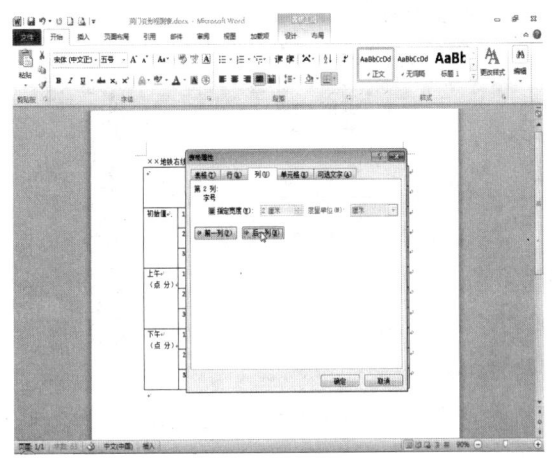
第5步：单击"后一列"按钮切换到设置第2列

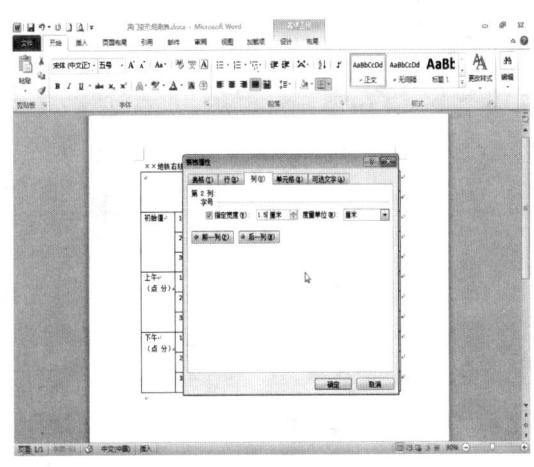
第6步：设置第2列"指定宽度"并单击"确定"

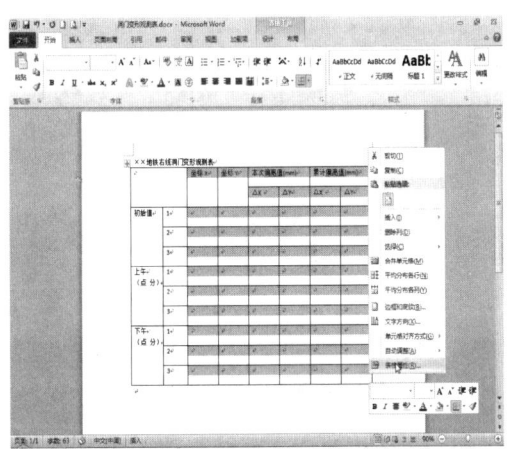
第7步：选定第3~8列并执行设置列宽的命令

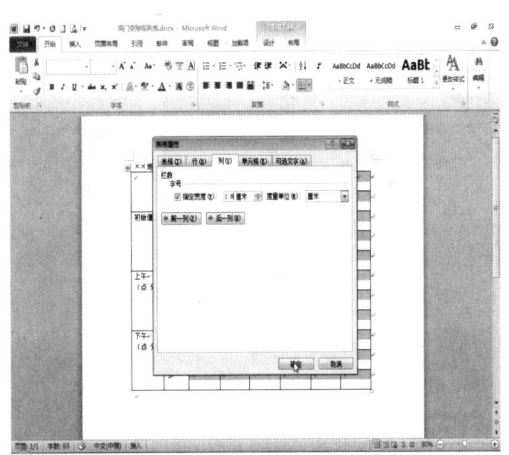
第8步：设置第3~8列"指定宽度"并单击"确定"

4. 制作斜线表头。

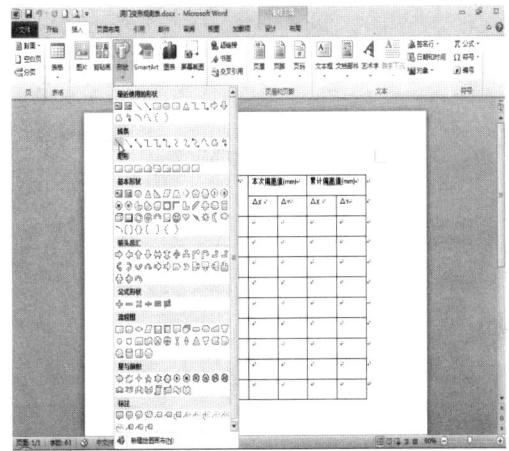
第1步：绘制两条直线

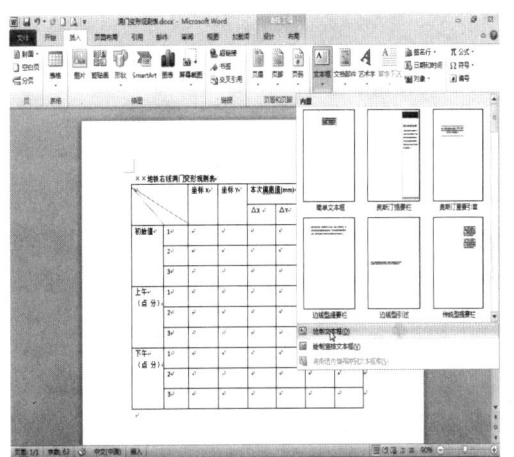
第2步：插入一个文本框并输入"坐"

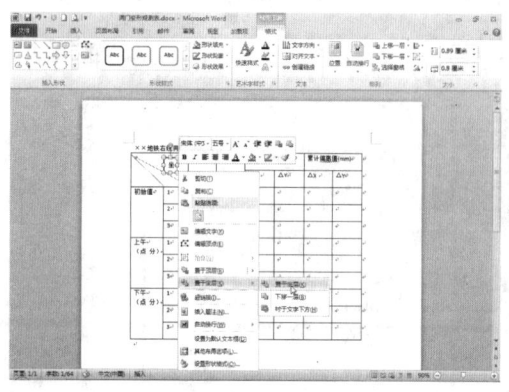

第 3 步：设置文本框"置于底层"

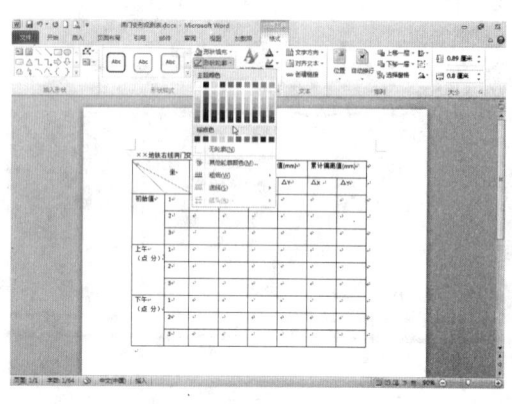

第 4 步：设置文本框"无轮廓"

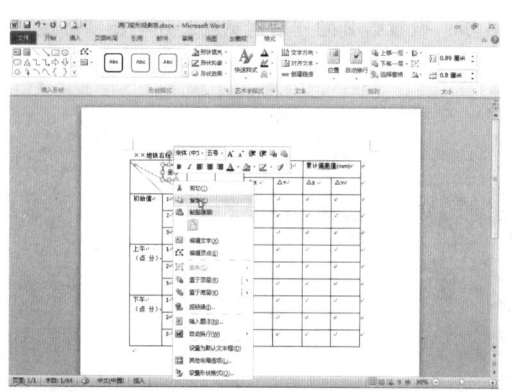

第 5 步：复制"坐"文本框五次

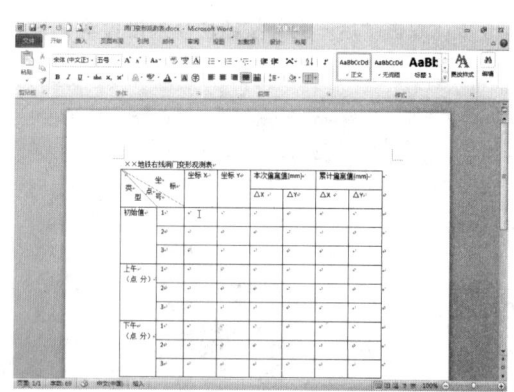

第 6 步：将文字修改为"标""点""号""类""型"并移动到斜线表头合适位置

5. 将斜线表头文字（"坐标""点号""类型"）加粗，字体大小为"五号"。将行标题和列标题文字（"坐标 X""△X""初始值""1"等）加粗。设置"初始值""上午（点 分）""下午（点 分）"的文字方向为竖向。输入表后注释文字。

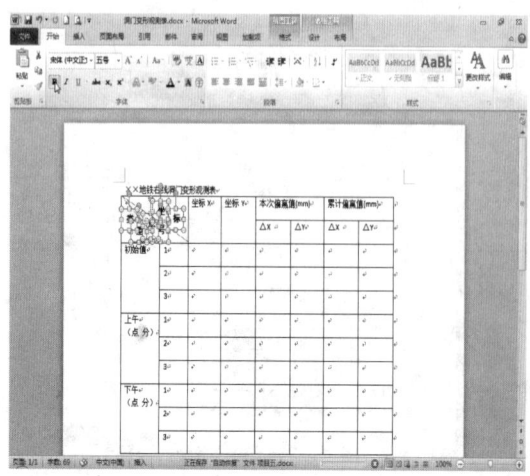

第 1 步：选定 5 个文本框并设置"加粗"

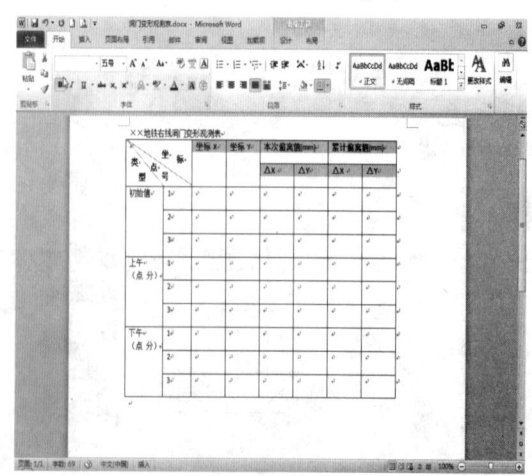

第 2 步：选定行标题文字并设置"加粗"

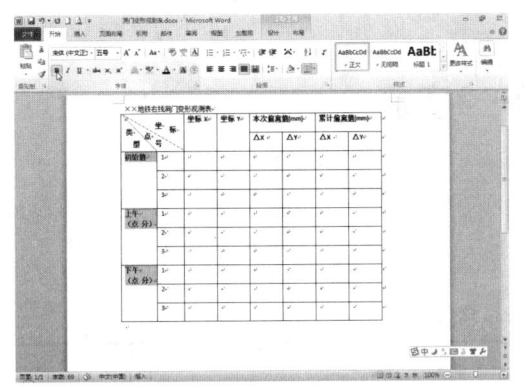
第3步：选定列标题文字并设置"加粗"

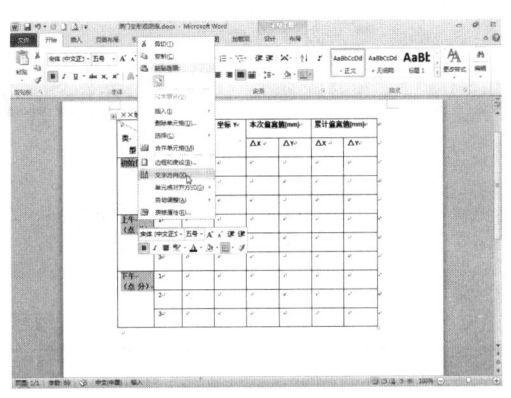
第4步：执行设置文字竖向的命令

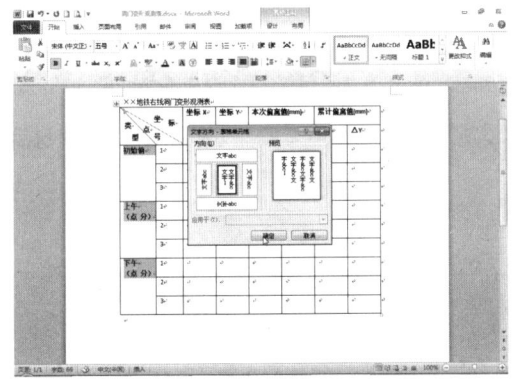
第5步：选择文字方向并单击"确定"

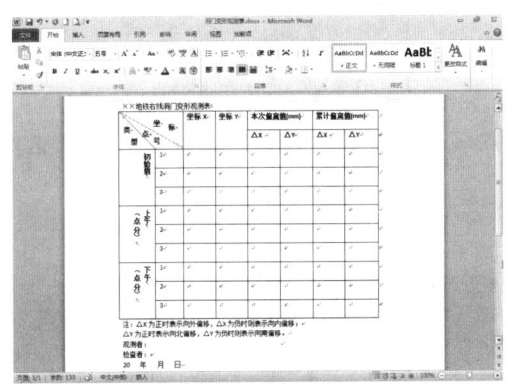
第6步：输入表后注释文字

四、检查任务

评价表见附录1——任务评价表（学生自评、互评用）和附录2——任务评价表（教师评价用）。

五、小结任务

1. 在制作行列数较多的表格时，为方便合并、拆分单元格，可输入部分文字用于定位。

2. Word 2010中取消了插入多条斜线表头的功能，我们可以通过绘制直线和插入文本框来实现。

3. 行高、列宽除了可以通过"表格属性"对话框精确设置外，还可以通过拖动行、列边框线调整。

项目五任务二实施

一、提出任务

表 5-3　项目五任务二学习任务书

	任务二　格式化"洞门变形观测表"		
项　　目	用 Word 制作"××地铁右线洞门变形观测表"	学　　时	2 学时
学习任务	1. 基本任务 （1）将上一次任务完成的"洞门变形观测表.docx"另存为"洞门变形观测表（格式化）.docx"。 （2）对"洞门变形观测表（格式化）.docx"文档的表格进行格式化，设置效果如图 5-1 所示。 2. 拓展任务 《计算机应用基础》教材拓展练习【5-2】		
知识准备	为完成以上任务，应掌握以下操作： 1. 设置表格的边框和底纹； 2. 设置表格对齐方式； 3. 设置单元格水平、垂直对齐方式		
学习要求	1. 每位同学要求完成基本任务； 2. 基本任务完成的同学，尽量完成拓展任务； 3. 学习过程中注意规范操作，培养严谨认真的学习态度； 4. 遇到操作问题，同学之间要互相帮助，多交流操作经验和技巧； 5. 爱护机房卫生，严禁乱丢垃圾； 6. 爱护机房计算机设备，严禁乱拔插头及对鼠标键盘的按键进行破坏		
提交成果	1. "洞门变形观测表（格式化）.docx"文档。 2. 拓展练习【5-2】文档		

二、分析任务

1. 对表格进行格式化后的效果分析如图 5-5 所示。

项目五 用 Word 制作"××地铁右线洞门变形观测表"

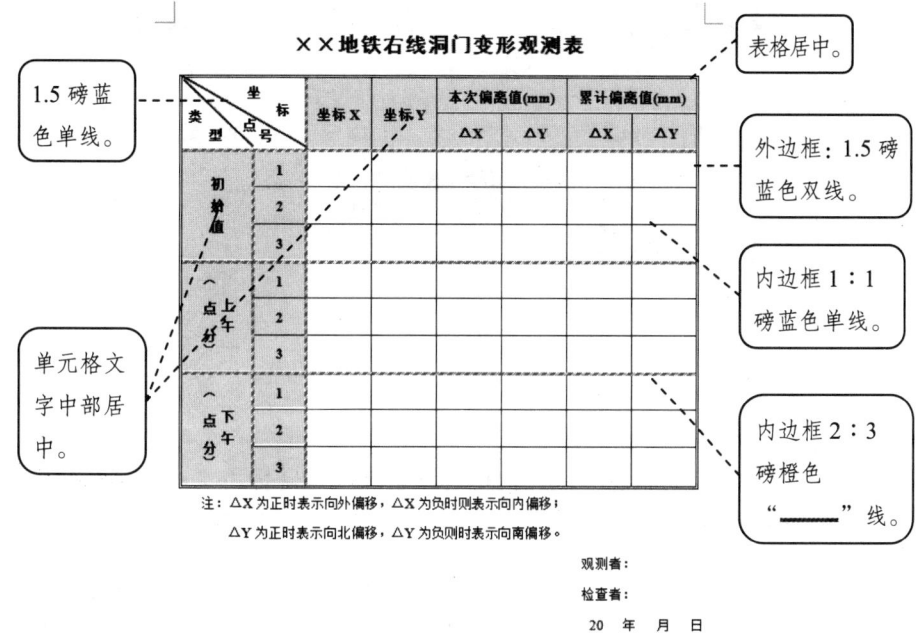

图 5-5 任务分析 1（项目五任务二）

2. 表格标题及表后注释文字格式化后的效果分析如图 5-6 所示。

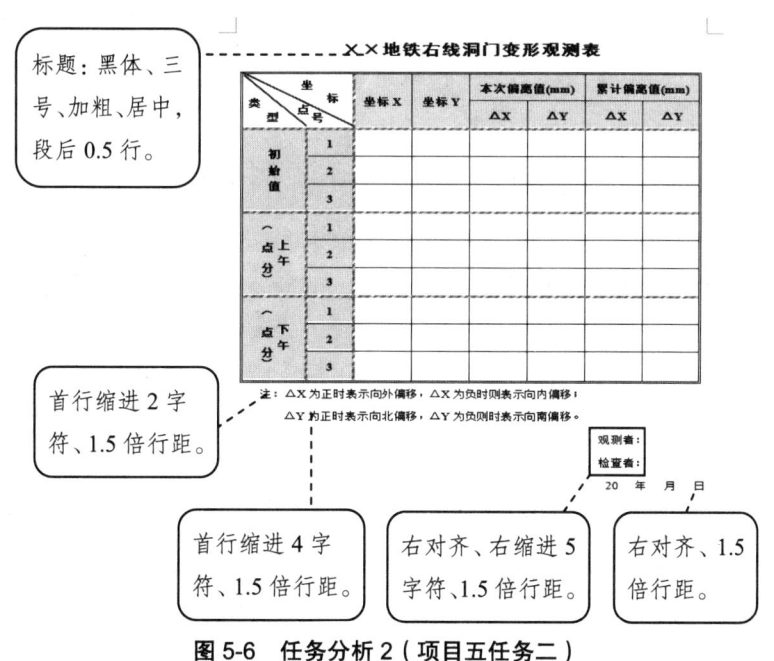

图 5-6 任务分析 2（项目五任务二）

三、完成任务

1. 将表格标题（"××地铁右线洞门变形观测表"）设置为黑体、三号、加粗、居中，段后 0.5 行。

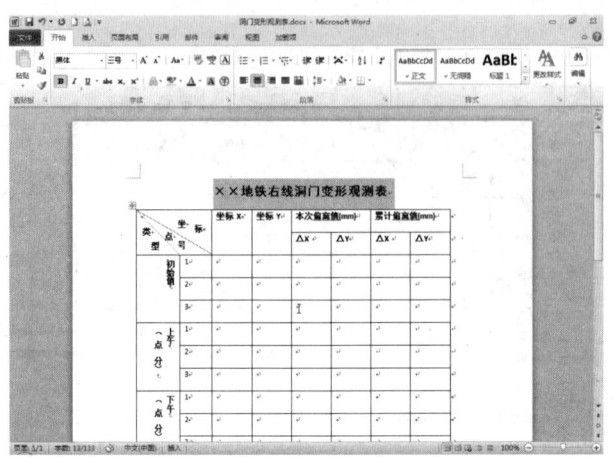

2. 设置表格外框为 1.5 磅蓝色双线；内框有三条横向 3 磅橙色"▰▰▰▰▰"线，两条纵向 3 磅橙色"▰▰▰▰▰"线，其余为 1 磅蓝色单线；表头斜线为 1.5 磅蓝色单线。

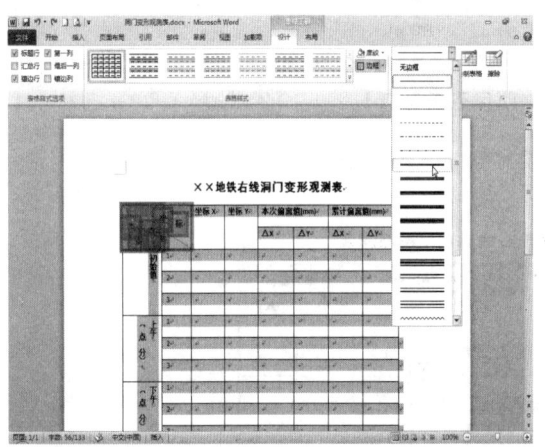

第 1 步：选定整个表格并选择"笔样式"为双线

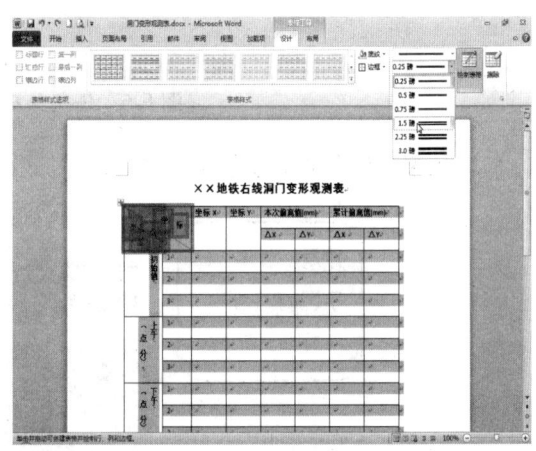

第 2 步：设置"笔画粗细"为 1.5 磅

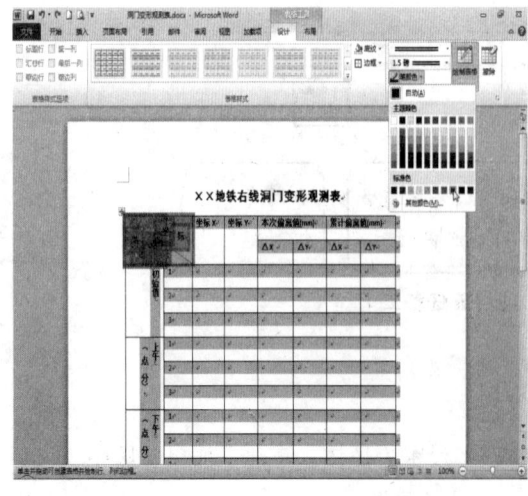

第 3 步：设置"笔颜色"为蓝色

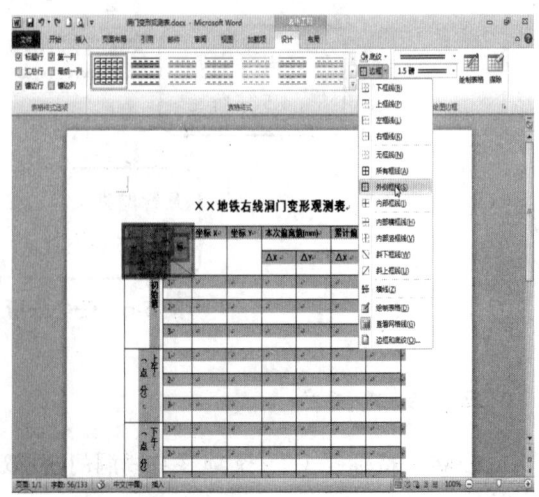

第 4 步：将第一次设置应用于"外侧框线"

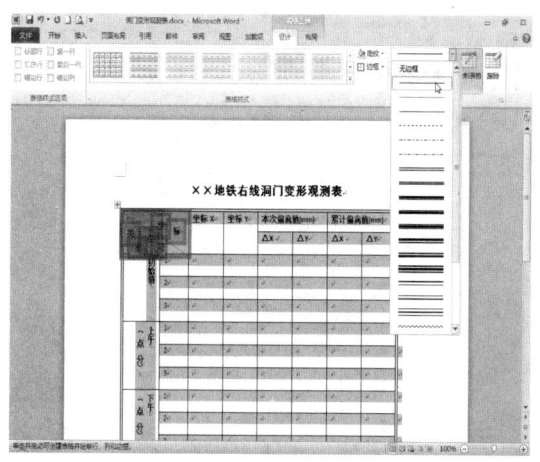

第5步：选择"笔样式"为单线

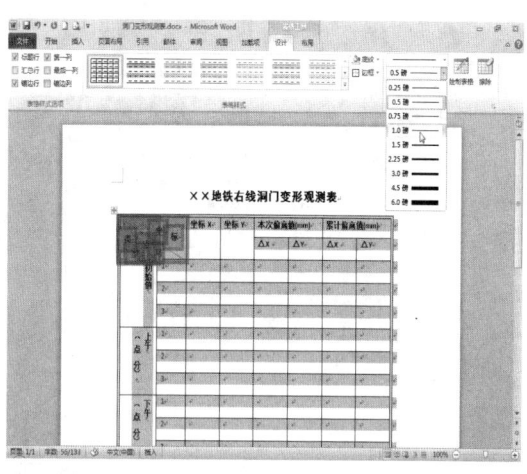

第6步：设置"笔画粗细"为1磅

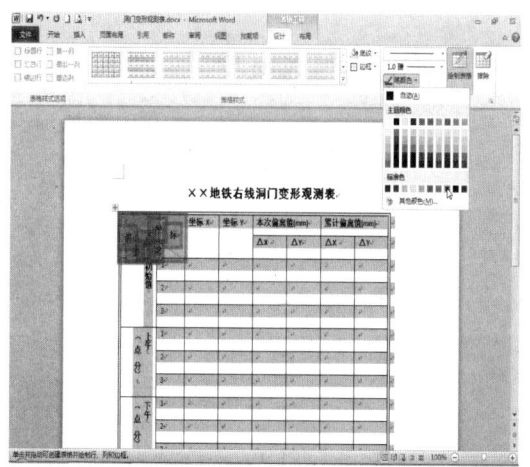

第7步：设置"笔颜色"为蓝色

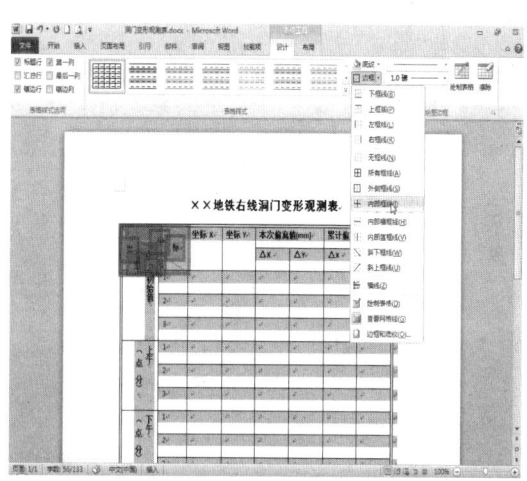

第8步：将第二次设置应用于"内部框线"

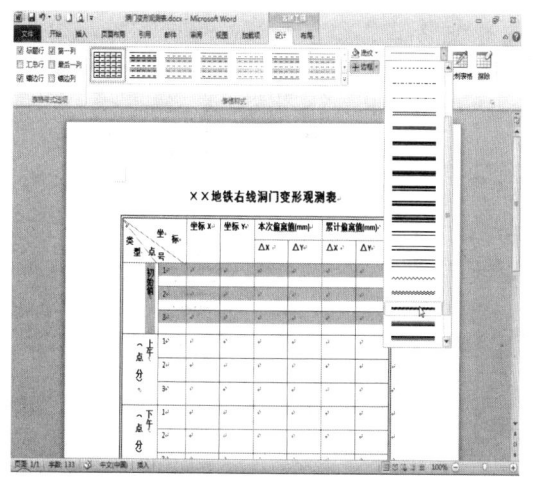

第9步：选定单元格并设置"笔样式"为"～～～～"

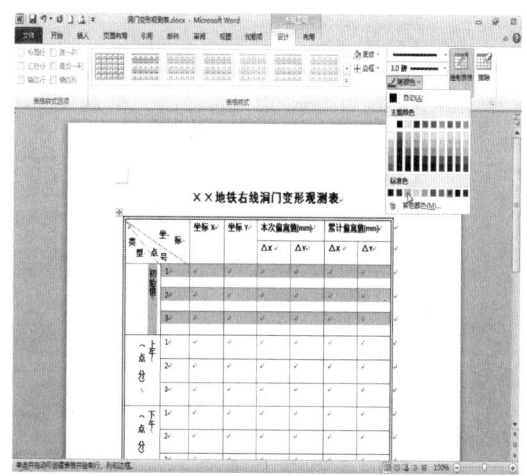

第10步：设置"笔颜色"为橙色

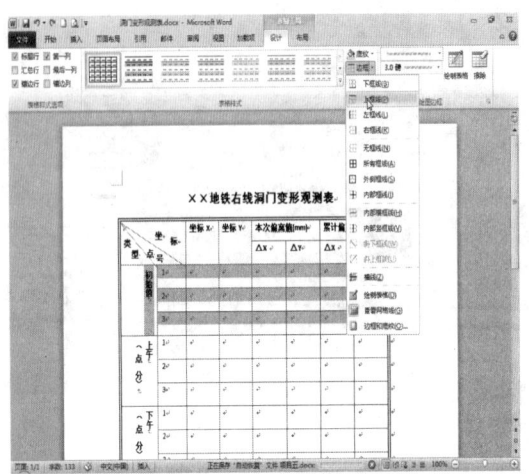
第11步：将第三次设置应用于"上框线"

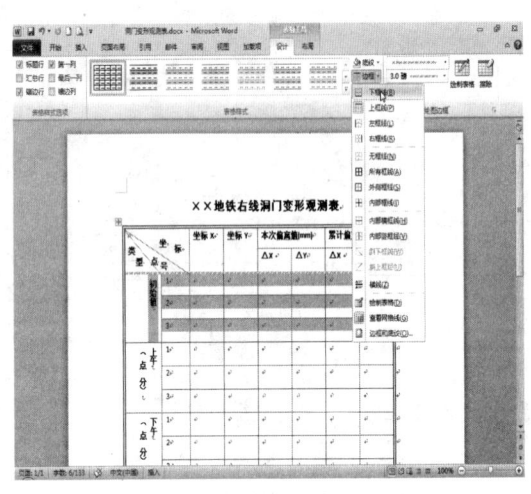
第12步：将第三次设置应用于"下框线"

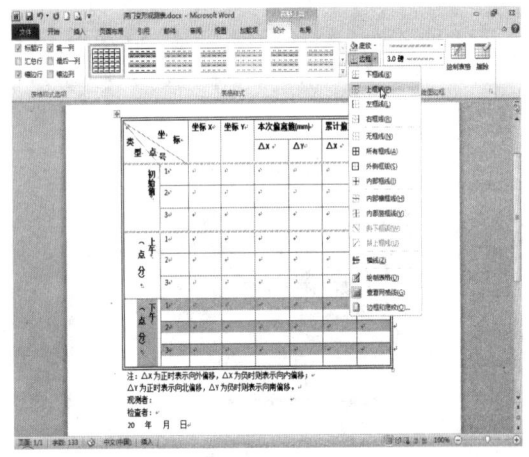
第13步：选定单元格将第三次设置应用于"上框线"

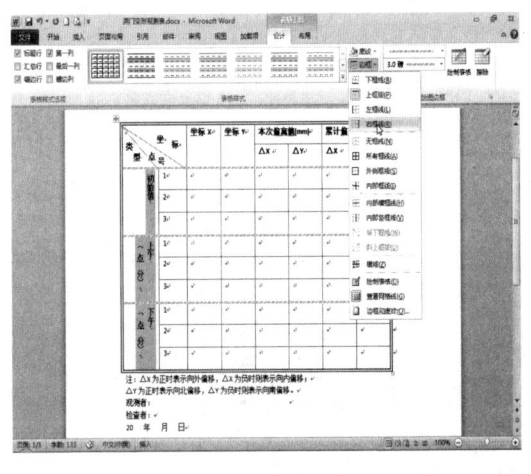
第14步：选定单元格将第三次设置应用于"右框线"

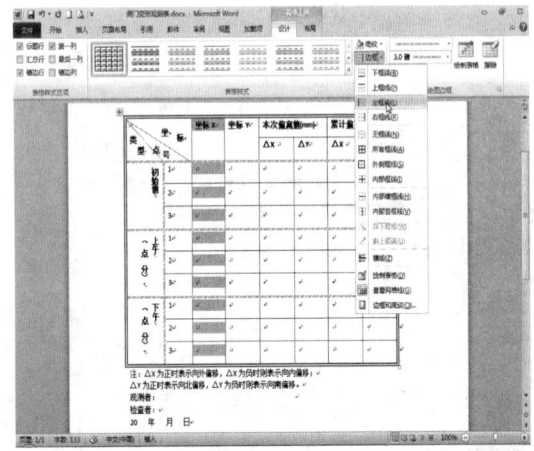
第15步：选定单元格将第三次设置应用于"左框线"

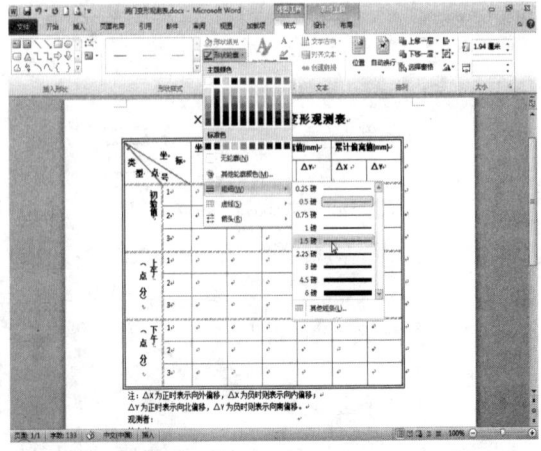
第16步：选定表头斜线并设置"粗细"为1.5磅

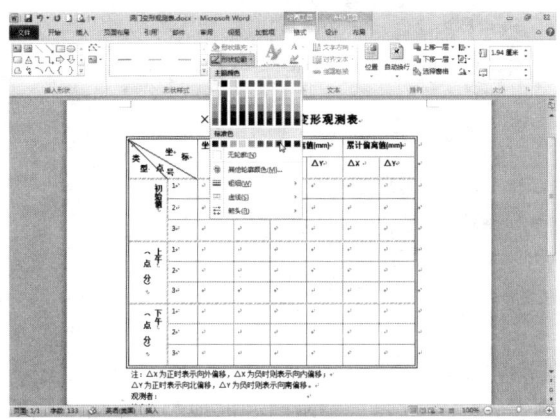

第 16 步：设置表头斜线为蓝色

3. 给标题单元格均添加"白色，背景 1，深色 25%"底纹。

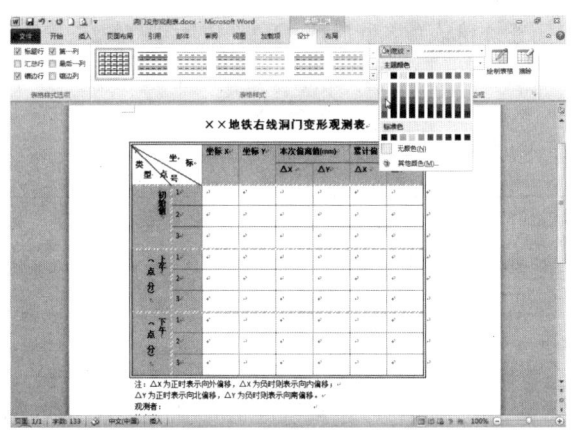

4. 设置表格居中，表格中所有单元格文字中部居中。

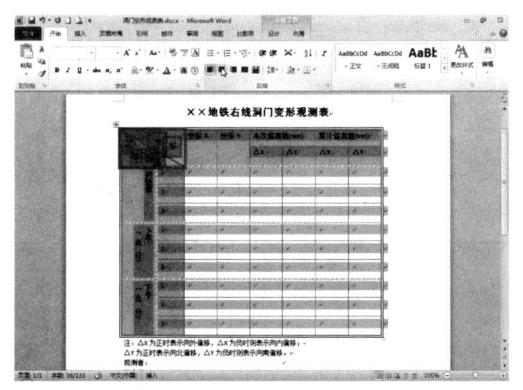   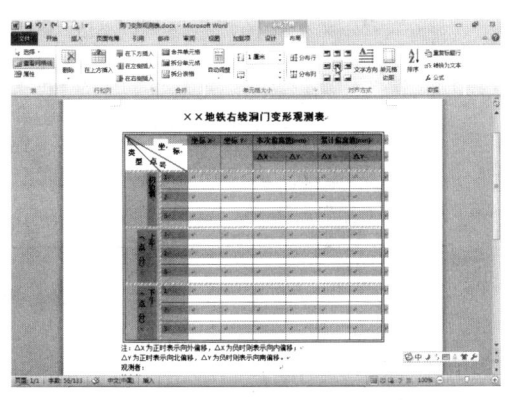

第 1 步：用表格移动标志选定表格并设置"居中"　　第 2 步：设置单元格文字中部居中

5. 设置表后注释文字格式：对第一段注释文字（"注……向内偏移"）设置首行缩进 2 字符、1.5 倍行距；对第二段注释文字（"△Y……向南偏移"）设置首行缩进 4 字符、1.5 倍行距；对"观测者"和"检查者"两个段落设置右对齐、右缩进 5 字符、1.5 倍行距；对日期（"20 年 月 日"）设置右对齐、1.5 倍行距。

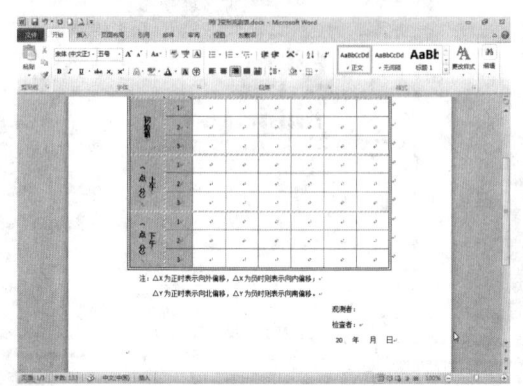

6. 将"洞门变形观测表.docx"另存为"洞门变形观测表(格式化).docx"。

四、检查任务

评价表见附录1——任务评价表(学生自评、互评用)和附录2——任务评价表(教师评价用)。

五、小结任务

> 1. 通过"表格工具"|"设计"选项卡设置表格边框的步骤如下：
> （1）选定要设置边框的单元格；
> （2）通过"绘图边框"组的"笔样式""笔画粗细"下拉列表和"笔颜色"按钮 笔颜色▼ 设置边框的样式、粗细和颜色；
> （3）单击"表格样式"组→"边框"按钮 边框▼ 右侧的下拉箭头，选择将以上设置应用于哪一种边框的对应选项。
> 2. 设置表格边框也可通过"边框和底纹"对话框进行，但通过"表格工具"|"设计"选项卡设置更为简单易掌握。
> 3. 通过"开始"选项卡"居中"按钮 设置表格居中时，一定要通过表格移动标记 选定表格。

项目六　用 Word 制作"期中考试成绩表"

一、项目目标

> 能对 Word 表格数据进行排序和简单计算。

二、项目引入

"期中考试成绩表"效果如图 6-1 所示。

期中考试成绩表

学号	姓名	工程力学	测量	计算机	总分	平均分
2	慕容桥	92	93	100	285	95.0
3	李莉	87	88	95	270	90.0
1	张红	85	90	94	269	89.7
5	王月	86	89	93	268	89.3
4	赵青	74	87	96	257	85.7
8	杨明	81	82	89	252	84.0
6	梁娟	77	78	88	243	81.0
7	马国	76	79	87	242	80.7
各科平均成绩		82.3	85.8	92.8	/	/

图 6-1　项目六完成效果

三、项目分析（任务分解）

项目六只包含一个任务：制作"期中考试成绩表"。本项目除了生成表格外，还应计算出每个学生的"总分""平均分"以及三门课程的"各科平均成绩"，并根据计算结果进行排序。通过完成项目五，我们已经掌握生成表格的方法，所以完成本项目的重点在于如何对表格数据进行计算和排序。

四、项目实施

任务一的实施过程，见"项目六任务一实施"。

五、项目评价

表 6-1　项目六评价表

班　级		姓　名		所在小组	
项目名称	用 Word 制作"期中考试成绩表"				
评价过程	评价内容			项目成绩	
	教师评价（0.6）	学生自评（0.2）	学生互评（0.2）		
任务一					
加权平均分					

六、项目总结

Word 可以对表格中的数据进行简单的求和、求平均值计算，如果涉及复杂计算，就要用到 Excel。

项目六任务一实施

一、提出任务

表6-2 项目六任务一学习任务书

任务一 制作"期中考试成绩表"			
项 目	用Word制作"期中考试成绩表"	学 时	2学时
学习任务	1. 基本任务 在Word 2010中制作如图6-1所示文档,保存为"期中考试成绩表.docx"。 2. 拓展任务 《计算机应用基础》教材拓展练习【6-1】		
知识准备	为完成以上任务,应掌握以下操作: 1. 用公式进行求和、求平均值计算; 2. 对表格数据进行排序		
学习要求	1. 每位同学要求完成基本任务; 2. 基本任务完成的同学,尽量完成拓展任务; 3. 学习过程中注意规范操作,培养严谨认真的学习态度; 4. 遇到操作问题,同学之间要互相帮助,多交流操作经验和技巧; 5. 爱护机房卫生,严禁乱丢垃圾; 6. 爱护机房计算机设备,严禁乱拔插头及对鼠标键盘的按键进行破坏		
提交成果	1. "期中考试成绩表.docx"文档。 2. 拓展练习【6-1】文档		

二、分析任务

1. 生成"期中考试成绩表",效果分析如图6-2所示。

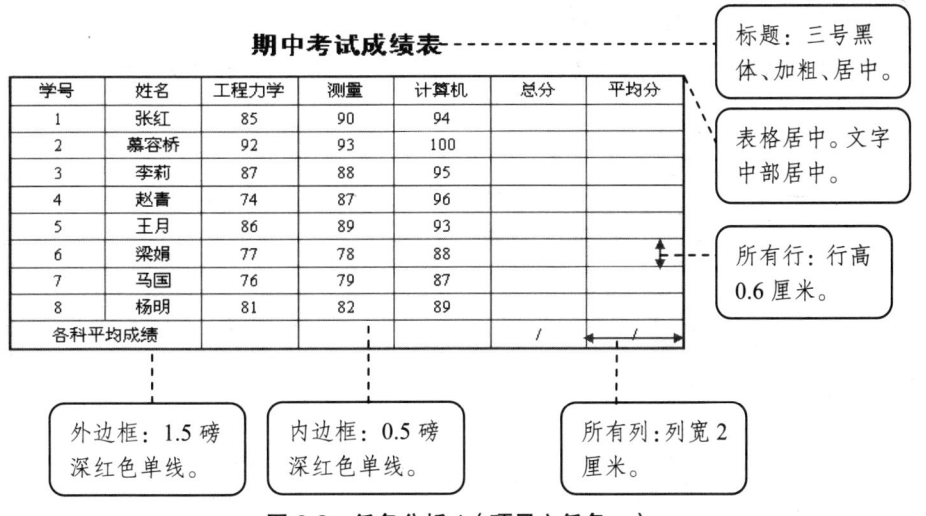

图6-2 任务分析1(项目六任务一)

2. 对表格数据进行计算和排序，效果分析如图 6-3 所示。

期中考试成绩表

学号	姓名	工程力学	测量	计算机	总分	平均分
2	慕容桥	92	93	100	285	95.0
3	李莉	87	88	95	270	90.0
1	张红	85	90	94	269	89.7
5	王月	86	89	93	268	89.3
4	赵青	74	87	96	257	85.7
8	杨明	81	82	89	252	84.0
6	梁娟	77	78	88	243	81.0
7	马国	76	79	87	242	80.7
各科平均成绩		82.3	85.8	92.8	/	/

按"平均分"由高到低排序。

公式计算。

图 6-3　任务分析 2（项目六任务一）

三、完成任务

1. 新建文档，保存为"期中考试成绩表.docx"。

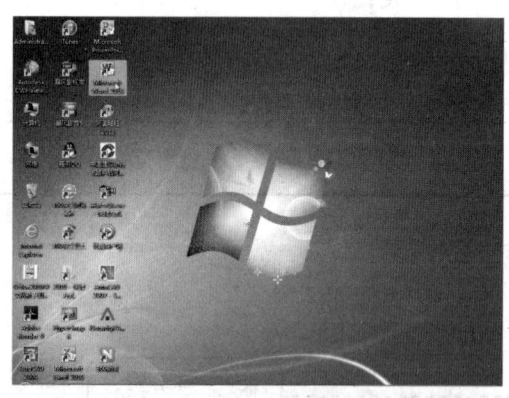

第 1 步：双击 Word 启动图标新建文档

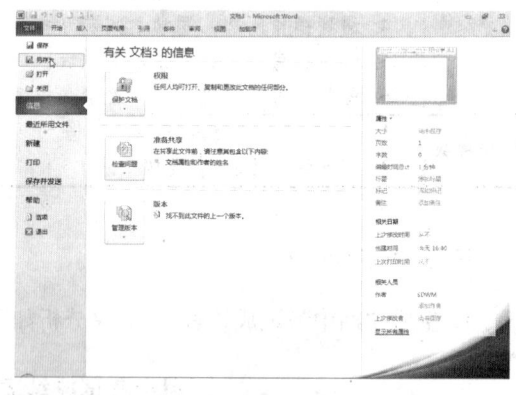

第 2 步：执行另存文件的命令

第 3 步：选择保存位置、输入文件名并单击"保存"

2. 制作并格式化"期中考试成绩表"表格：标题（"期中考试成绩表"）为三号黑体、加粗、居中；所有行高0.6厘米，所有列宽2厘米；外边框为1.5磅深红色单线，内边框为0.5磅深红色单线；表格居中，表格文字中部居中。

3. 用公式计算总分、平均分和课程平均成绩，平均分和课程平均成绩保留一位小数。

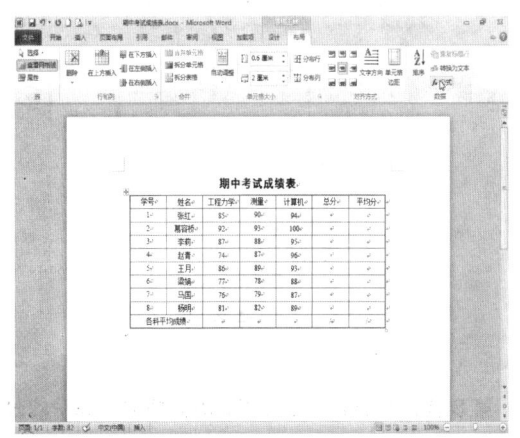

第1步：将光标定位于C10并执行用公式计算的命令

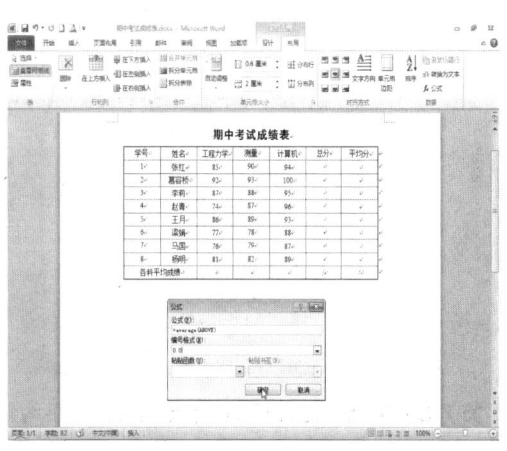

第2步：修改"公式"和输入"编号格式"

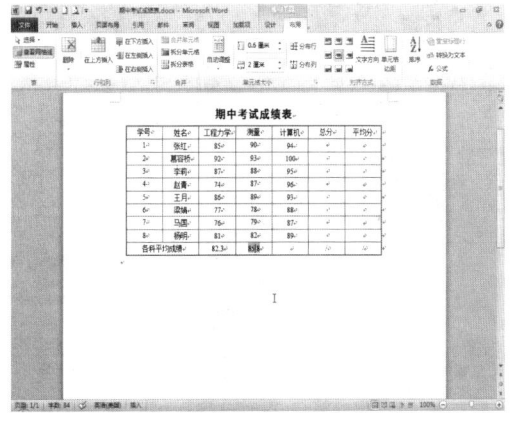

第3步：将光标定位于D10单元格并按F4键

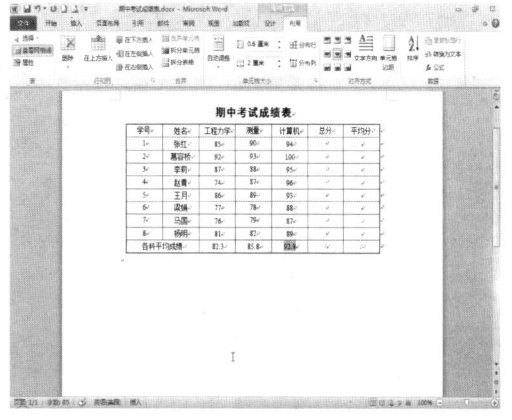

第4步：将光标定位于E10单元格并按F4键

第5步:将光标定位于F2单元格并计算总分

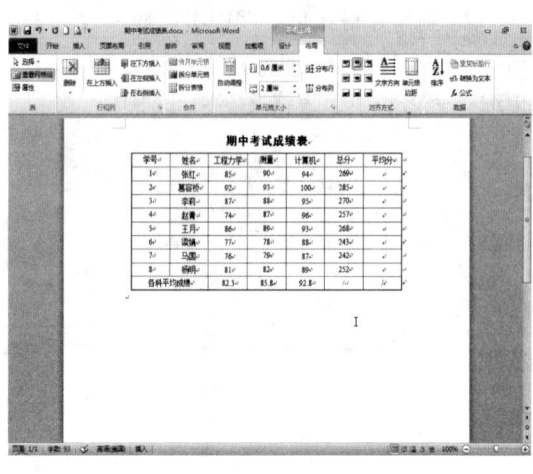
第6步:按F4键求其余学生总分

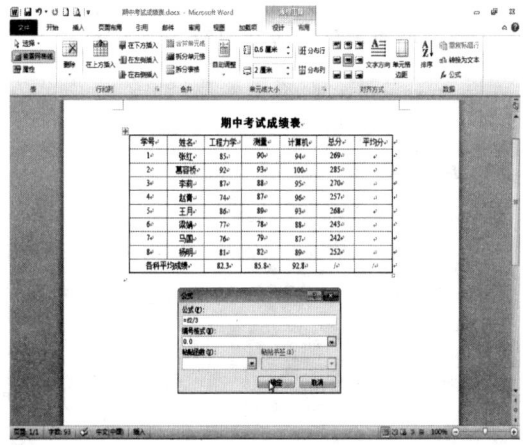
第7步:将光标定位于G2单元格并计算平均分

第8步:将光标定位于G3单元格并计算平均分

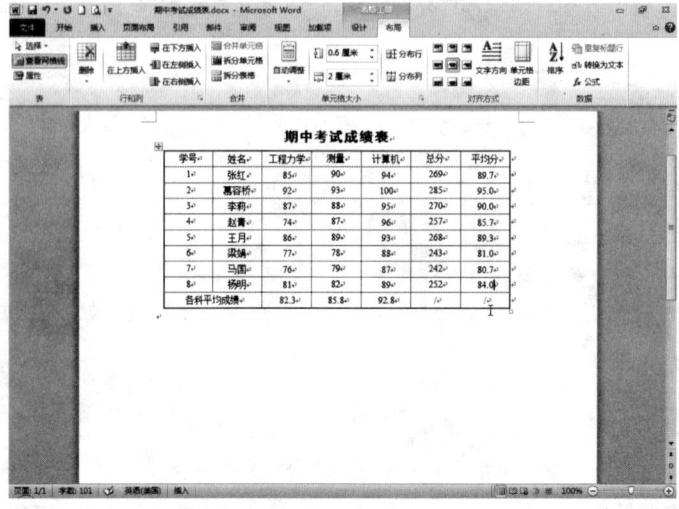
第9步:计算其余学生的平均分

4. 按"平均分"由高到低排序。

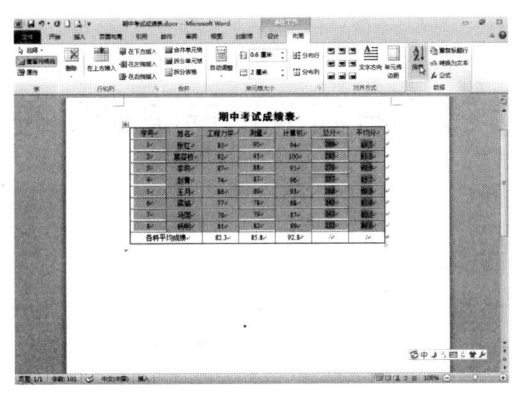
第1步：选定参与排序的单元格并执行排序的命令

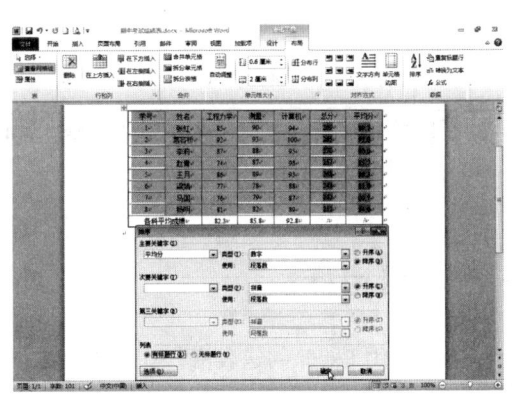
第2步：设置"列表"和"主要关键字"并单击"确定"

四、检查任务

评价表见附录1——任务评价表（学生自评、互评用）和附录2——任务评价表（教师评价用）。

五、小结任务

> 1. 用 F4 键复制公式要注意两点：
> （1）两个单元格的公式表达式相同；
> （2）计算完第一个单元格后，按 F4 键前，不能有其他任何操作。
> 2. 进行表格排序时，"排序"对话框"主要关键字"列表如果出现的是列号而不是标题行内容，说明 Word 将标题行也参与了排序，此时可以将"列表"项设置为"有标题行"，即可使关键字列表中显示标题行内容。
> 3. 学习 Word 公式计算要牢记以下几个常用单词的含义：求和函数名 SUM、求平均值函数名 AVERAGE、函数参数 ABOVE（上方）、LEFT（左侧）。

项目七　用 Excel 制作并输出"碎卵石筛分试验记录"表

一、项目目标

> 能用 Excel 创建表格，并对表格数据进行计算和生成图表以及最后打印输出。

二、项目引入

"碎卵石筛分试验记录"表的制作效果如图 7-1 所示。

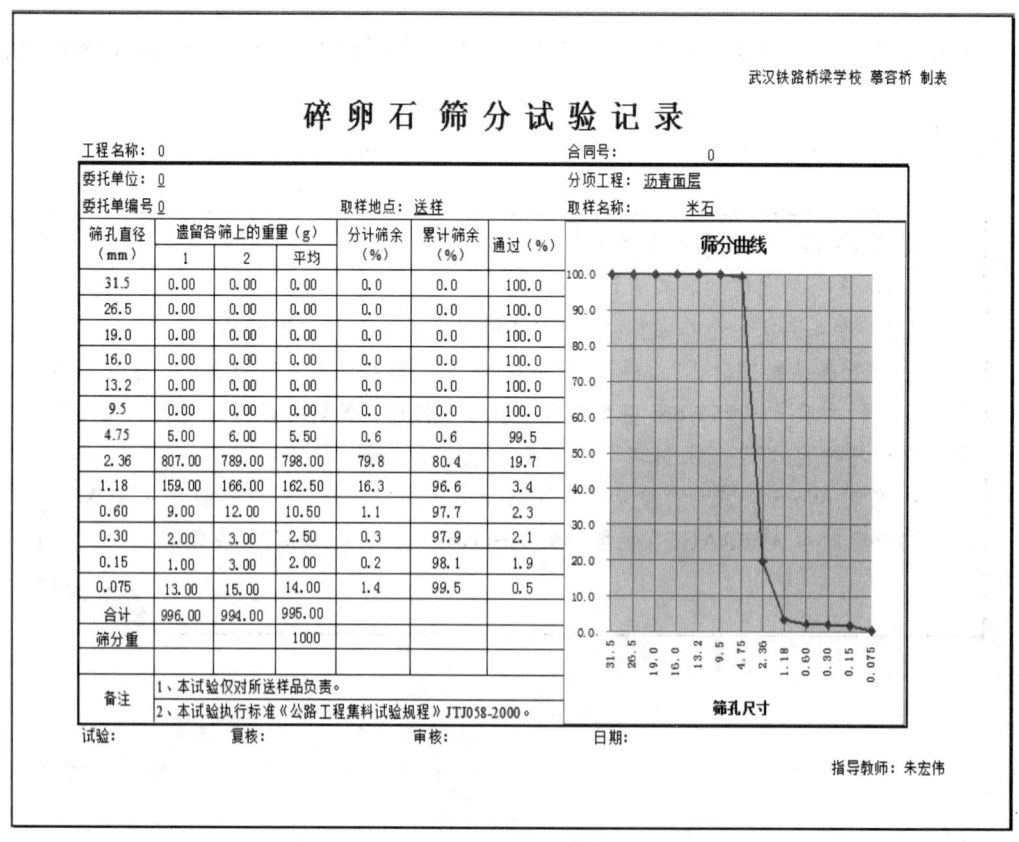

图 7-1　项目七完成效果

三、项目分析（任务分解）

若制作如图 7-1 所示的"碎卵石筛分试验记录"表，需以下四个操作步骤。

1. 创建"碎卵石筛分试验记录"表，效果如图7-2所示。

碎 卵 石 筛 分 试 验 记 录

工程名称：0　　　　　　　　　　　　　　　　合同号：0
委托单位：0　　　　　　　　　　　　　　分项工程：沥青面层
委托单编号0　　　　　取样地点:送样　　　取样名称：米石

筛孔直径 (mm)	遗留各筛上的重量（g）			分计筛余 (%)	累计筛余 (%)	通过 (%)
	1	2	平均			
31.5						
26.5						
19.0						
16.0						
13.2						
9.5						
4.75						
2.36						
1.18						
0.60						
0.30						
0.15						
0.075						
合计						
筛分重						
备注	1、本试验仅对所送样品负责。 2、本试验执行标准《公路工程集料试验规程》JTJ058-200					

试验：　　　　　　复核：　　　　　　审核：　　　　　　日期：

图7-2　任务一完成效果

2. 计算"碎卵石筛分试验记录"表，效果如图7-3所示。

碎 卵 石 筛 分 试 验 记 录

工程名称：0　　　　　　　　　　　　　　　　合同号：0
委托单位：0　　　　　　　　　　　　　　分项工程：沥青面层
委托单编号0　　　　　取样地点:送样　　　取样名称：米石

筛孔直径 (mm)	遗留各筛上的重量（g）			分计筛余 (%)	累计筛余 (%)	通过 (%)
	1	2	平均			
31.5	0.00	0.00	0.00	0.0	0.0	100.0
26.5	0.00	0.00	0.00	0.0	0.0	100.0
19.0	0.00	0.00	0.00	0.0	0.0	100.0
16.0	0.00	0.00	0.00	0.0	0.0	100.0
13.2	0.00	0.00	0.00	0.0	0.0	100.0
9.5	0.00	0.00	0.00	0.0	0.0	100.0
4.75	5.00	6.00	5.50	0.6	0.6	99.5
2.36	807.00	789.00	798.00	79.8	80.4	19.7
1.18	159.00	166.00	162.50	16.3	96.6	3.4
0.60	9.00	12.00	10.50	1.1	97.7	2.3
0.30	2.00	3.00	2.50	0.3	97.9	2.1
0.15	1.00	3.00	2.00	0.2	98.1	1.9
0.075	13.00	15.00	14.00	1.4	99.5	0.5
合计	996.00	994.00	995.00			
筛分重			1000			
备注	1、本试验仅对所送样品负责。 2、本试验执行标准《公路工程集料试验规程》JTJ058-2000					

试验：　　　　　　复核：　　　　　　审核：　　　　　　日期：

图7-3　任务二完成效果

3. 图表化"碎卵石筛分试验记录"表，效果如图7-4所示。

碎卵石筛分试验记录

筛孔直径 (mm)	遗留各筛上的重量（g）			分计筛余 (%)	累计筛余 (%)	通过 (%)
	1	2	平均			
31.5	0.00	0.00	0.00	0.0	0.0	100.0
26.5	0.00	0.00	0.00	0.0	0.0	100.0
19.0	0.00	0.00	0.00	0.0	0.0	100.0
16.0	0.00	0.00	0.00	0.0	0.0	100.0
13.2	0.00	0.00	0.00	0.0	0.0	100.0
9.5	0.00	0.00	0.00	0.0	0.0	100.0
4.75	5.00	6.00	5.50	0.6	0.6	99.5
2.36	807.00	789.00	798.00	79.8	80.4	19.7
1.18	159.00	166.00	162.50	16.3	96.6	3.4
0.60	9.00	12.00	10.50	1.1	97.7	2.3
0.30	2.00	3.00	2.50	0.3	97.9	2.1
0.15	1.00	3.00	2.00	0.2	98.1	1.9
0.075	13.00	15.00	14.00	1.4	99.5	0.5
合计	996.00	994.00	995.00			
筛分重			1000			

图 7-4 任务三完成效果

4. 打印输出"碎卵石筛分试验记录"表，效果如图7-1所示。

因此，我们需要将项目七分解为四个任务来完成：任务一是创建"碎卵石筛分试验记录"表；任务二是计算"碎卵石筛分试验记录"表；任务三是图表化"碎卵石筛分试验记录"表；任务四是打印输出"碎卵石筛分试验记录"表。

四、项目实施

1. 任务一的实施过程，见"项目七任务一实施"。
2. 任务二的实施过程，见"项目七任务二实施"。
3. 任务三的实施过程，见"项目七任务三实施"。
4. 任务四的实施过程，见"项目七任务四实施"。

五、项目评价

表 7-1 项目七评价表

班级		姓名		所在小组	
项目名称		用Excel制作并输出"碎卵石筛分试验记录"表			
评价过程	评价内容				项目成绩
	教师评价（0.6）	学生自评（0.2）		学生互评（0.2）	
任务一					
任务二					
任务三					
任务四					
加权平均分					

六、项目总结

1. Excel 创建表格方便快捷,但它的特色不是建立和修饰表格,而是对数据进行处理,包括对数据进行各种各样的计算、筛选、排序、分类汇总以及建立数据图表等。

2. Excel 的计算包括公式计算、函数计算和混合计算,其中函数的应用既是重点更是难点。

3. Excel 的计算中经常要引用绝对地址、相对地址和混合地址,因此必须搞清相对地址和绝对地址的应用差别。

4. Excel 的图表功能也是一大特点,制作图表时数据区域的选取很关键,需要分析题意和图表本身所代表的含义。

5. Excel 的打印功能很重要,需要理解掌握。

项目七任务一实施

一、提出任务

表 7-2 项目七任务一学习任务书

任务一 创建"碎卵石筛分试验记录"表			
项　目	用 Excel 制作并输出"碎卵石筛分试验记录"表	学　时	2 学时
学习任务	1. 基本任务 在 Excel 中创建如图 7-2 所示表格，保存为"碎卵石筛分试验记录.xlsx"。 2. 拓展任务 《计算机应用基础》教材拓展练习【7-1】、【7-2】		
知识准备	为完成以上任务，应掌握以下操作： 1. 启动和退出 Excel； 2. 新建、保存、打开、关闭 Excel 工作簿； 3. 输入、编辑各种类型数据及智能填充数据； 4. 设置表格的边框和底纹； 5. 合并及居中单元格、调整单元格的行高和列宽、设置单元格的数据对齐方式		
学习要求	1. 每位同学要求完成基本任务； 2. 基本任务完成的同学，尽量完成拓展任务； 3. 学习过程中注意规范操作，培养严谨认真的学习态度； 4. 遇到操作问题，同学之间要互相帮助，多交流操作经验和技巧； 5. 爱护机房卫生，严禁乱丢垃圾； 6. 爱护机房计算机设备，严禁乱拔插头及对鼠标键盘的按键进行破坏		
提交成果	1. "碎卵石筛分试验记录.xlsx"文档。 2. 拓展练习【7-1】、【7-2】文档		

二、分析任务

"碎卵石筛分试验记录"表内容及效果分析如图 7-5 所示。

项目七 用Excel制作并输出"碎卵石筛分试验记录"表

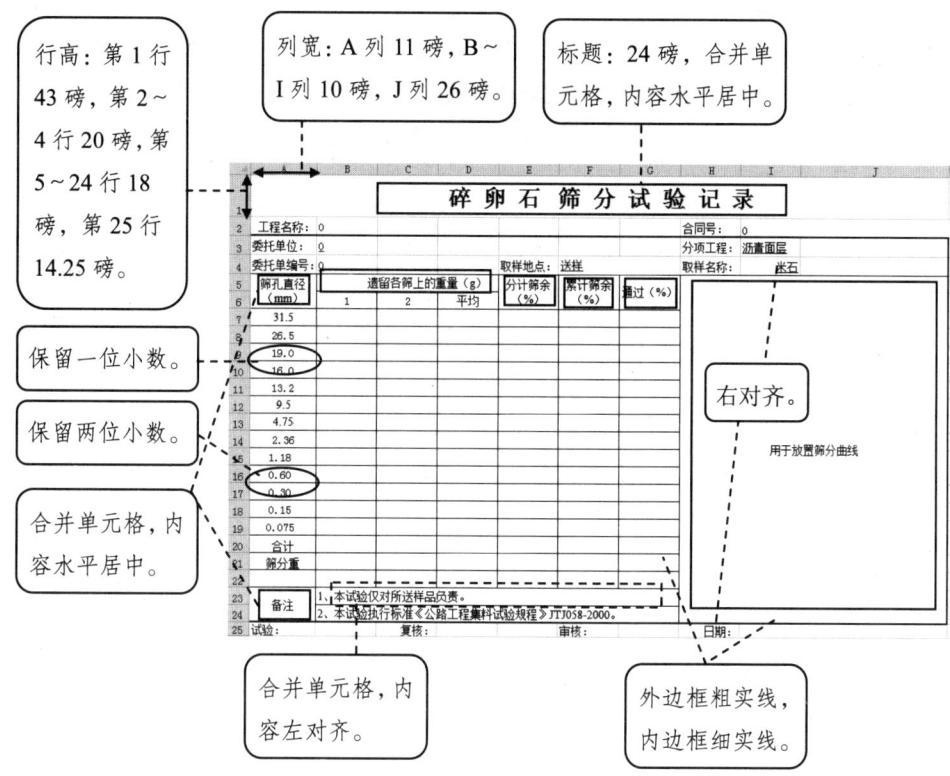

图 7-5 任务分析（项目七任务一）

三、完成任务

1. 在Excel中录入"碎卵石筛分试验记录"表原始数据，如图7-6所示。

图 7-6 录入"碎卵石筛分试验记录"表数据

2. 设置行高：第1行"43"，第2~4行"20"，第5~24行"18"，第25行"14.25"。设置列宽：A列"11"，B~I列"10"，J列"26"。

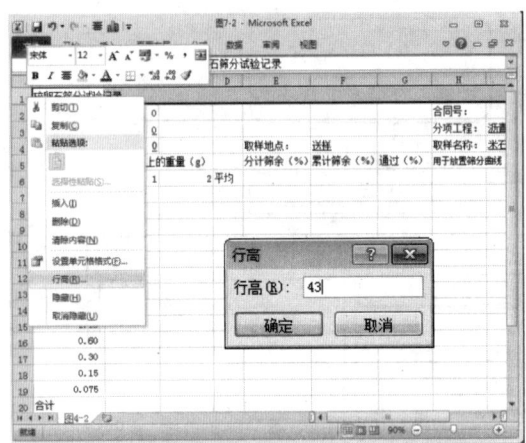

第1步：行号处点右键，选择"行高"并设置　　　　第2步：列号处点右键，选择"列宽"并设置

3. 合并单元格及设置单元格内容对齐。

（1）将 A5：A6、E5：E6、F5：F6、G5：G6、B5：D5、A23：A24、H5：J24 单元格合并为一个单元格，内容水平居中。

其他单元格的合并，以此类推，方法相同。

（2）将 B23：G23、B24：G24 单元格合并为一个单元格，内容左对齐。将 I4、H25 单元格内容设置为右对齐。

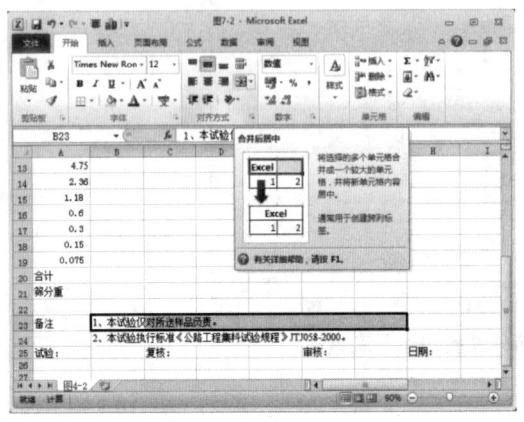
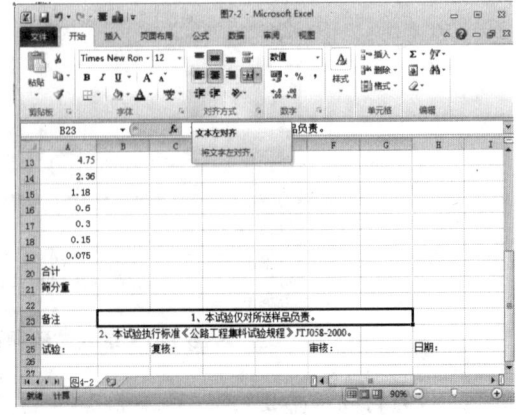

第1步：选择 B23：G23，单击"合并后居中"按钮　　　第2步：单击"左对齐"按钮

项目七 用 Excel 制作并输出"碎卵石筛分试验记录"表

第 3 步：选择 H25，单击"右对齐"按钮

4. 将 A1：J1 单元格合并为一个单元格，内容水平居中，并将标题设置为 24 磅宋体。

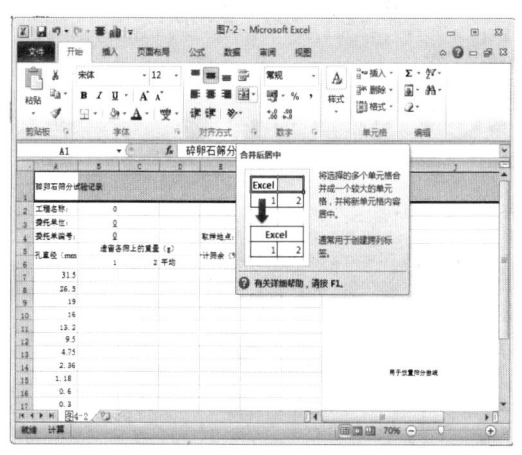

第 1 步：选择 A1：J1，单击"合并后居中"按钮

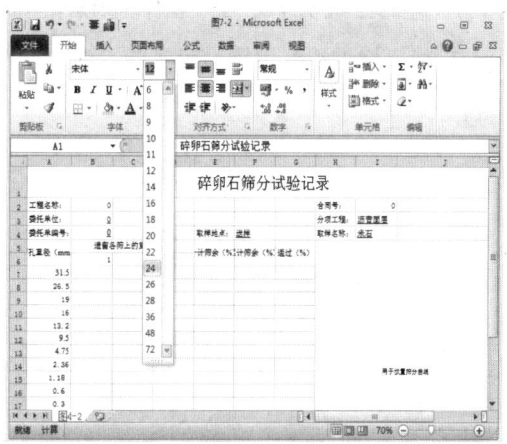

第 2 步：设置字号

5. 将筛孔直径中的"19""16"保留一位小数，即"19.0""16.0"；将"0.6""0.3"保留两位小数，即"0.60""0.30"。

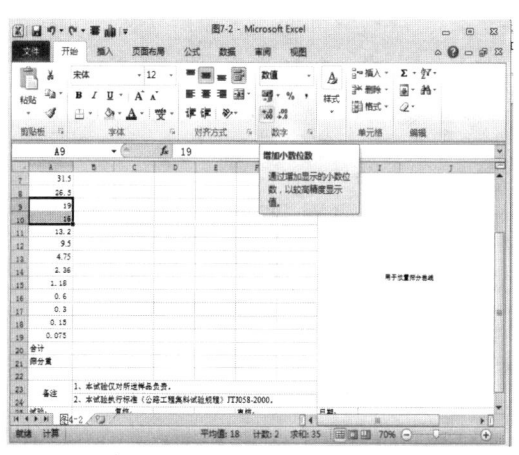

第 1 步：选择 19 和 16，单击"增加小数位数"按钮

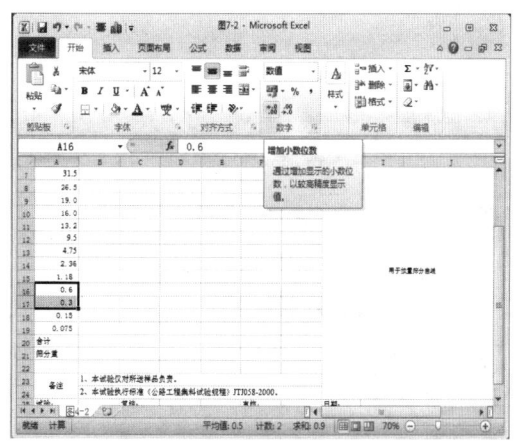

第 2 步：选择 0.6 和 0.3，单击"增加小数位数"按钮

6. 将 A5、E5、F5、G5 设置为自动换行格式。

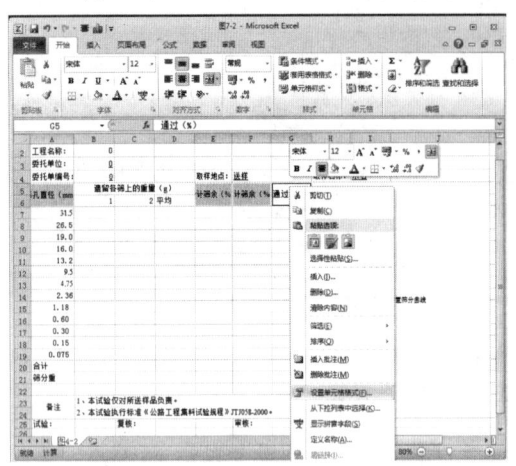

第 1 步：选择 A5、E5、F5、G5，执行设置换行的命令　　　第 2 步：勾选"自动换行"

7. 将表格外边框设置为粗实线，内边框设置为细实线。

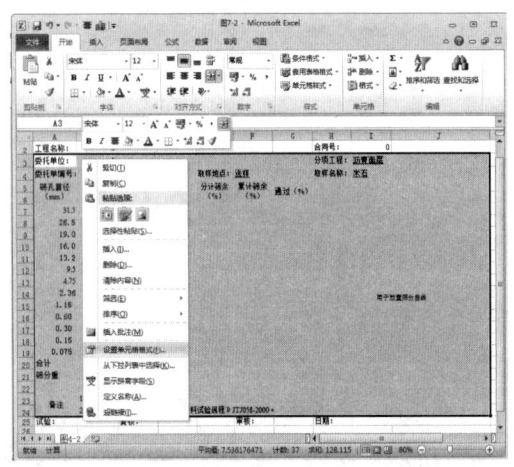

第 1 步：选定外边框区域　　　第 2 步：进入设置单元格格式对话框

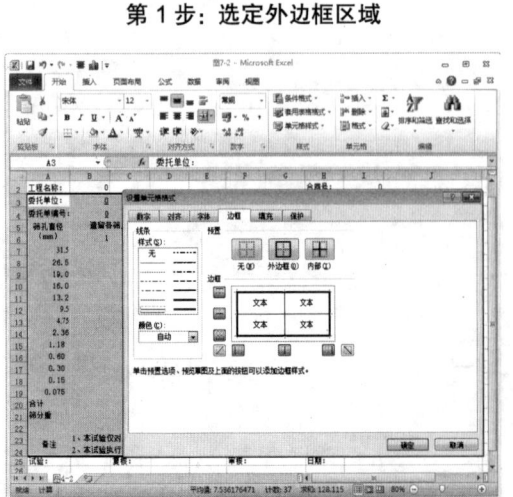

第 3 步：选择线型线宽并内外修改　　　第 4 步：修改后的效果并再次修改

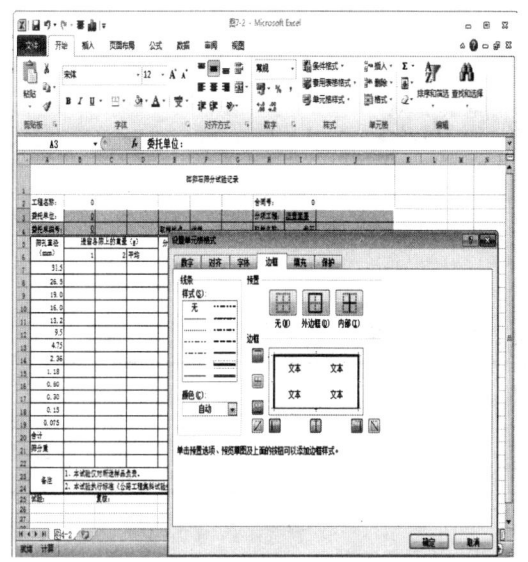

第 5 步：选择线型线宽并修改

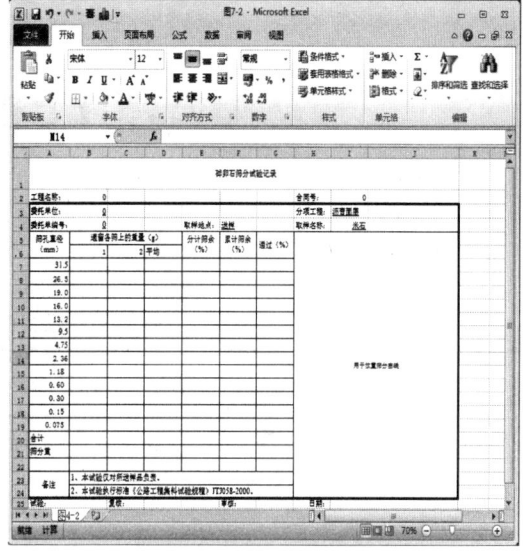

第 6 步：修改后的效果

四、检查任务

评价表见附录 1——任务评价表（学生自评、互评用）和附录 2——任务评价表（教师评价用）。

五、小结任务

1. 应分清工作表与工作薄的联系与区别。

2. 单元格数值格式设置有两种方式，一是通过"设置单元格格式"对话框进行设置，二是通过"开始"选项卡"数字"组按钮设置。

3. 在输入一些有规律的数据，如"1、2、3、4、……""星期一、星期二、星期三、……"等时，利用 Excel 的智能填充功能，可以提高输入速度。

4. 如果一个单元格中的数据需要分多行显示，可在"设置单元格格式"对话框中勾选"自动换行"选项，并结合调整列宽来实现。

5. 有三种方法可以调整行高、列宽：一是拖动行号、列号之间的分隔线调整；二是通过"行高"、"列宽"对话框精确设置；三是用"自动调整行高""自动调整列宽"命令根据单元格内容自动调整。

项目七任务二实施

一、提出任务

表7-3 项目七任务二学习任务书

	任务二 计算"碎卵石筛分试验记录"表		
项　目	用Excel制作并输出"碎卵石筛分试验记录"表	学　时	2学时
学习任务	1. 基本任务 （1）将上一次任务完成的"碎卵石筛分试验记录.xlsx"另存为"碎卵石筛分试验记录计算.xlsx"。 （2）对"碎卵石筛分试验记录计算.xlsx"数据进行计算，结果如图7-3所示。 2. 拓展任务 《计算机应用基础》教材拓展练习【7-4】、【7-5】、【7-6】		
知识准备	为完成以上任务，应掌握以下操作： 1. 单元格相对地址、绝对地址与混合地址的表示； 2. Excel中使用公式进行计算； 3. Excel中使用sum、average、if、countif、sunif等常用函数进行计算		
学习要求	1. 每位同学要求完成基本任务； 2. 基本任务完成的同学，尽量完成拓展任务； 3. 学习过程中注意规范操作，培养严谨认真的学习态度； 4. 遇到操作问题，同学之间要互相帮助，多交流操作经验和技巧； 5. 爱护机房卫生，严禁乱丢垃圾； 6. 爱护机房计算机设备，严禁乱拔插头及对鼠标键盘的按键进行破坏		
提交成果	1. "碎卵石筛分试验记录计算.xlsx"文档。 2. 拓展练习【7-4】、【7-5】、【7-6】文档		

二、分析任务

要完成如图7-3所示效果，需要在工作表中录入试验所得数据（即遗留在各筛上的重量），再计算"平均""合计""分计筛余""累计筛余"和"通过"等值。效果分析如图7-7、图7-8所示。

1. 录入试验数据。

遗留各筛上的重量（g）		
1	2	平均
0.00	0.00	0.00
0.00	0.00	0.00
0.00	0.00	0.00
0.00	0.00	0.00
0.00	0.00	0.00
0.00	0.00	0.00
5.00	6.00	5.50
807.00	789.00	798.00
159.00	166.00	162.50
9.00	12.00	10.50
2.00	3.00	2.50
1.00	3.00	2.00
13.00	15.00	14.00

录入遗留在各筛上的重量（注意0.00 的输入方法）。

图 7-7　任务分析 1（项目七任务二）

2. 计算"平均""合计""分计筛余""累计筛余"和"通过"。

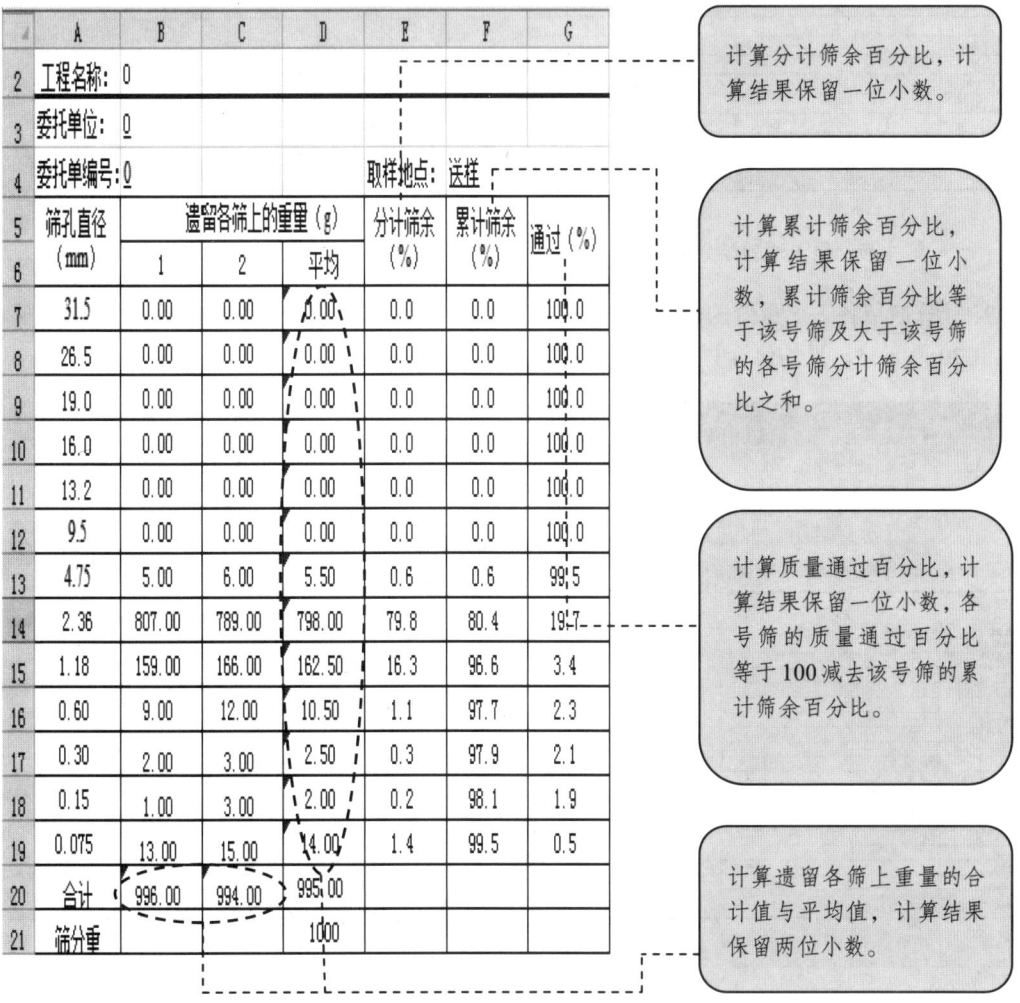

计算分计筛余百分比，计算结果保留一位小数。

计算累计筛余百分比，计算结果保留一位小数，累计筛余百分比等于该号筛及大于该号筛的各号筛分计筛余百分比之和。

计算质量通过百分比，计算结果保留一位小数，各号筛的质量通过百分比等于100减去该号筛的累计筛余百分比。

计算遗留各筛上重量的合计值与平均值，计算结果保留两位小数。

图 7-8　任务分析 2（项目七任务二）

$$\text{遗留各筛上的重量的平均值} = \frac{\text{遗留1筛上重量} + \text{遗留2筛上的重量}}{2}$$

$$\text{分计筛余百分比} = \frac{\text{遗留每一种筛孔上重量的平均值}}{\text{试样总量}} \times 100$$

三、完成任务

1. 录入试验数据，并保留 2 位小数。

第 1 步：录入试验结果数据　　　　　　第 2 步：增加小数位数

2. 计算遗留各筛上重量的合计值与平均值，计算结果保留两位小数。合计值计算结果保存在 B20：C20 单元格，平均值计算结果保存在 D7：D19 单元格。

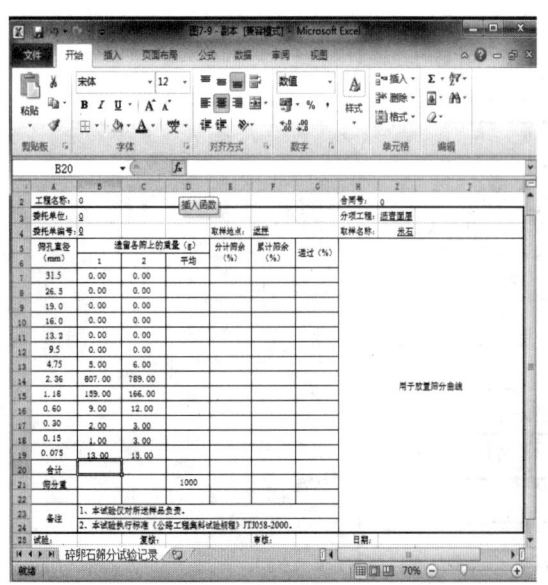 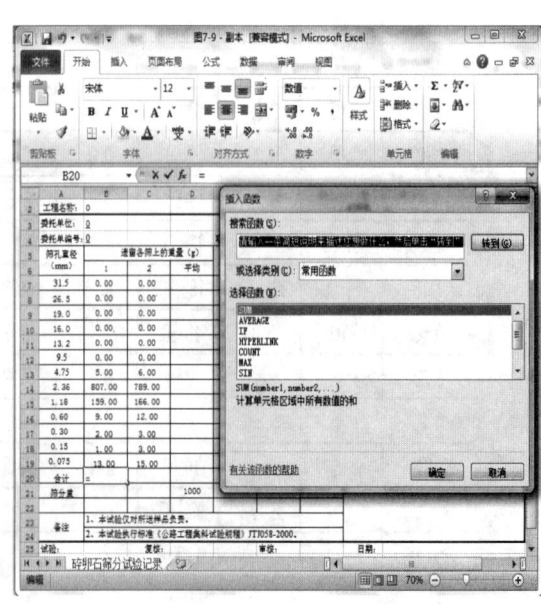

第 1 步：选择 B20 单元格　　　　　　第 2 步：选择插入函数按钮

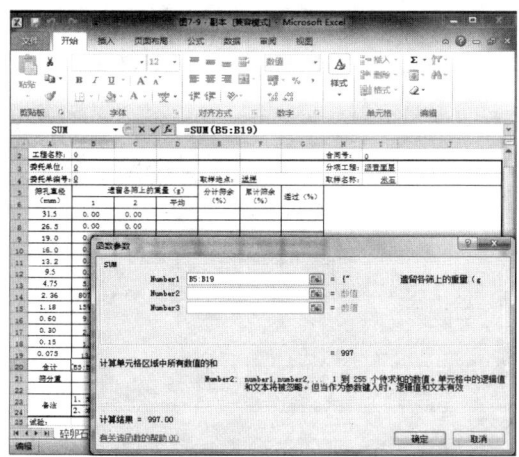

第 3 步：在 Number1 中输入 B7：B19

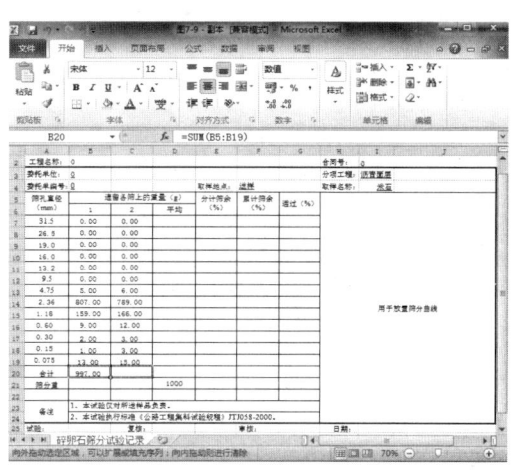

第 4 步：拖动 B20 单元格填充柄至 C20

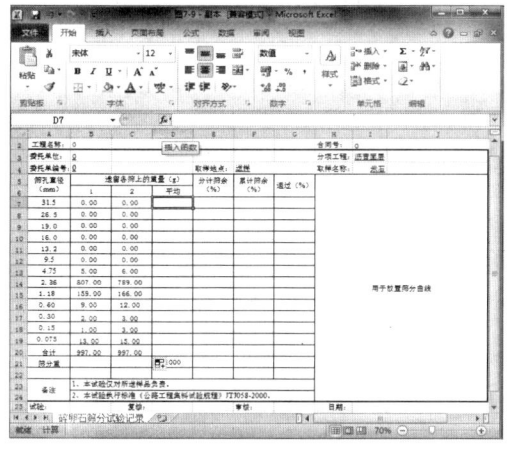

第 5 步：选择 D7 单元格

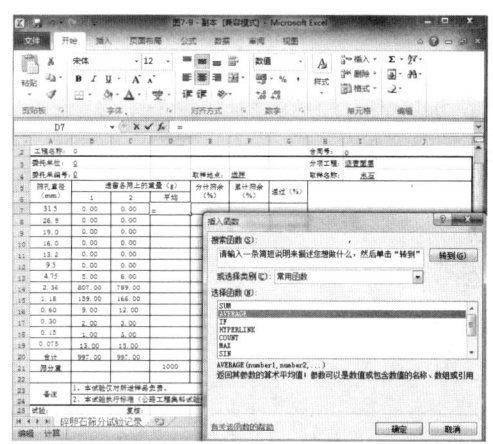

第 6 步：选择插入函数按钮

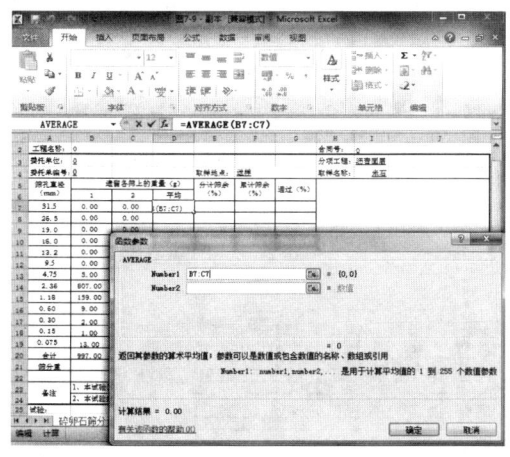

第 7 步：在 Number1 中输入 B7：C7

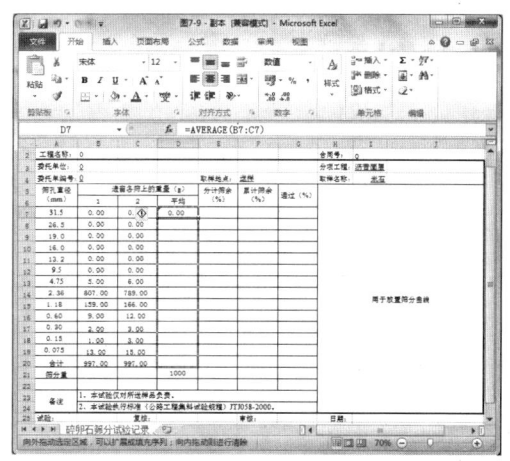

第 8 步：拖动 D7 单元格填充柄至 D19

3. 计算分计筛余百分比，计算结果保留一位小数，保存在 E7：E19 单元格。分计筛余百分比计算公式见任务分析。

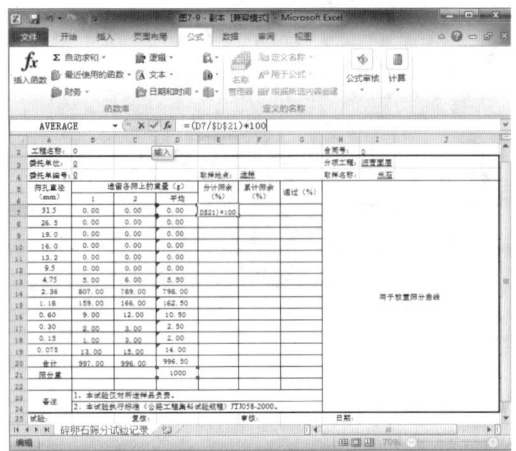

第1步：选择E7单元格并在编辑栏输入公式　　　第2步：拖动E7单元格填充柄至E19

4. 计算累计筛余百分比，计算结果保留一位小数，保存在F7：F19单元格。累计筛余百分比等于该号筛及大于该号筛的各号筛分计筛余百分比之和。

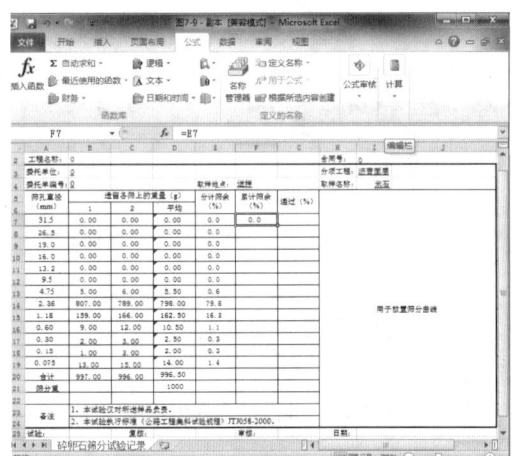

第1步：选择F7单元格并在编辑栏输入公式

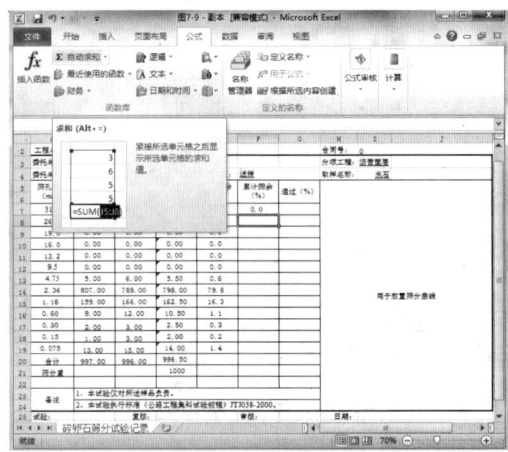

第2步：选择F8单元格并单击自动求和按钮

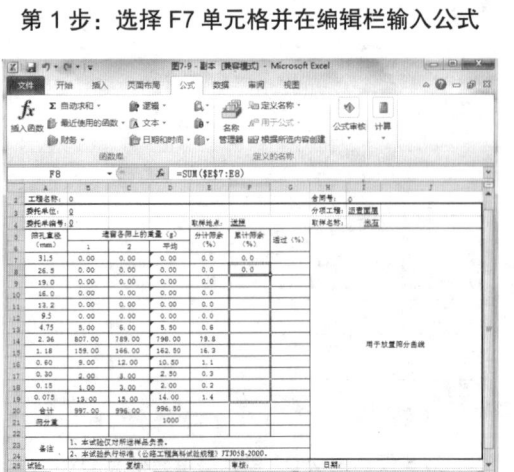

第3步：在编辑栏输入公式

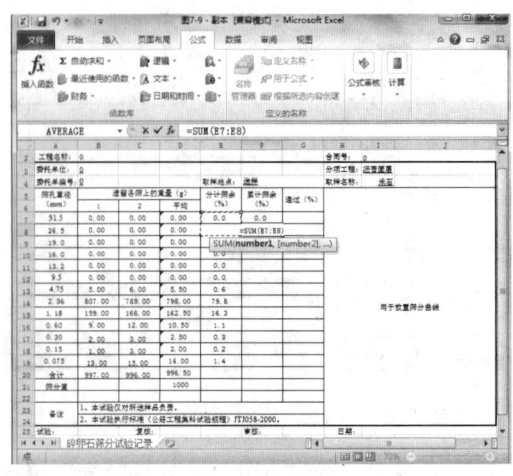

第4步：选择F8单元格并单击插入函数按钮

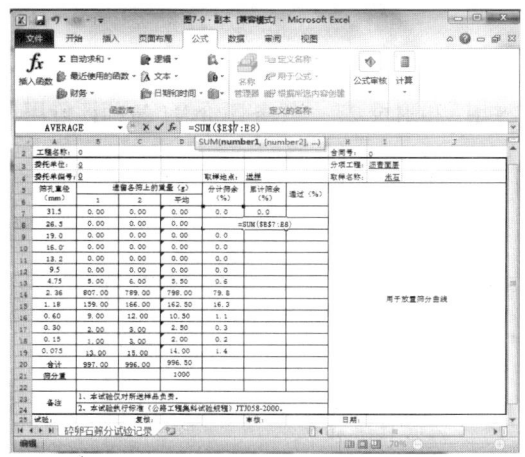

第 5 步：在编辑栏输入绝对地址　　　　　　第 6 步：拖动填充柄至 F19

5. 计算质量通过百分比，计算结果保留一位小数，保存在 G7：G19 单元格。各号筛的质量通过百分比等于 100 减去该号筛的累计筛余百分比。

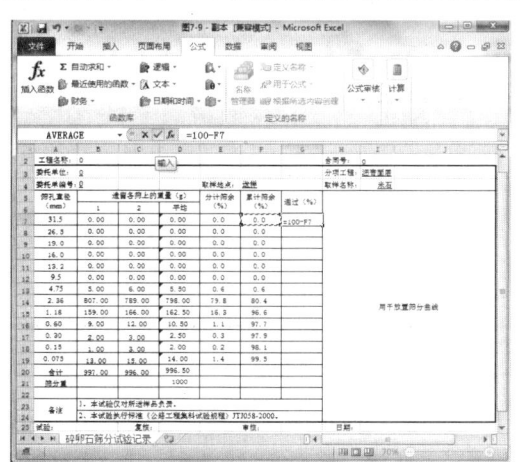
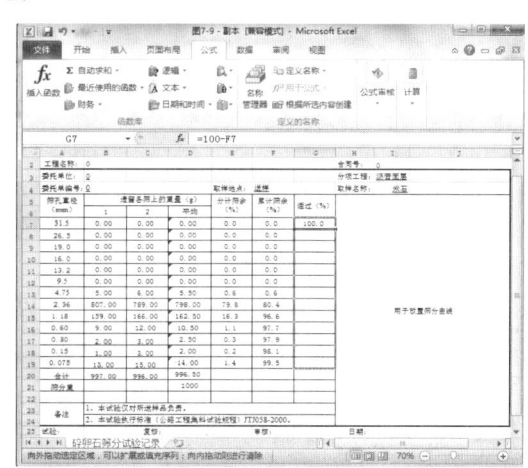

第 1 步：选定单元格 G7 并输入公式　　　　　第 2 步：拖动填充柄至 G19

6. 将文件另存为"碎卵石筛分试验记录计算.xlsx"。

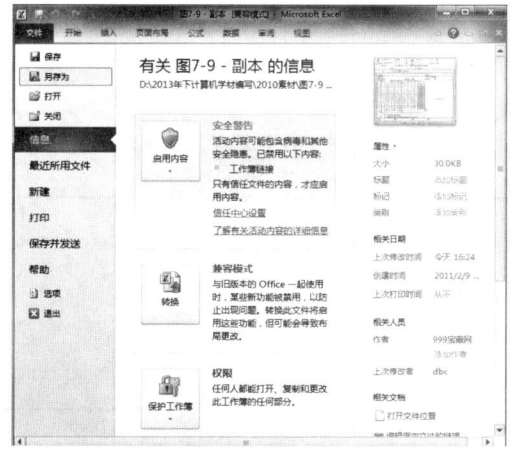

第 1 步：执行另存文件的命令　　　　　　　　第 2 步：选择保存位置、输入文件名

四、检查任务

评价表见附录1——任务评价表(学生自评、互评用)和附录2——任务评价表(教师评价用)。

五、小结任务

> 1. 注意公式计算和函数计算的差别。
> 2. 复制公式或函数时,如果希望公式或函数中的地址保持不变,则可将该地址表示为绝对地址。
> 3. 拖动填充柄可以快速复制公式和函数,提高计算速度。
> 4. 要学会通过"插入函数"对话框中的"有关该函数的帮助"来学习新函数的使用方法。

项目七任务三实施

一、提出任务

表7-4 项目七任务三学习任务书

任务三 图表化"碎卵石筛分试验记录"表			
项 目	用Excel制作并输出"碎卵石筛分试验记录"表	学 时	2学时
学习任务	1. 基本任务 (1)将上一次任务完成的"碎卵石筛分试验计算.xlsx"另存为"碎卵石筛分试验记录图表.xlsx"。 (2)根据"碎卵石筛分试验记录图表.xlsx"数据创建图表,结果如图7-4所示。 2. 拓展任务 《计算机应用基础》教材拓展练习【7-7】、【7-8】		
知识准备	为完成以上任务,应掌握以下操作: 1. 创建、删除、移动图表; 2. 修改图表类型和源数据; 3. 调整图表标题、坐标轴标题、图例、数据标签、坐标轴、网格线等组成元素在图表中的布局; 4. 设置图表的绘图区、图表区、坐标轴、图例等组成元素的格式		
学习要求	1. 每位同学要求完成基本任务; 2. 基本任务完成的同学,尽量完成拓展任务; 3. 学习过程中注意规范操作,培养严谨认真的学习态度; 4. 遇到操作问题,同学之间要互相帮助,多交流操作经验和技巧; 5. 爱护机房卫生,严禁乱丢垃圾; 6. 爱护机房计算机设备,严禁乱拔插头及对鼠标键盘的按键进行破坏		
提交成果	1. "碎卵石筛分试验记录图表.xlsx"文档。 2. 拓展练习【7-7】、【7-8】文档		

二、分析任务

要完成如图 7-4 所示筛分曲线效果，需要先制作筛分曲线草图，再在草图中修改以下几个方面：图表标题及坐标轴标题、水平轴标签、主要网格线、最小和最大刻度值及刻度单位、数据点的位置等。效果分析如图 7-9、7-10 所示。

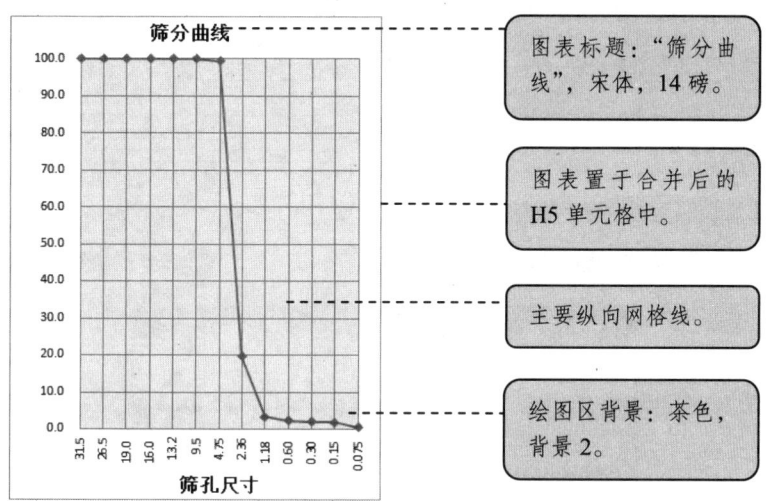

图 7-9　任务分析 1（项目七任务三）

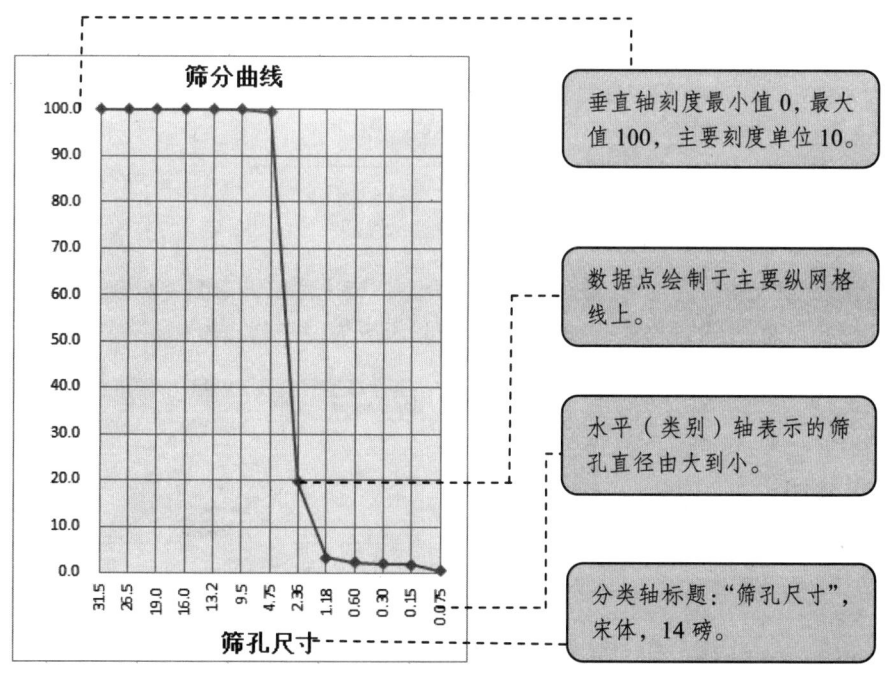

图 7-10　任务分析 2（项目七任务三）

三、完成任务

1. 制作筛分曲线草图，将筛分曲线草图缩放，置于合并单元格 H5 中。

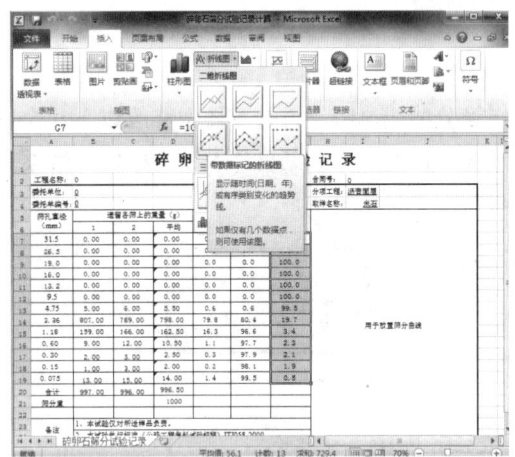
第1步：选定数据区域选择折线图

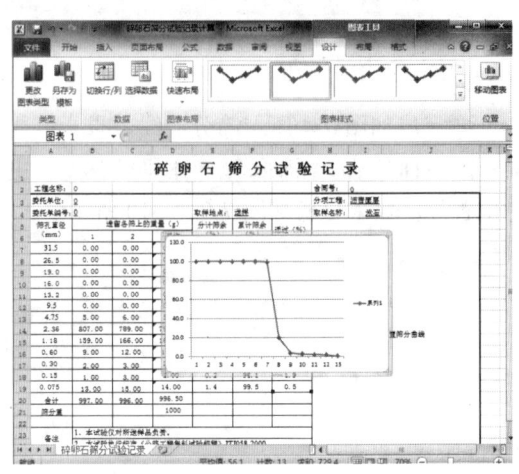
第2步：初步折线图

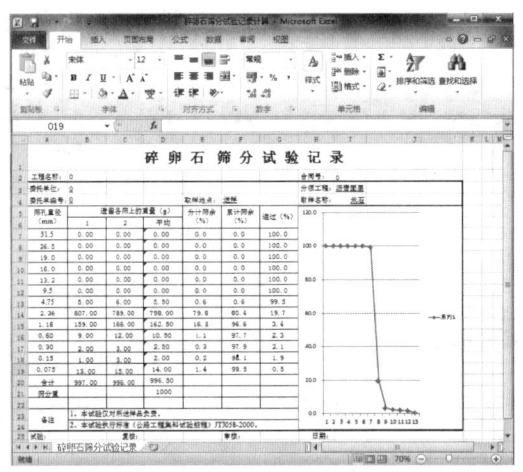
第3步：缩放折线图

2. 删除图例项"系列1"，调整"绘图区"大小；留出位置书写图表标题"筛分曲线"和分类轴标题"筛孔尺寸"，设置格式；图表绘图区背景设置为"茶色，背景2"。

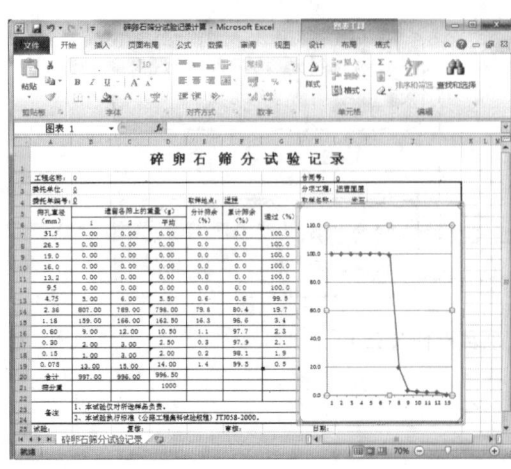
第1步：调整绘图区大小

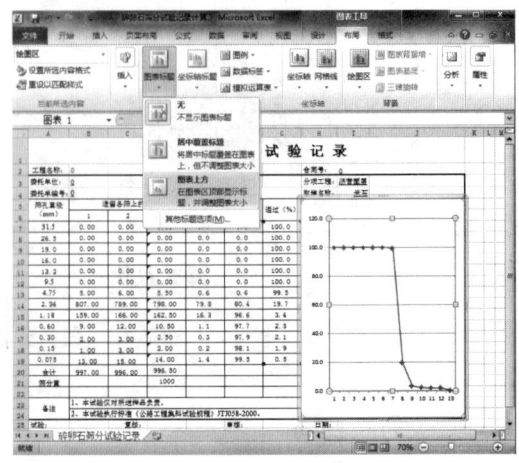
第2步：选择图表标题按钮

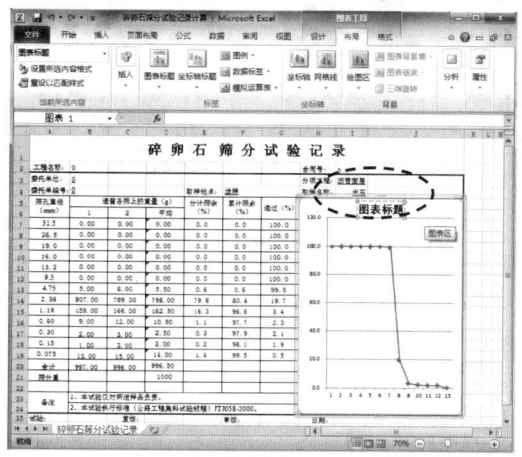

第3步：选定图表标题

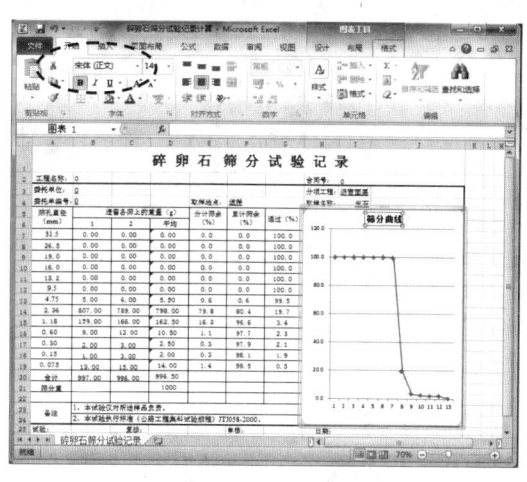

第4步：修改图表标题文字并设置

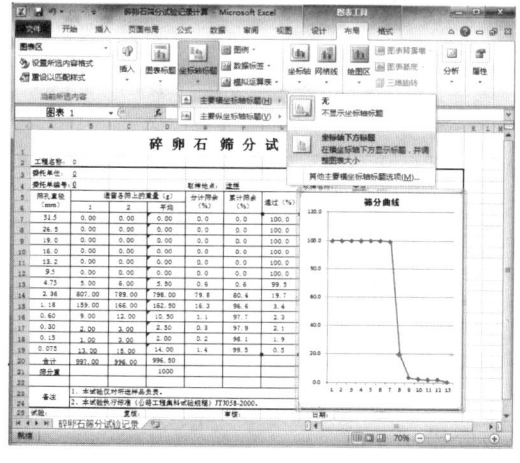

第5步：选择坐标轴下方标题

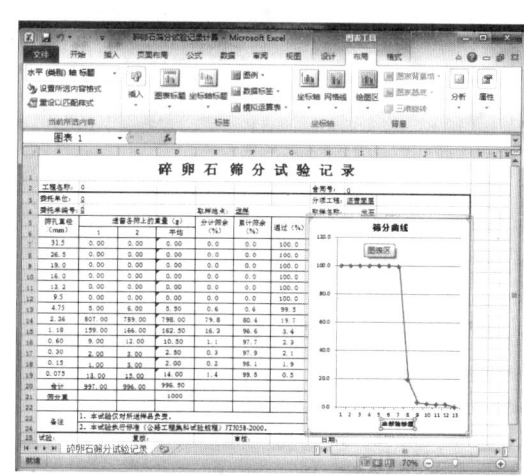

第6步：选定标题

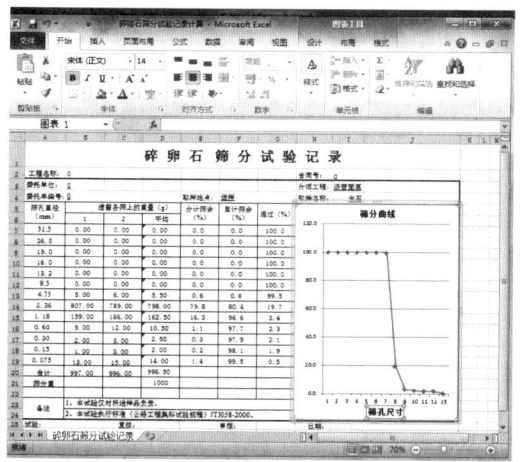

第7步：修改文字

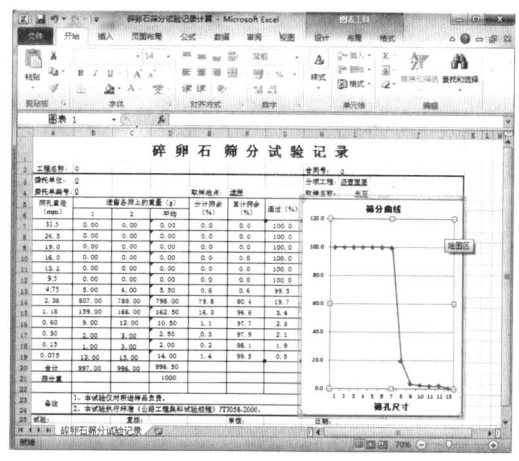

第8步：选定绘图区

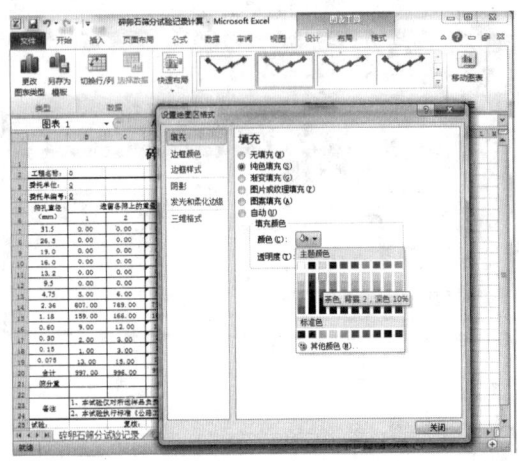

第 9 步：设置背景填充色

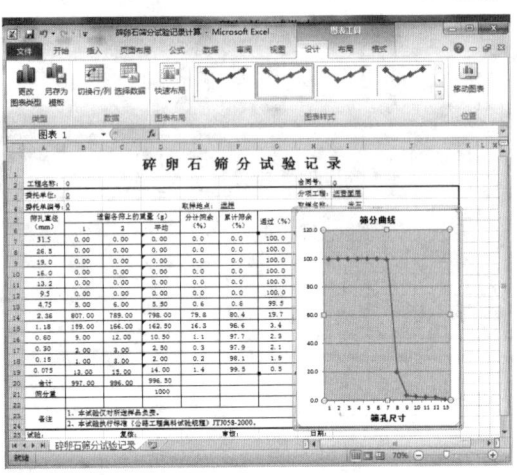

第 10 步：初步效果

3. 增加主要纵网格线。

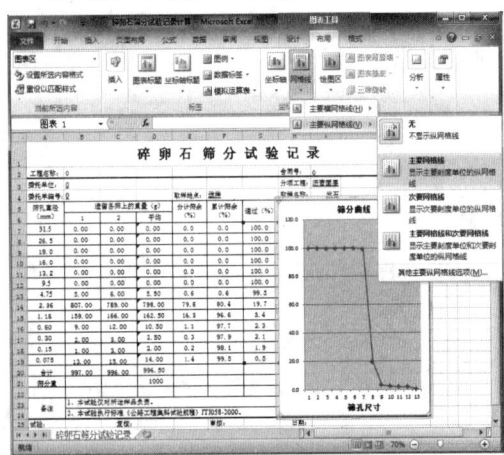

第 1 步 设置主要纵网格线

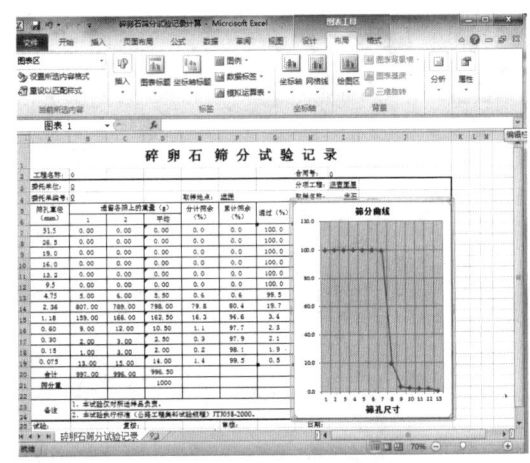

第 2 步 设置效果

4. 垂直（值）轴刻度值最小值为 0，最大值为 100，主要刻度单位为 10；将图表中的数据点绘制于主要纵网格线上（默认位置为网格线之间）。

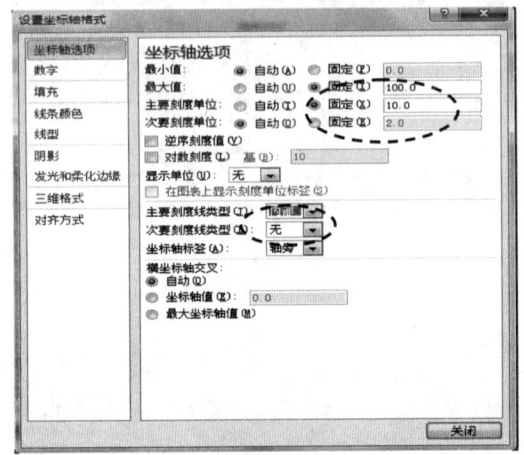

第 1 步：修改纵坐标刻度值参数

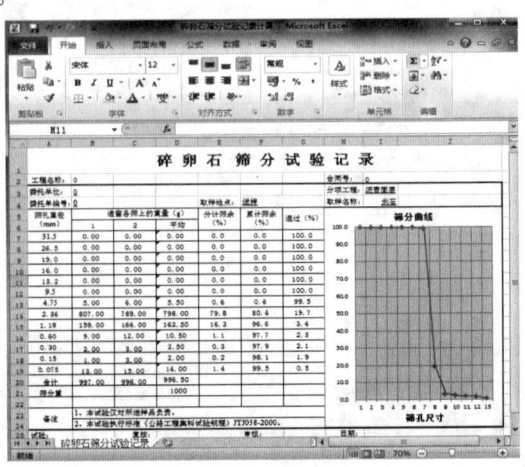

第 2 步：初步效果

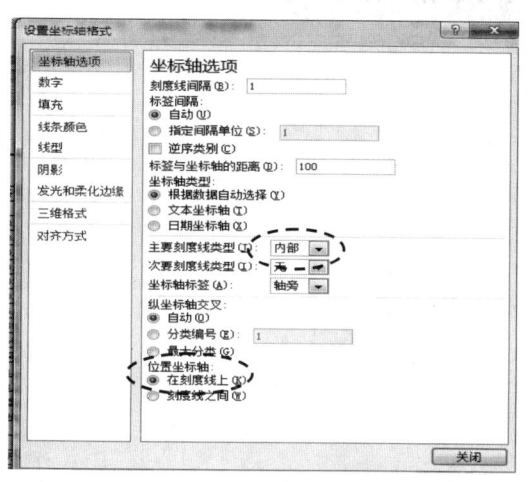

第3步：修改横坐标刻度值参数　　　　　　第4步：初步效果

5. 水平（类别）轴表示为筛孔直径，顺序由大到小。

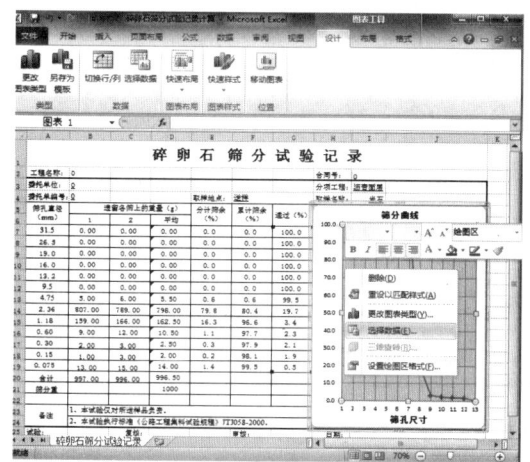

第1步：右键绘图区选择"选择数据"

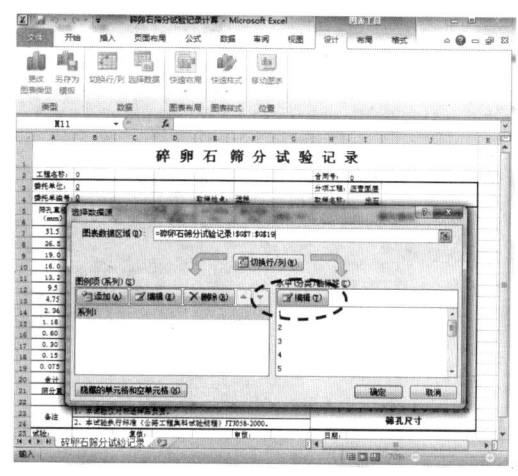

第2步：选择编辑按钮

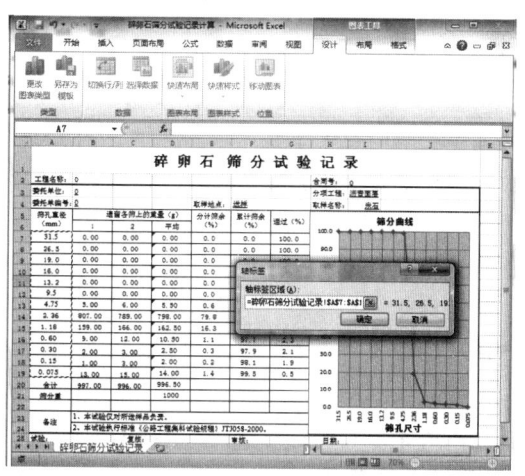

第3步：选择A7：A19区域

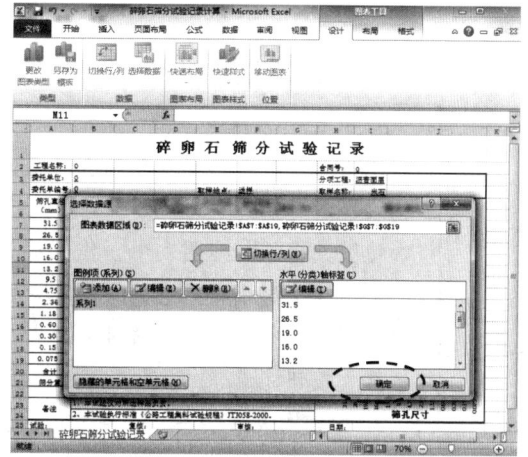

第4步：选择确定按钮

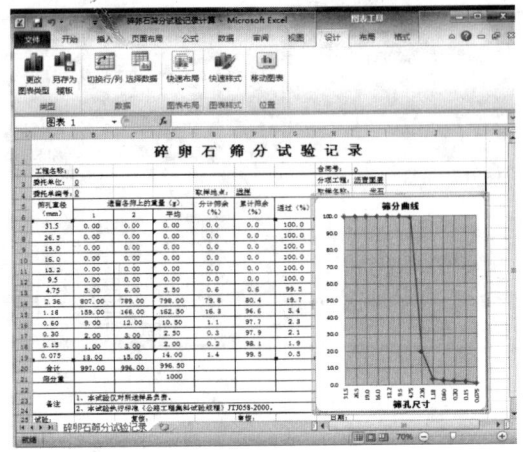

第 5 步　初步效果

6. 将文件另存为"碎卵石筛分试验记录图表.xlsx"。

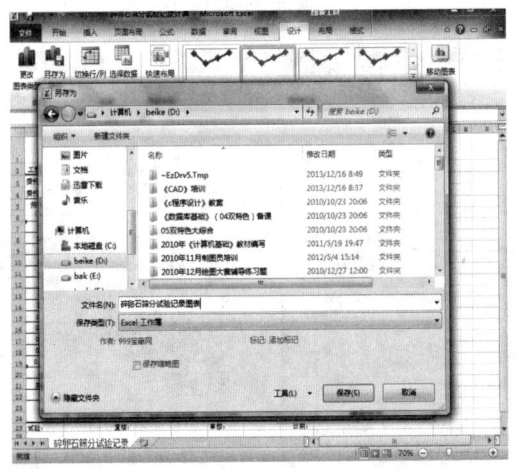

四、检查任务

评价表见附录 1——任务评价表（学生自评、互评用）和附录 2——任务评价表（教师评价用）。

五、小结任务

> 1. 当图表水平（分类）轴标签表示的是工作表中的数值型数据时，例如筛分曲线水平（分类）轴标签为筛孔直径，可以先选择垂直（值）轴表示的数据生成图表，然后通过"选择数据源"对话框的"水平（分类）轴标签-编辑"功能再将数值型数据添加到图表中，作为水平（分类）轴标签。
> 2. 调整图表标题、坐标轴标题、图例、数据标签、坐标轴、网格线等组成元素在图表中的布局，可以通过"图表工具|布局"选项卡"标签"组和"坐标轴"组的相关按钮完成。
> 3. 设置图表的绘图区、图表区、坐标轴、图例等组成元素的格式，可通过将光标移动到相应区域，通过快捷菜单最后一个命令进行设置。

项目七任务四实施

一、提出任务

表7-5 项目七任务四学习任务书

任务四 打印"碎卵石筛分试验记录"表			
项　　目	用Excel制作并输出"碎卵石筛分试验记录"表	学　时	2学时
学习任务	1. 基本任务 （1）将上一次任务完成的"碎卵石筛分试验图表.xlsx"另存为"碎卵石筛分试验记录打印.xlsx"。 （2）对"碎卵石筛分试验记录打印.xlsx"进行页面设置和打印预览，结果如图7-1所示。 2. 拓展任务 《计算机应用基础》教材拓展练习【7-10】		
知识准备	为完成以上任务，应掌握以下操作： 1. 设置页面的纸张大小、方向、页边距； 2. 设置页眉页脚； 3. 进行打印设置和打印预览		
学习要求	1. 每位同学要求完成基本任务； 2. 基本任务完成的同学，尽量完成拓展任务； 3. 学习过程中注意规范操作，培养严谨认真的学习态度； 4. 遇到操作问题，同学之间要互相帮助，多交流操作经验和技巧； 5. 爱护机房卫生，严禁乱丢垃圾； 6. 爱护机房计算机设备，严禁乱拔插头及对鼠标键盘的按键进行破坏		
提交成果	1. "碎卵石筛分试验记录打印.xlsx"文档。 2. 拓展练习【7-10】文档		

二、任务分析

创建好筛分试验记录表后，若希望将其打印出来，打印前必须先要进行页面设置，然后利用打印预览检查打印效果，最后连接打印机打印。页面设置效果分析如图7-11所示。

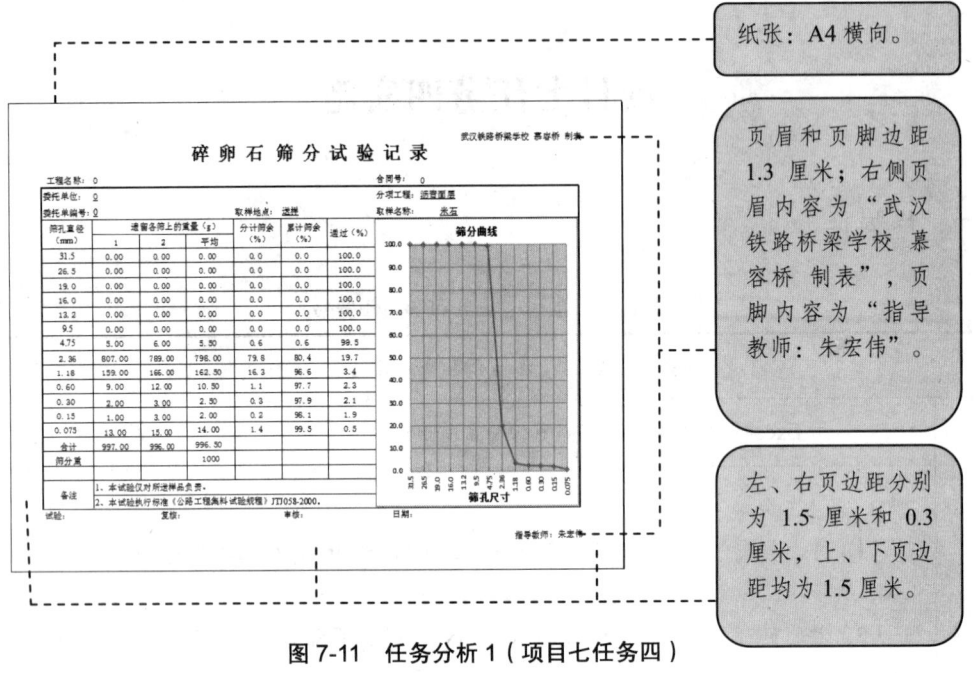

图 7-11 任务分析 1（项目七任务四）

三、完成任务

1. 页面设置：设置页面为横向 A4 纸；上、下页边距设置为 1.5 厘米，左、右页边距分别设置为 1.5 厘米和 0.3 厘米；页眉和页脚设置为 1.3 厘米，并设置右侧页眉内容为"武汉铁路桥梁学校 慕容桥 制表"，右侧页脚内容为"指导教师：朱宏伟"。

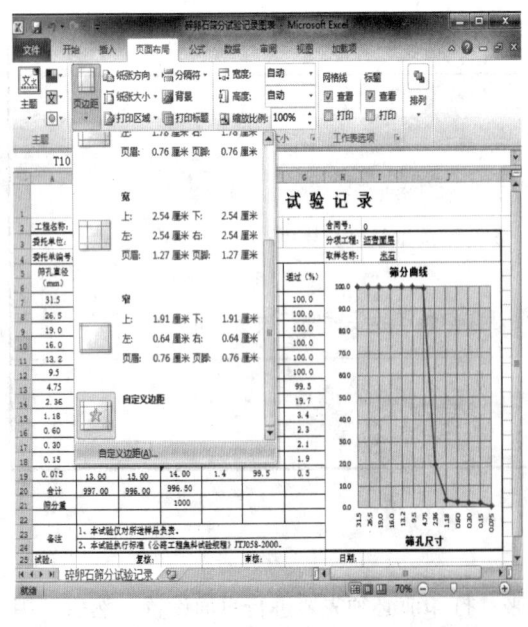

第 1 步：选择自定义页边距命令

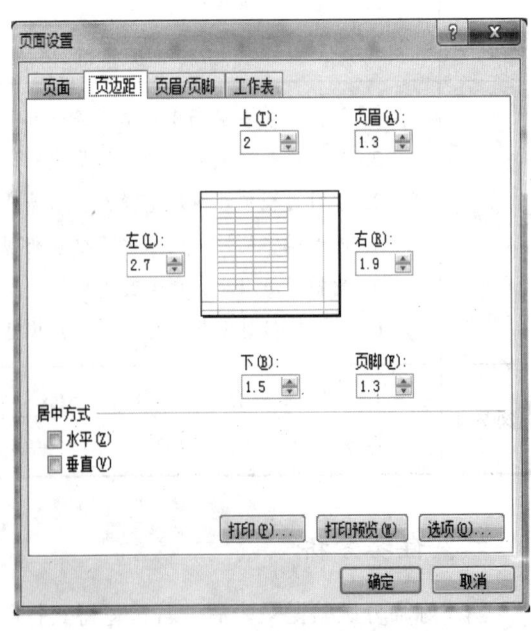

第 2 步：页面设置对话框

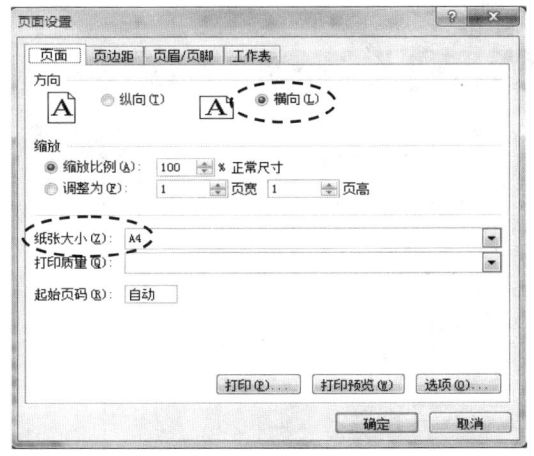

第 3 步：修改纸张参数

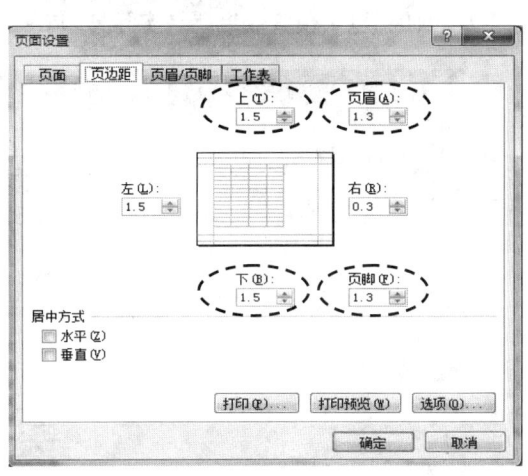

第 4 步：修改边距参数

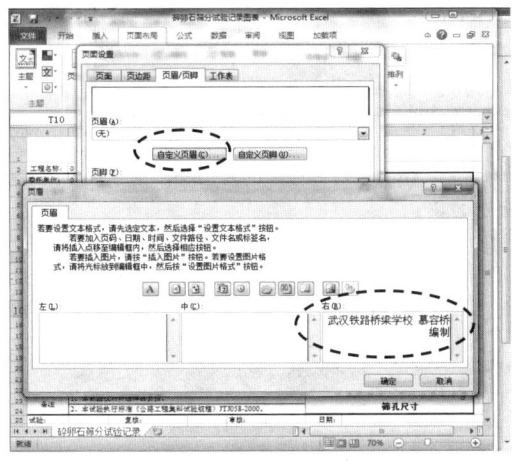

第 5 步：添加页眉内容

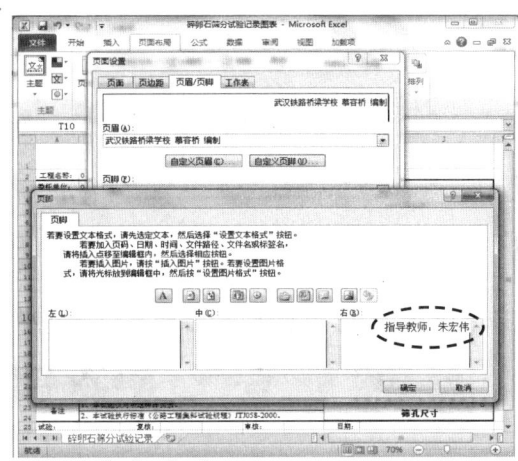

第 6 步：添加页脚内容

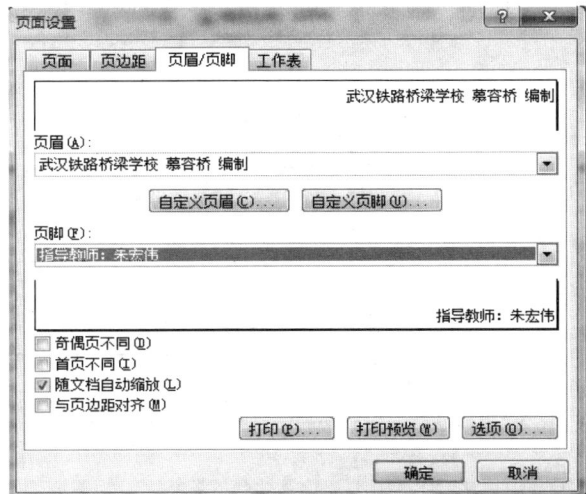

第 7 步：单击确定按钮

2. 打印预览（预览效果就是实际打印效果），见图 7-12。

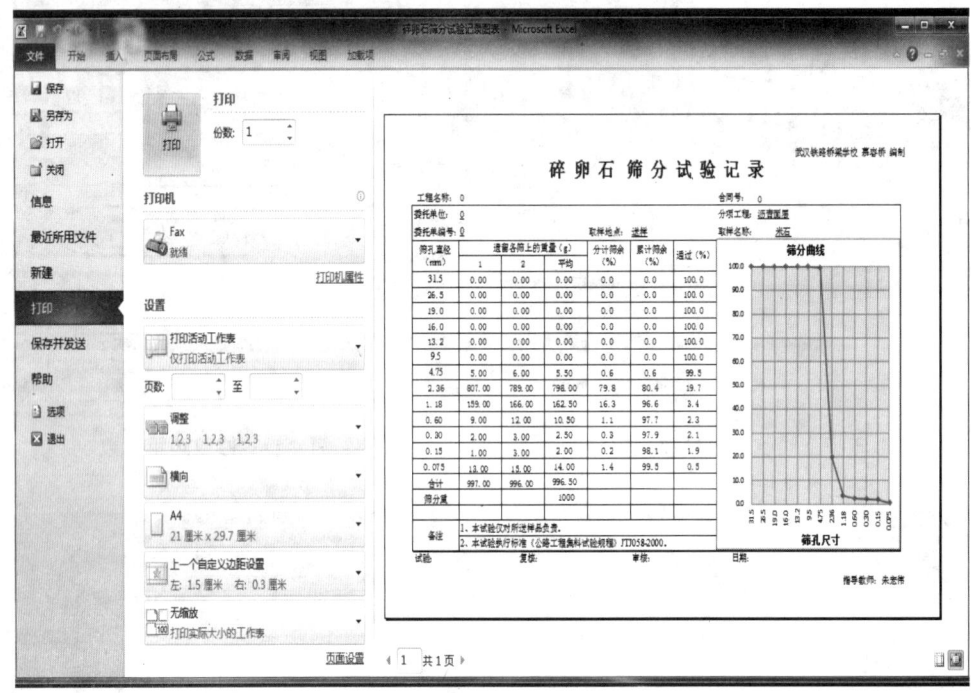

图 7-12　打印预览效果

注：若页边距设置有误，可单击打印预览窗口右下角的"显示边距"按钮，出现如图 7-13 所示的效果，直接拖动这些线条就可以调整页边距，以改变打印效果。

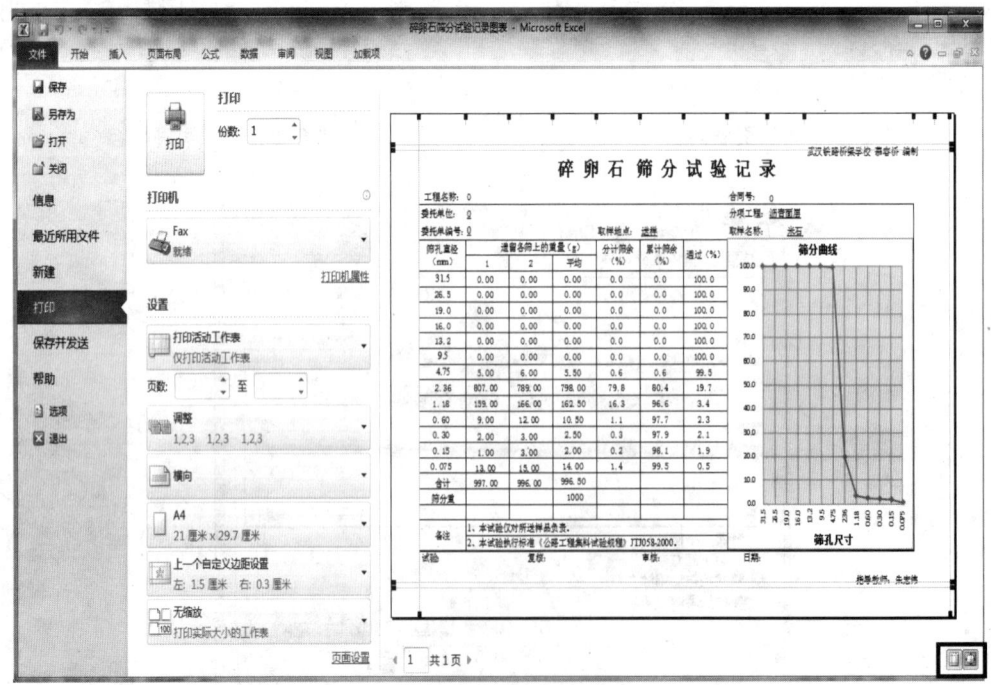

图 7-13　打印预览效果（可调整页边距）

3. 打印（需有打印机与计算机连接安装，并打开电源，放入 A4 纸张），见图 7-14。

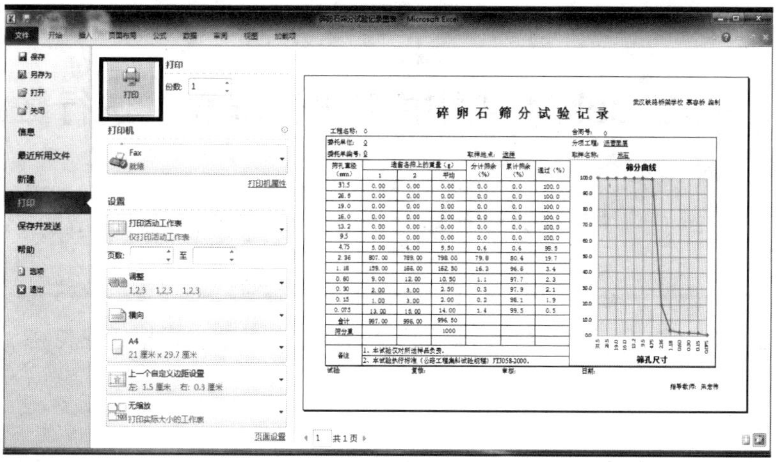

图 7-14　打印文档

四、检查任务

评价表见附录 1——任务评价表（学生自评、互评用）和附录 2——任务评价表（教师评价用）。

五、小结任务

> 1. 页面设置中，纸张大小、页边距等参数的设置容易，关键是理解各个参数的含义。
> 2. 页眉页脚的自定义内容设置后，在正常状态下不可见，只有在打印预览时才能看见。

项目八　用 Excel 对"图书销售情况表"进行数据处理

一、项目目标

> 能对 Excel 工作表进行数据筛选、排序、分类汇总及建立数据透视表。

二、项目引入

"图书销售情况表"原表如图 8-1 所示，数据排序结果如图 8-2 所示，数据筛选结果如图 8-3 所示，数据分类汇总结果如图 8-4 所示。

图 8-1　图书销售情况原始表

图 8-2　数据排序

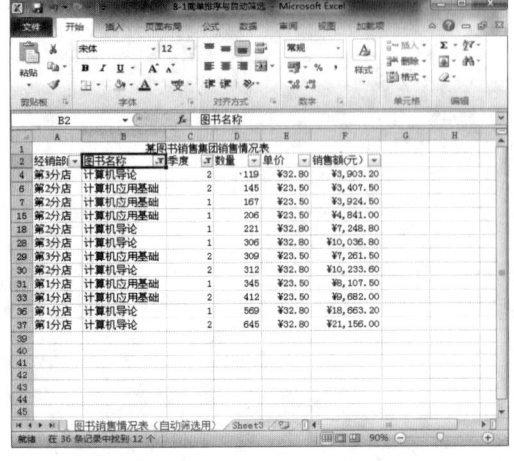

图 8-3　数据筛选

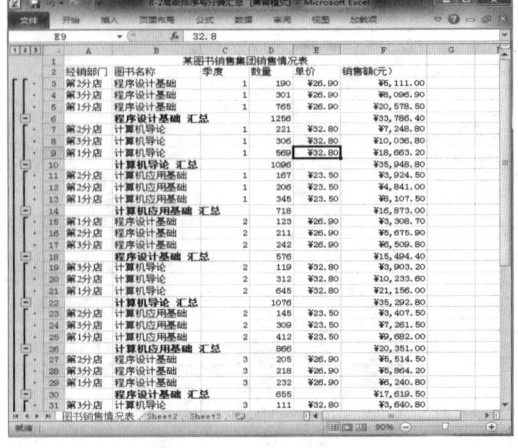

图 8-4　数据分类汇总

三、项目分析

数据处理包括排序、筛选、分类汇总和透视表等几类,其中排序分简单排序和高级排序,筛选分自动筛选和高级筛选。通过对"图书销售情况表"的处理,将各种数据处理方法糅合在项目中。本项目只包含一个任务:对"图书销售情况表"进行数据处理。

四、项目实施

任务一的实施过程,见"项目八任务一实施"。

五、项目评价

表 8-1 项目八评价表

班　级		姓　名		所在小组	
项目名称		用 Excel 对"图书销售情况表"进行数据处理			
评价过程		评价内容			项目成绩
	教师评价(0.6)	学生自评(0.2)		学生互评(0.2)	
任务一					
加权平均分					

六、项目总结

1. Excel 的特色是:除了对数据进行各种各样的计算外,还能对数据进行筛选、排序、分类汇总以及建立数据图表等。

2. Excel 数据筛选分自动筛选和高级筛选,凡是自动筛选能实现的就不需要用高级筛选,而高级筛选必须创建条件区域,这是难点。

3. Excel 数据分类汇总功能实用,直观明了。但必须先把同类数据聚集在一起才能汇总,也就是分类,而分类就是采用排序的方法。

项目八任务一实施

一、提出任务

表 8-2　项目八任务一学习任务书

任务一	对"图书销售情况表"进行数据处理		
项　　目	用 Excel 对"图书销售情况表"进行数据处理	学　　时	2 学时
学习任务	1. 基本任务 对"图书销售情况表"进行排序、筛选、分类汇总并原名保存。 2. 拓展任务 《计算机应用基础》教材拓展练习【8-1】、【8-2】、【8-3】		
知识准备	为完成以上任务，应掌握以下操作： 1. 对 Excel 数据清单进行一个关键字排序和多个关键字排序； 2. 对 Excel 数据清单进行自动筛选和高级筛选； 3. 对 Excel 数据清单进行分类汇总； 4. 对 Excel 数据清单建立数据透视表		
学习要求	1. 每位同学要求完成基本任务； 2. 基本任务完成的同学，尽量完成拓展任务； 3. 学习过程中注意规范操作，培养严谨认真的学习态度； 4. 遇到操作问题，同学之间要互相帮助，多交流操作经验和技巧； 5. 爱护机房卫生，严禁乱丢垃圾； 6. 爱护机房计算机设备，严禁乱拔插头及对鼠标键盘的按键进行破坏		
提交成果	1. "8-1 简单排序与自动筛选.xlsx"文档。 2. "8-2 高级排序与分类汇总.xlsx"文档。 3. 拓展练习【8-1】、【8-2】、【8-3】文档		

二、分析任务

要完成图 8-2、图 8-3 和图 8-4 所示效果，需要在工作表的数据清单中完成以下操作。效果分析如图 8-5、8-6、8-7 所示。

项目八 用 Excel 对"图书销售情况表"进行数据处理

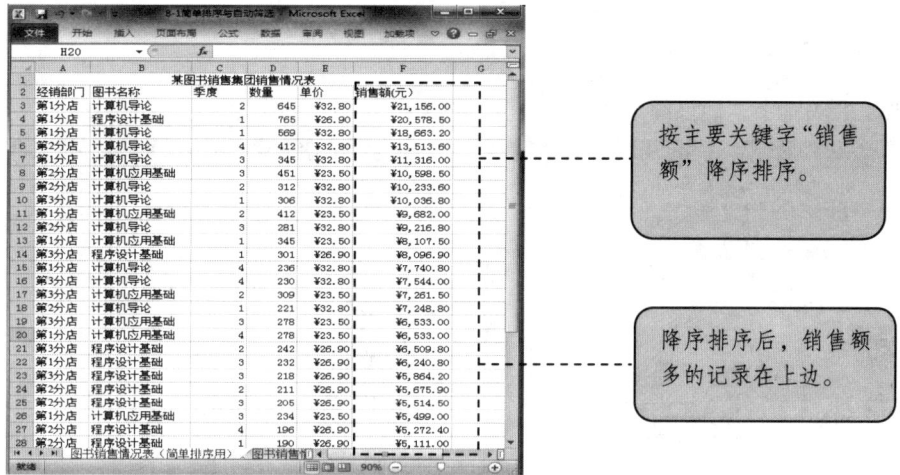

图 8-5 任务分析 1（项目八任务一）

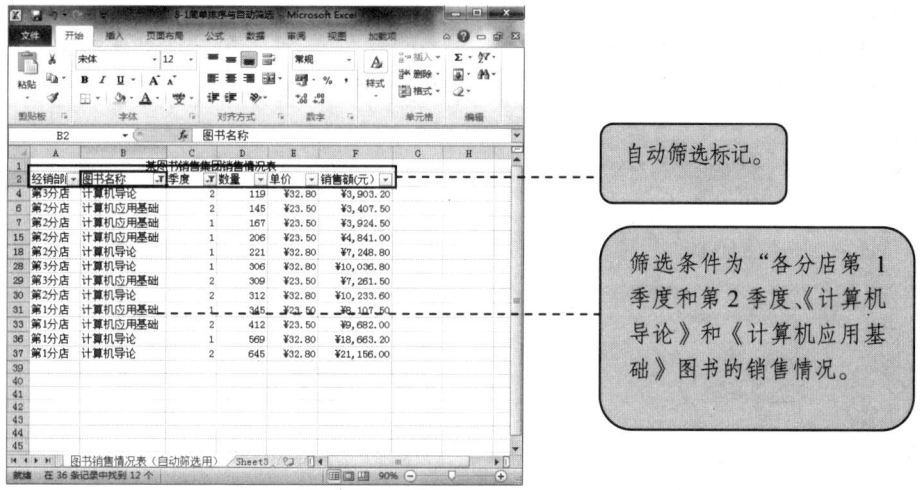

图 8-6 任务分析 2（项目八任务一）

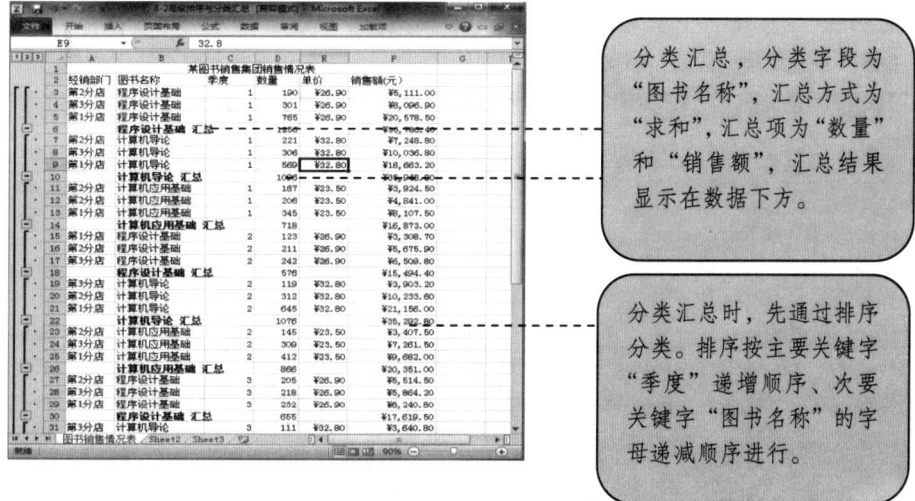

图 8-7 任务分析 3（项目八任务一）

三、完成任务

1. 按主要关键字"销售额"降序排序。

第 1 步：选定"销售额"列

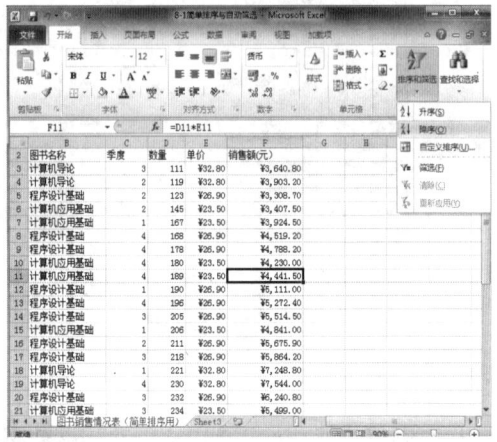

第 2 步：选择排序按钮

2. 自动筛选，筛选条件为"各分店第 1 季度和第 2 季度、《计算机导论》和《计算机应用基础》图书的销售情况"。

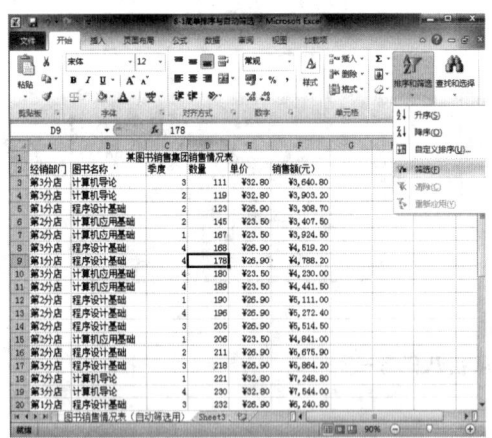

第 1 步：选择"筛选"命令

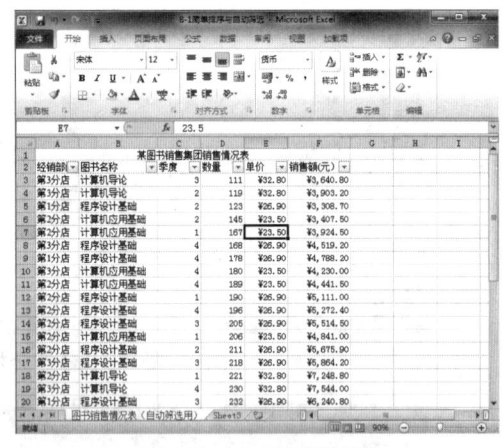

第 2 步：自动筛选效果

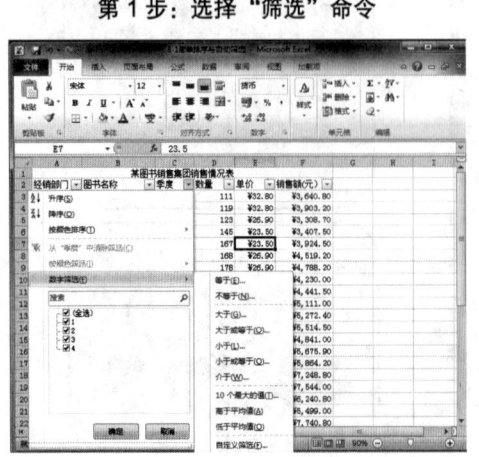

第 3 步：选择"季度"下拉按钮的数字筛选

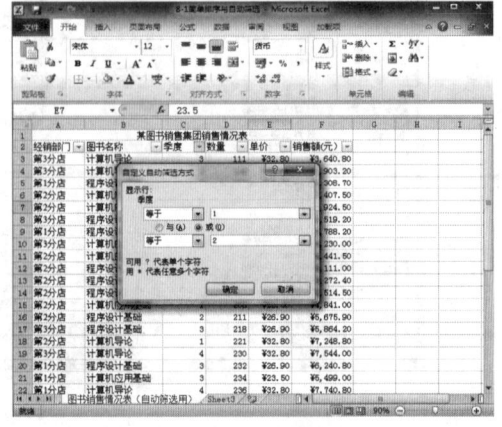

第 4 步：选择"季度"值

项目八 用Excel对"图书销售情况表"进行数据处理

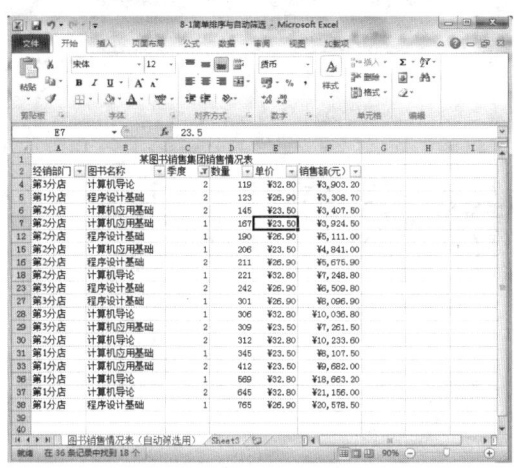

第5步:"季度"筛选效果

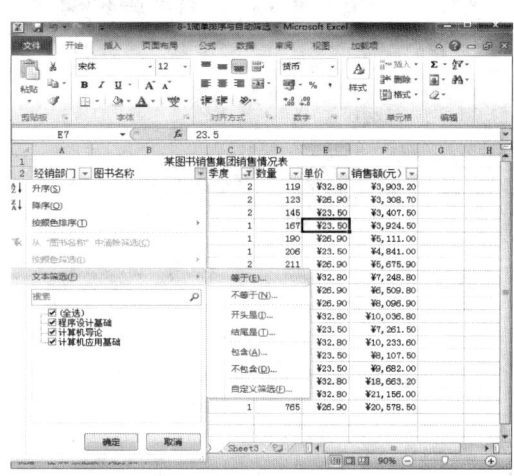

第6步:选择"图书名称"的文本筛选

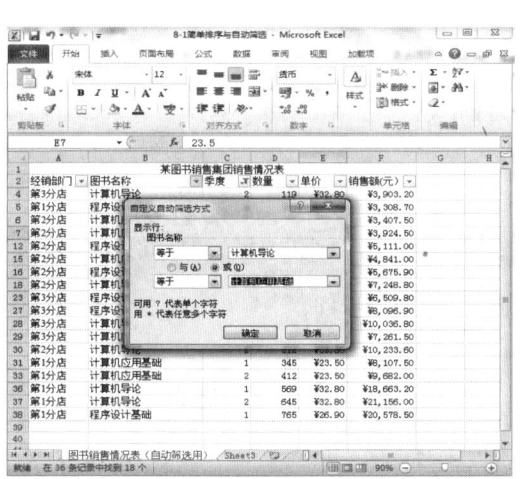

第7步:选择图书名称

第8步:最后筛选效果

3. 按"季度"和"图书名称"进行高级排序。

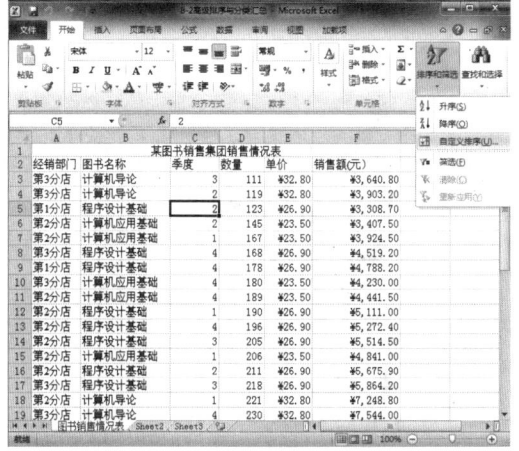

第1步:选择排序命令

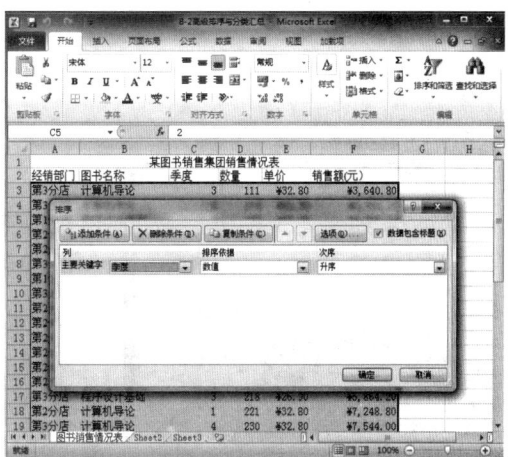

第2步:选择主要关键字

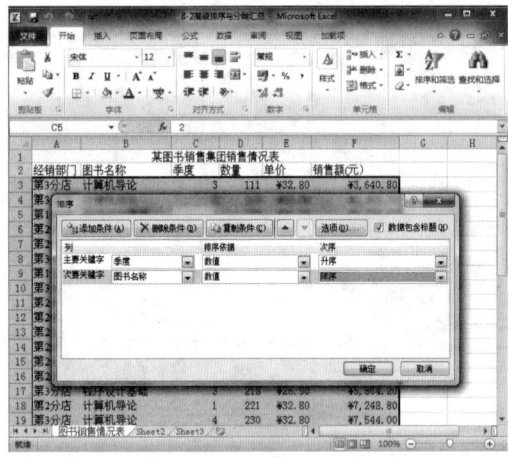

第3步：选择次要关键字　　　　　　　　　　第4步：排序效果

4. 分类汇总，分类字段为"图书名称"，汇总方式为"求和"，汇总项为"数量"和"销售额"，汇总结果显示在数据下方。

第1步：选择分类汇总命令　　　　　　　　　第2步：选择分类字段等

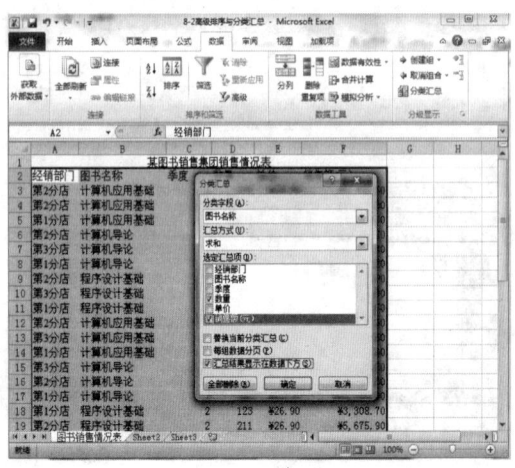
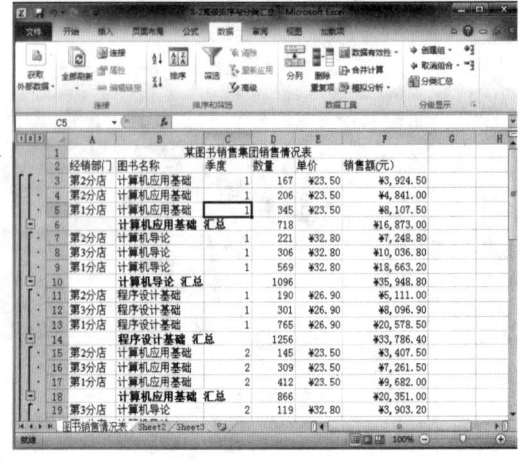

第3步：选择汇总结果方式　　　　　　　　　第4步：分类汇总效果

四、检查任务

评价表见附录1——任务评价表(学生自评、互评用)和附录2——任务评价表(教师评价用)。

五、小结任务

> 1. 排序、筛选、分类汇总等是在数据清单的基础上进行操作,要理解数据清单的含义。
> 2. 只涉及一个关键字的排序可以用升序或降序按钮,单击鼠标即可完成操作。涉及多个关键字的排序则要通过"排序"对话框进行。
> 3. 数据透视表的创建和理解是难点,需要多练习。

项目九 用 PowerPoint 制作并输出"自我评定"演示文稿

一、项目目标

> 能制作并输出包含多种对象、排版合理、幻灯片格式统一美观、包含超链接及动画效果的 PPT 文档。

二、项目引入

"自我评定"演示文稿效果如图 9-1 所示。

1

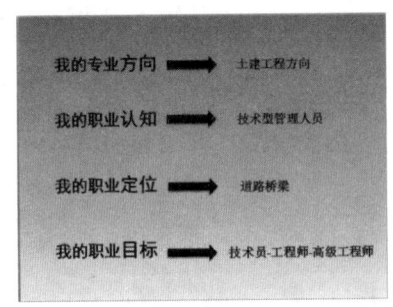

2

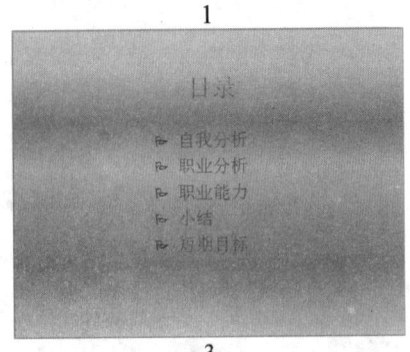

3

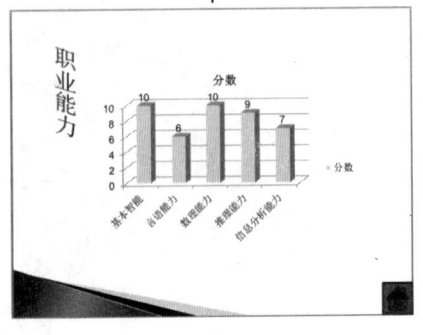

4

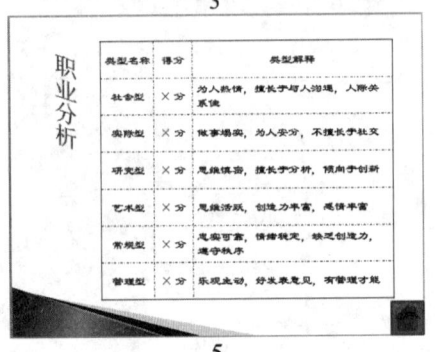

5

6

项目九 用 PowerPoint 制作并输出"自我评定"演示文稿 141

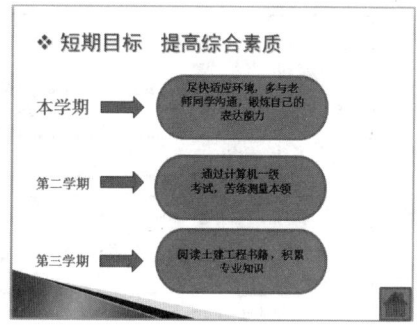

图 9-1 项目九完成效果

三、项目分析（任务分解）

要制作如图 9-1 所示的"自我评定"演示文稿，一般需要以下三个操作步骤。

1. 录入编辑文档，效果如图 9-2 所示。

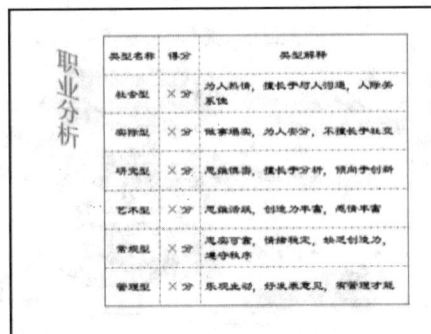
5

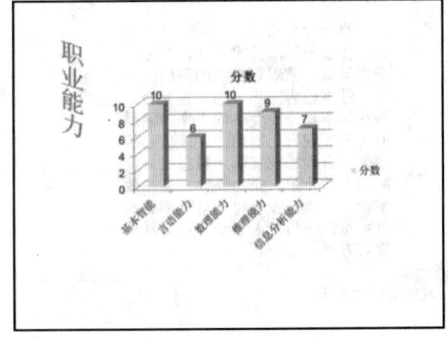
6

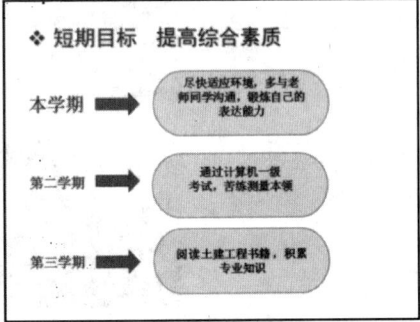
7

8

9

图 9-2 任务一完成效果

2. 美化"自我评定"演示文稿，效果如图 9-1 所示。

3. 对演示文稿进行放映排练及输出。

因此，我们需要将项目九分成三个任务来完成：任务一是录入编辑"自我评定"演示文稿；任务二是美化"自我评定"演示文稿；任务三是输出"自我评定"演示文稿。

四、项目实施

1. 任务一的实施过程，见"项目九任务一实施"。
2. 任务二的实施过程，见"项目九任务二实施"。
3. 任务三的实施过程，见"项目九任务三实施"。

五、项目评价

表 9-1　项目九评价表

班　级		姓　名		所在小组	
项目名称		用 PowerPoint 制作并输出"自我评定"演示文稿			
评价过程	评价内容				项目成绩
	教师评价（0.6）	学生自评（0.2）		学生互评（0.2）	
任务一					
任务二					
任务三					
加权平均分					

六、项目总结

1. 制作 PPT 文档的一般步骤：
（1）打开 PPT 软件，按需求建立多页幻灯片并输入内容保存；
（2）按照设计意图对标题幻灯片、各页内容依次设置格式图片、剪贴画、艺术字、图形、表格、图表等对象；
（3）根据需要对演示文稿设置特殊格式，包括设置设计主题、设计背景等；
（4）按放映需求设计出相应的切换效果、动画效果及添加文本、对象的超链接；
（5）确定幻灯片的放映方式，控制方法，预览满意后打包输出。

2. 操作注意事项：
（1）设置内容对象的插入、切换、动画效果时，要考虑演示效果的实用性、统一性、易操作性，力求最形象地展现内容。
（2）操作过程中注意及时保存，以免出现断电、软件故障导致的文档丢失情况。

项目九任务一实施

一、提出任务

表 9-2　项目九任务一学习任务书

任务一	录入编辑"自我评定"演示文稿		
项　目	用 PPT 制作并输出"自我评定"演示文稿	学　时	2 学时
学习任务	1. 基本任务 根据 Word 文件"自我评定.docx"制作如图 9-2 所示的演示文稿,保存为"慕容桥的自我分析 1.pptx"。 2. 拓展任务 《计算机应用基础》教材拓展练习【9-1】		
知识准备	为完成以上任务,应掌握以下操作: 1. 启动和退出 PowerPoint; 2. 新建、保存、打开、关闭 PPT 演示文稿; 3. 插入、删除、移动幻灯片; 4. 更改幻灯片版式; 5. 插入并编辑文本框、艺术字、形状图形、表格、图表等对象		
学习要求	1. 每位同学要求完成基本任务; 2. 基本任务完成的同学,尽量完成拓展任务; 3. 学习过程中注意规范操作,培养严谨认真的学习态度; 4. 遇到操作问题,同学之间要互相帮助,多交流操作经验和技巧; 5. 爱护机房卫生,严禁乱丢垃圾; 6. 爱护机房计算机设备,严禁乱拔插头及对鼠标键盘的按键进行破坏		
提交成果	1. "慕容桥的自我分析 1.pptx"文档。 2. 拓展练习【9-1】文档		

二、分析任务

图 9-2 所示的演示文稿由 9 张幻灯片组成,幻灯片效果分析如图 9-3、9-4、9-5 所示。

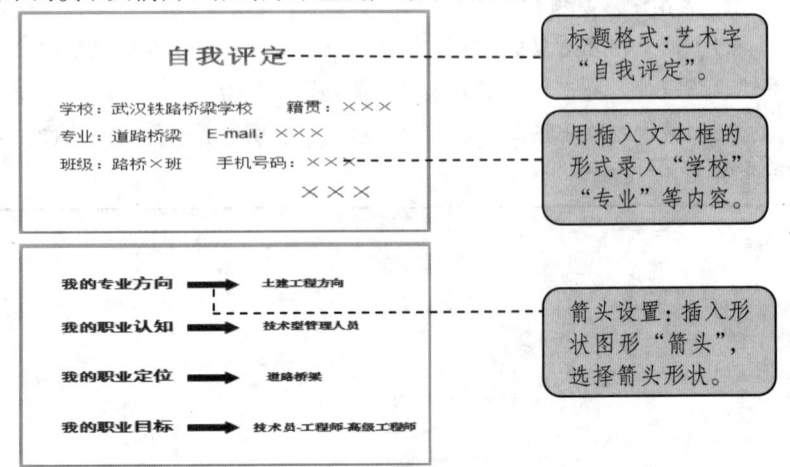

图 9-3　任务分析 1(项目九任务一)

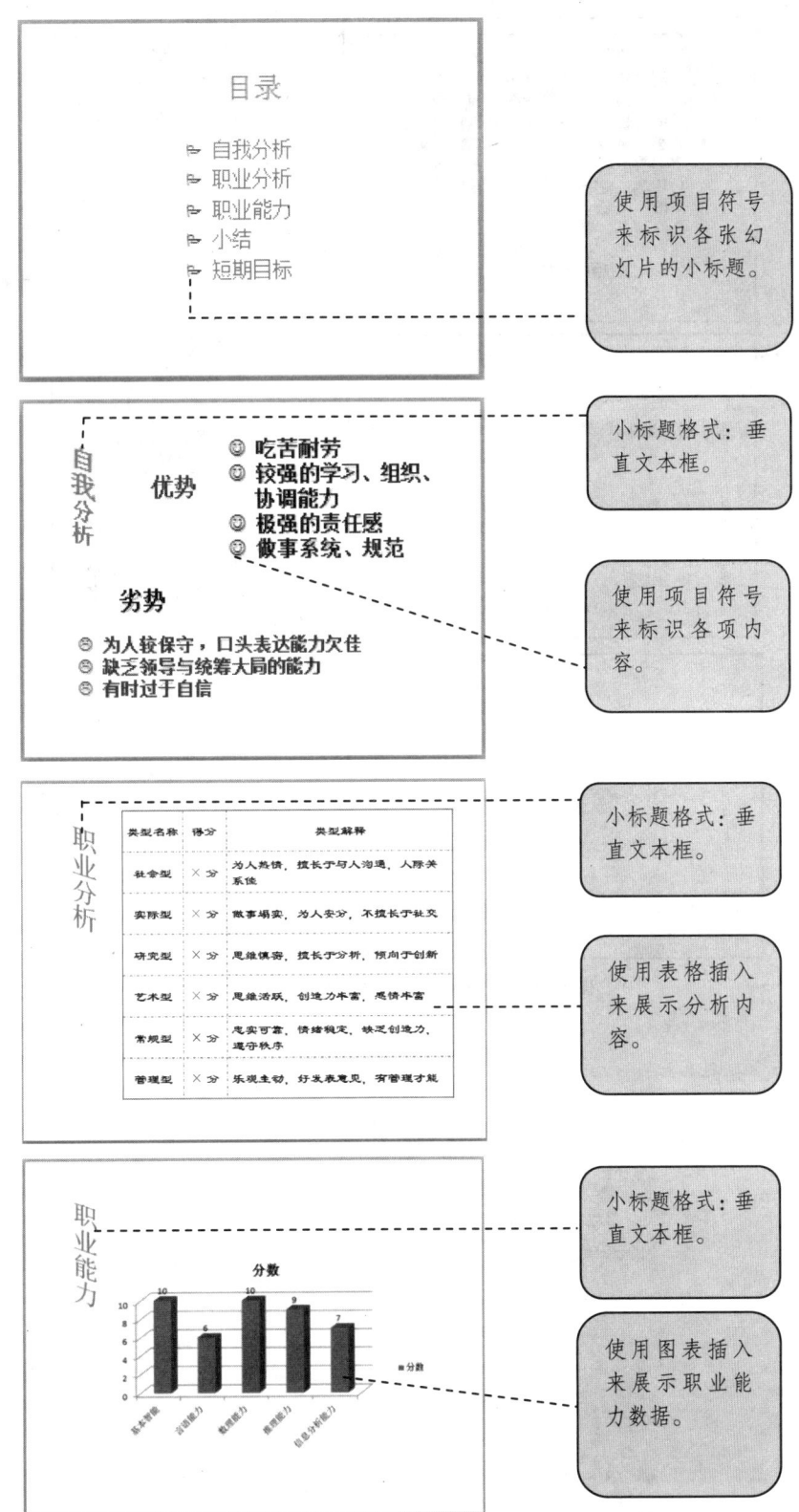

图 9-4 任务分析 2（项目九任务一）

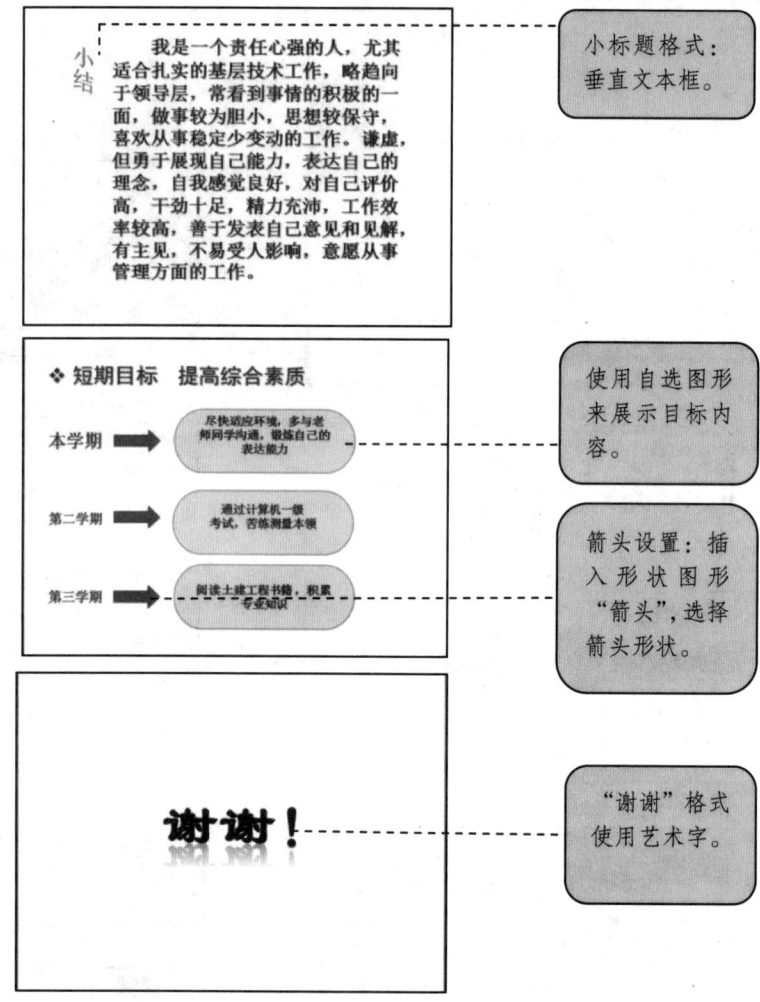

图 9-5 任务分析 3（项目九任务一）

三、完成任务

1. 启动 PowerPoint 2010 建立空白演示文稿，并保存。

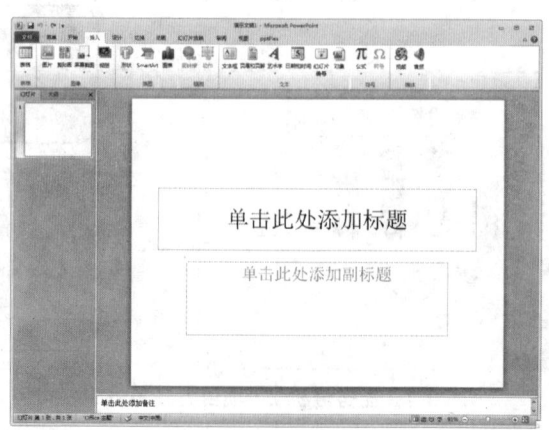

2. 设置第 1 张幻灯片版式为"空白"。插入艺术字"自我评定"。插入文本框，输入"学校"等内容并设置字符格式。

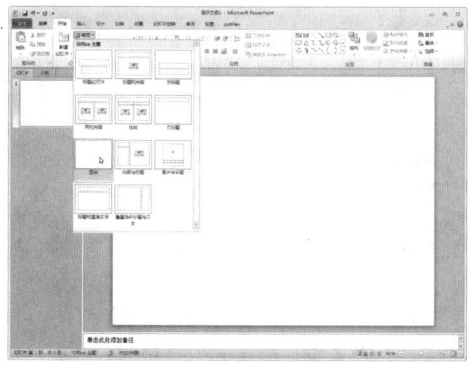

第 1 步：选择"空白"版式

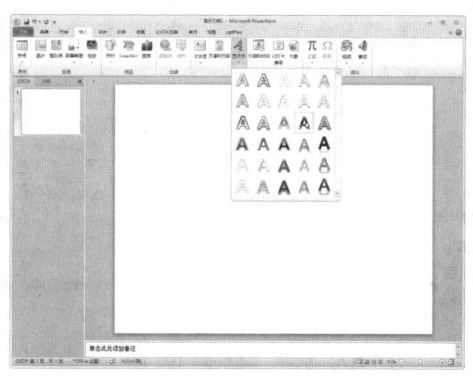

第 2 步：插入艺术字

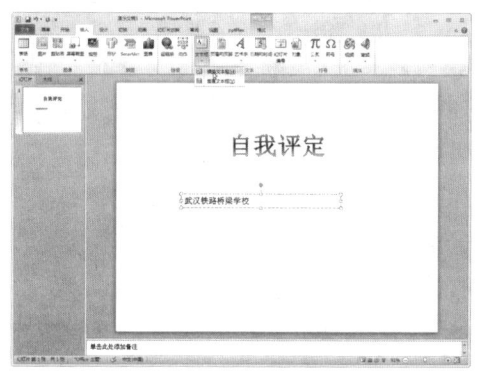

第 3 步：插入文本框

3. 更改第 2 张幻灯片版式为"空白"，插入文本框，输入"我的专业方向"等内容并设置字符格式。绘制箭头，并设置相应自选图形格式。四个箭头只绘制一个即可，其余复制。

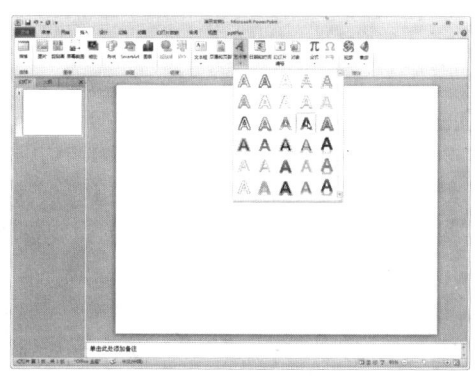

第 1 步：选择"空白"版式

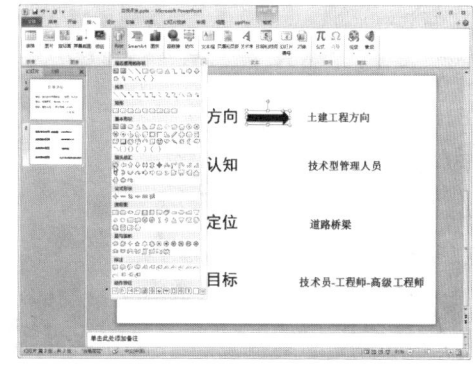

第 2 步：插入文本框、绘制箭头

4. 更改第 3 张幻灯片版式为"标题和内容"。输入标题"目录"和文本"自我分析、职业分析……短期目标"，并设置字符格式。添加自定义项目符号"❧"，项目符号"❧"为"Wingdings"字符集中的符号。

第1步：选择"标题和内容"版式

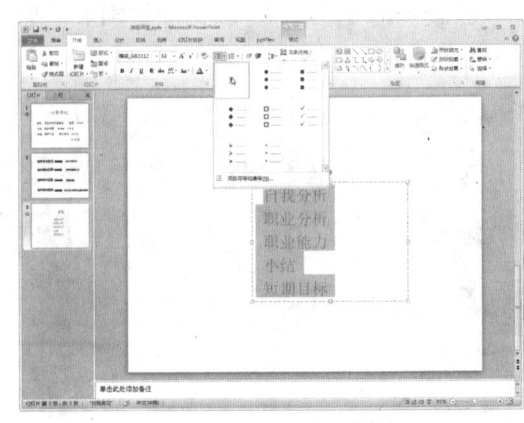
第2步：点击"项目符号"

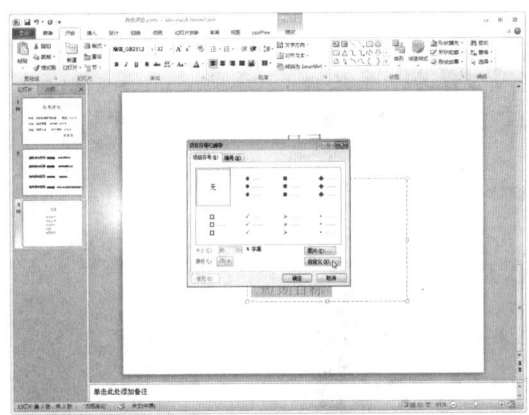
第3步：单击"自定义"

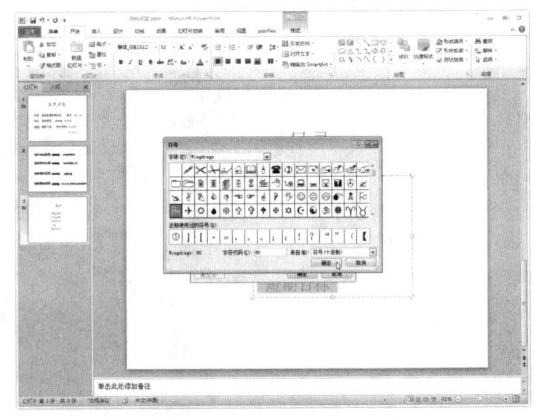
第4步：选择需要的符号

5. 制作第4张幻灯片，具体操作步骤类似于制作第1张和第3张幻灯片。

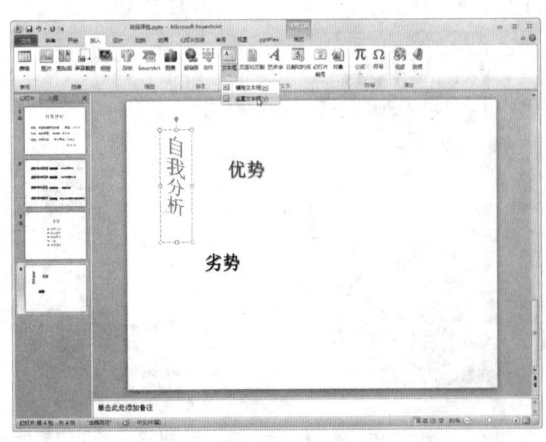
第1步：插入竖排文本框

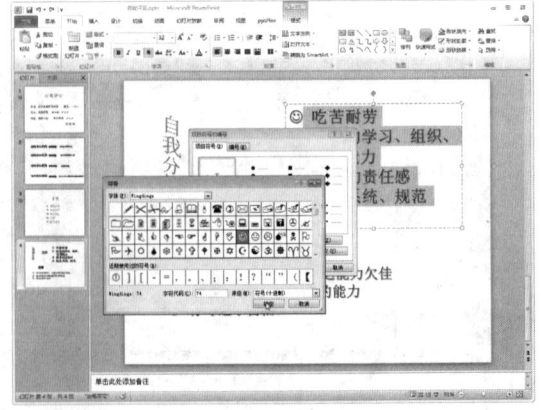
第2步：插入项目符号

6. 更改第5张幻灯片版式为"空白"，插入文本框，输入"职业分析"并设置字符格式。插入7行3列表格并输入文本内容，设置表格边框，文本对齐。

第 1 步：插入竖排文本框

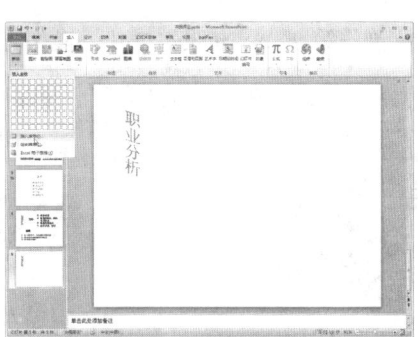
第 2 步：插入表格

第 3 步：设置 7 行 3 列

第 4 步：设置边框线并对齐

7. 插入图表，设置图表格式。

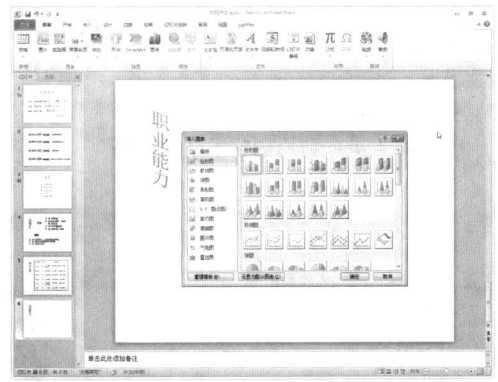
第 1 步：点击"图表"按钮

第 2 步：修改"数据表"

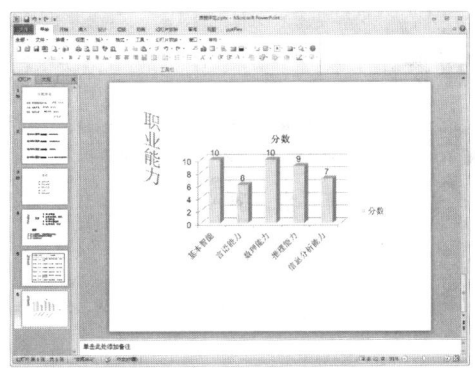
第 3 步：生成所需图表

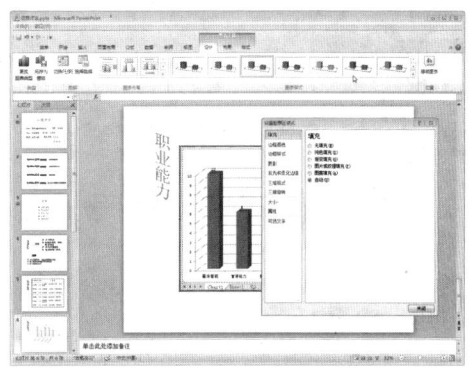
第 4 步：设置图表格式

8. 制作第 7、8、9 张幻灯片，操作方法类似于制作第 1 张和第 2 张幻灯片。

第 1 步：插入竖排文本框

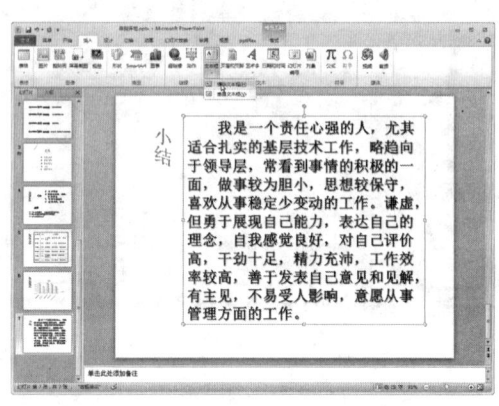

第 2 步：输入文本框内容

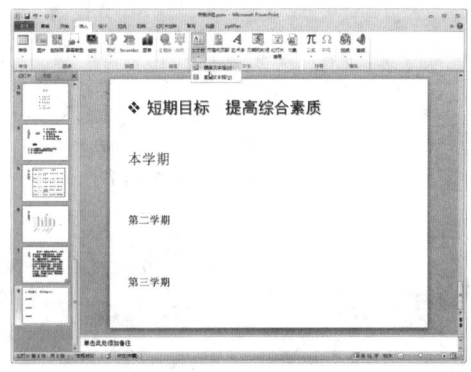

第 3 步：依次输入所需文本框

第 4 步：利用形状绘制"箭头"

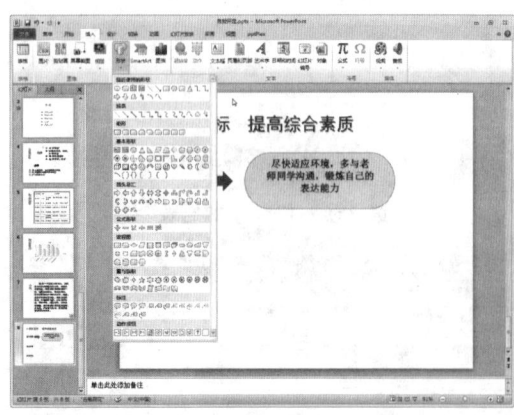

第 5 步：利用"形状"编辑文本

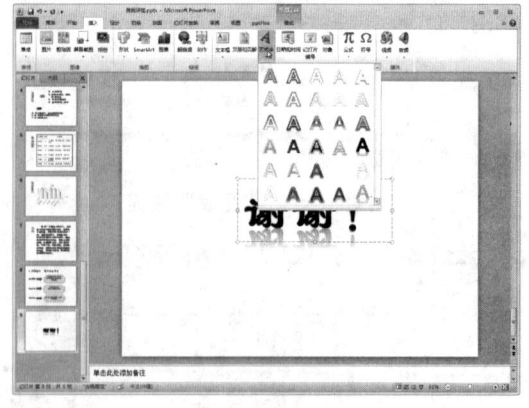

第 6 步：插入艺术字

四、检查任务

评价表见附录 1——任务评价表（学生自评、互评用）和附录 2——任务评价表（教师评价用）。

五、小结任务

1. 建立幻灯片的时候，可以一次性新建9张，也可以逐张建立。因PPT演示文稿制作要求较为灵活，故插入"文本框""艺术字"等各种对象时位置只要求美观合理。
2. 使用自选图形时根据需要可适当调节图形。
3. 表格、图表插入的目的是清晰地表现数据内容，不必过于花哨。
4. 很多设置调节功能和前课学习的Word、Excel操作方法类似，故可以适当略讲。

项目九任务二实施

一、提出任务

表9-3 项目九任务二学习任务书

任务二	美化"自我评定"演示文稿		
项　目	用PPT制作并输出"自我评定"演示文稿	学　时	2学时
学习任务	1. 基本任务 （1）将上一次任务完成的"慕容桥的自我分析1.pptx"另存为"慕容桥的自我分析2.pptx"。 （2）对"慕容桥的自我分析2.pptx"添加剪贴画并设置背景、应用设计主题、设置合适的动画切换效果，使用超链接和动作按钮实现幻灯片的简便操控，设置效果如图9-1所示。 2. 拓展任务 《计算机应用基础》教材拓展练习【9-2】、【9-3】		
知识准备	为完成以上任务，应掌握以下操作： 1. 在幻灯片中添加编辑剪贴画、图片等对象； 2. 在幻灯片中使用设计主题和背景，设置各种切换和动画效果； 3. 建立幻灯片的文本、对象超链接		
学习要求	1. 每位同学要求完成基本任务； 2. 基本任务完成的同学，尽量完成拓展任务； 3. 学习过程中注意规范操作，培养严谨认真的学习态度； 4. 遇到操作问题，同学之间要互相帮助，多交流操作经验和技巧； 5. 爱护机房卫生，严禁乱丢垃圾； 6. 爱护机房计算机设备，严禁乱拔插头及对鼠标键盘的按键进行破坏		
提交成果	1. "慕容桥的自我分析2.pptx"文档。 2. 拓展练习【9-2】文档。 3. 拓展练习【9-3】文档		

二、分析任务

在幻灯片中添加图片、使用设计主题、设置背景、设置动画和切换效果等版面设置，可以让其具有醒目的吸引人的效果。PowerPoint 演示文稿软件提供了很完善而且简便的设置方式。图 9-1 所示文档由九张幻灯片组成，可以按照以下顺序分别进行设置。

1. 第 1 张幻灯片效果分析如图 9-6 所示。

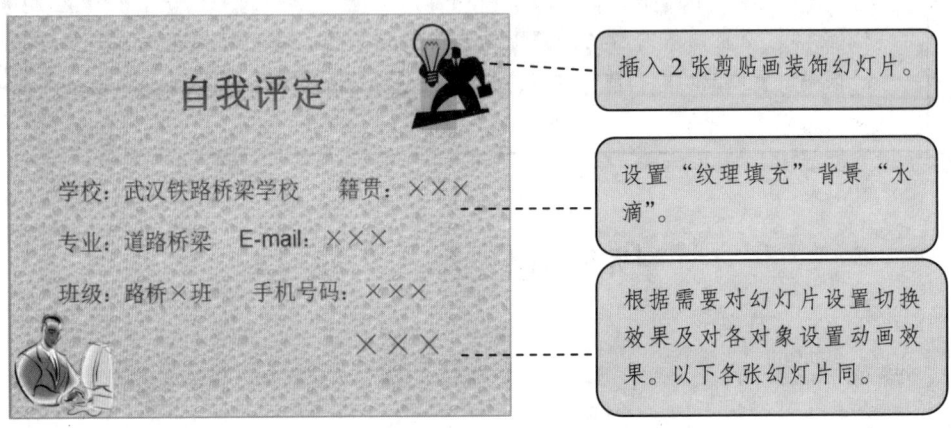

图 9-6　任务分析 1（项目九任务二）

2. 第 2 张幻灯片效果分析如图 9-7 所示。

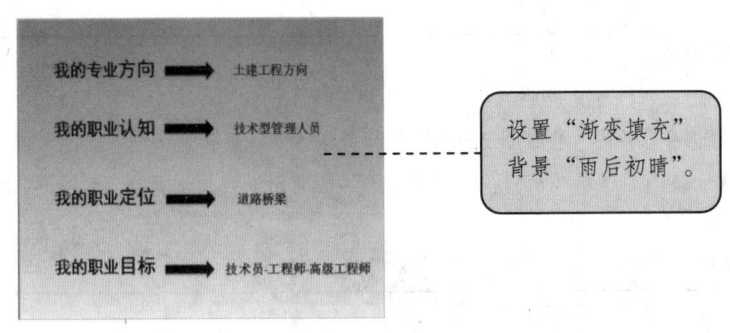

图 9-7　任务分析 2（项目九任务二）

3. 第 3 张幻灯片效果分析如图 9-8 所示。

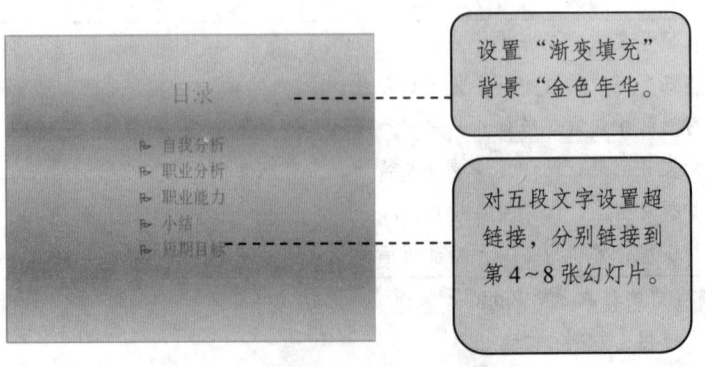

图 9-8　任务分析 3（项目九任务二）

4. 第 4 张幻灯片效果分析如图 9-9 所示。

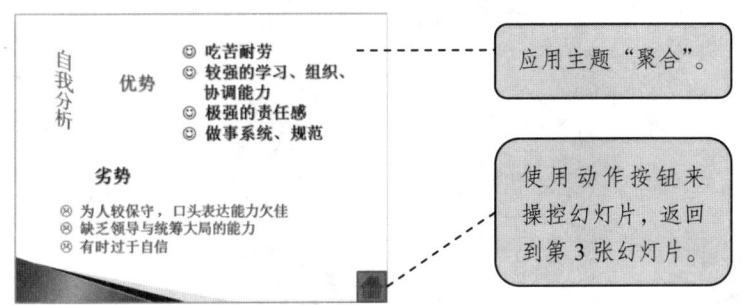

图 9-9 任务分析 4（项目九任务二）

5. 第 5、6、7、8 张幻灯片效果分析同图 9-9。
6. 第 9 张幻灯片效果分析如图 9-10 所示。

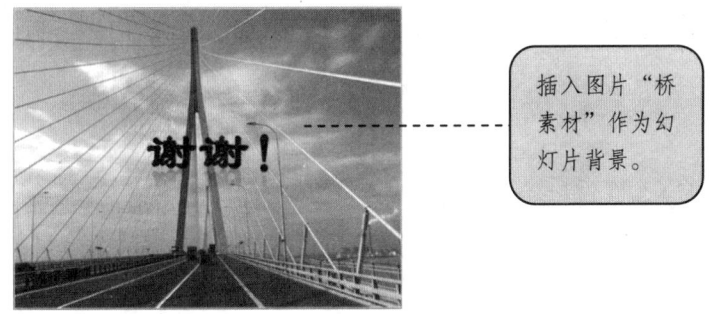

图 9-10 任务分析 5（项目九任务二）

三、完成任务

1. 打开"慕容桥的自我分析 1.pptx"并另存为"慕容桥的自我分析 2.pptx"。

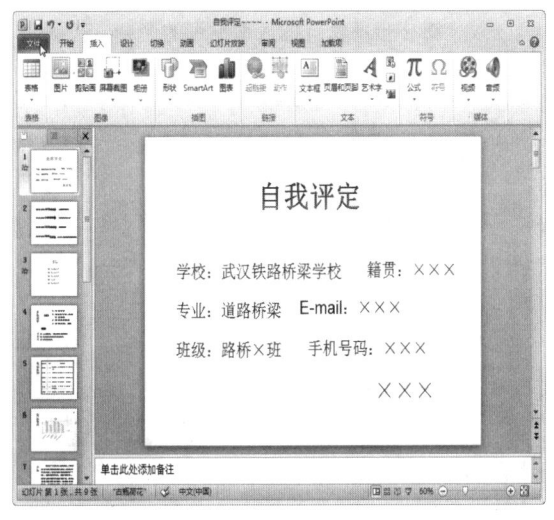

第 1 步：单击"文件"选项卡

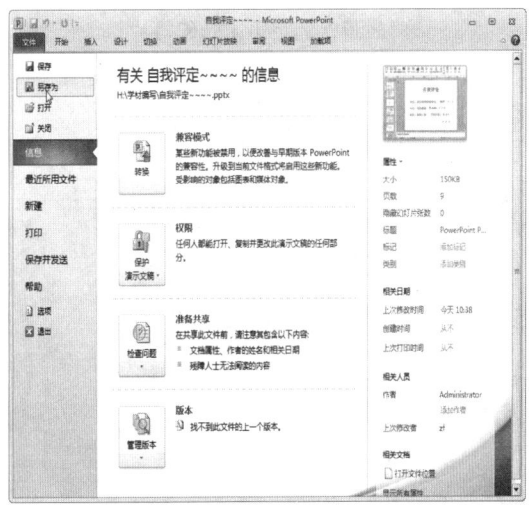

第 2 步：单击"另存为"按钮

第 3 步：修改文件名并保存　　　　　第 4 步：保存后文件名

2. 插入剪贴画"商人"和"计算机"，调整其大小并移动到幻灯片的合适位置。

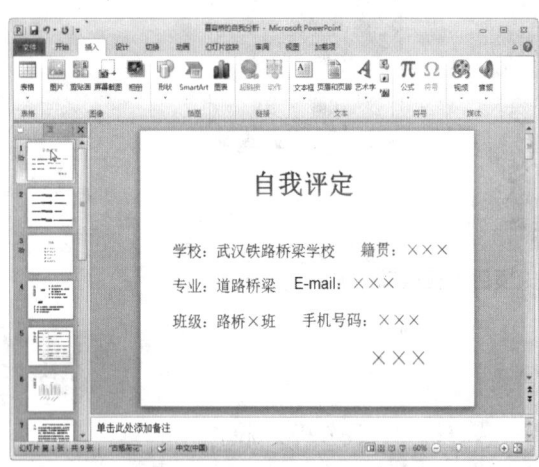
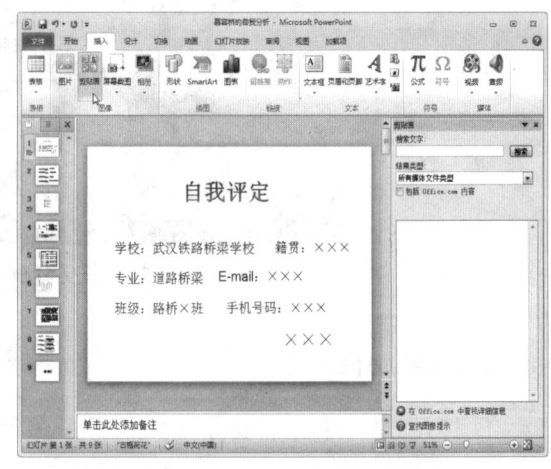

第 1 步：选定第 1 张幻灯片　　　　　第 2 步：执行插入剪贴画的命令

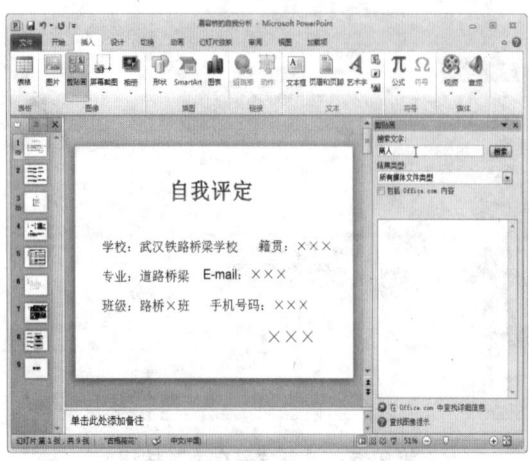
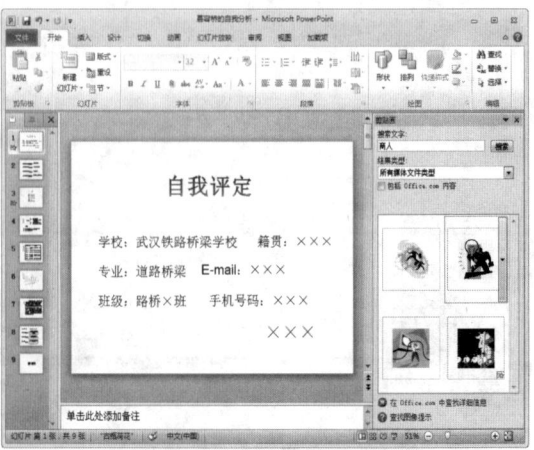

第 3 步：在搜索栏中输入"商人"　　　第 4 步：找到并单击所需的"剪贴画"

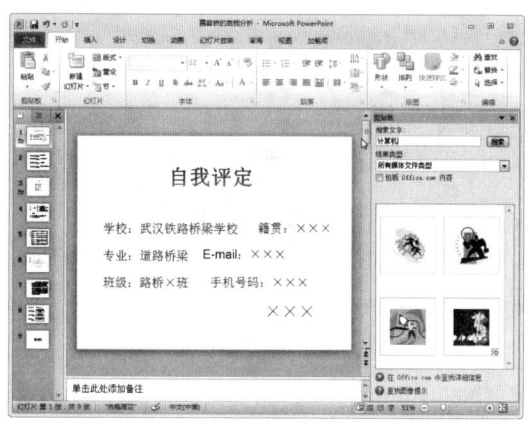

第 5 步：在搜索栏中输入"计算机"　　　　第 6 步：找到并单击所需的"剪贴画"

3. 设置第 1 张幻灯片背景，第 2、3、9 张幻灯片背景设置步骤相同。

注意：选择背景前，应该选定要设置的幻灯片。

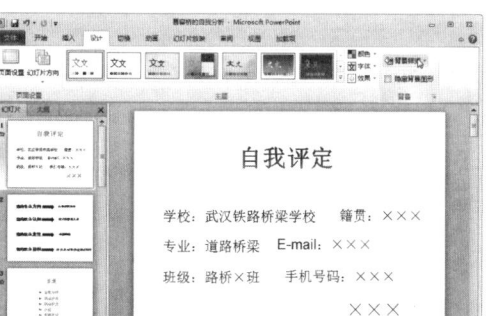

第 1 步：单击"背景样式"按钮

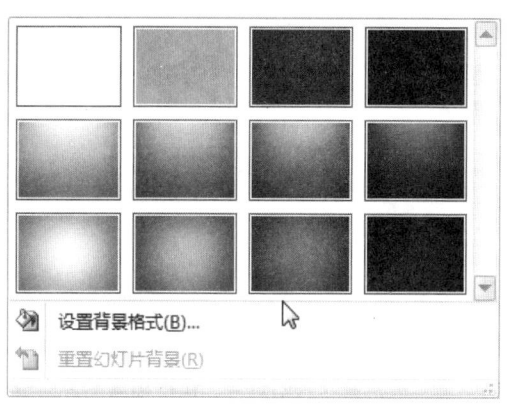

第 2 步：单击"设置背景格式"

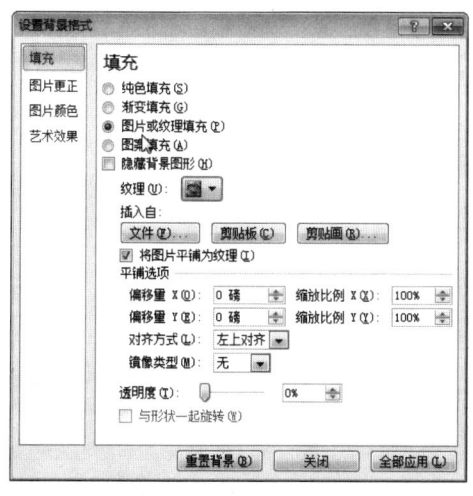

第 3 步：选择"纹理填充"

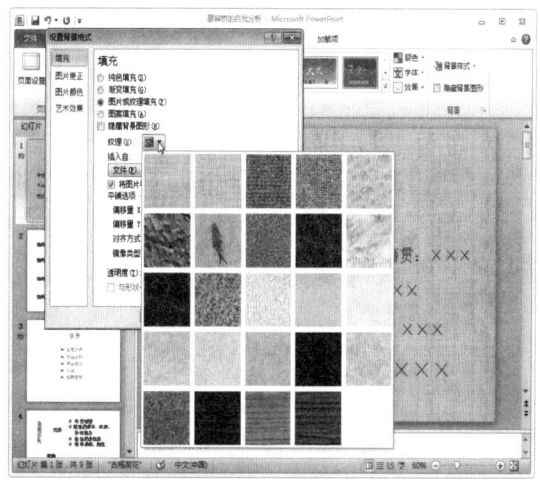

第 4 步：选择"水滴"纹理效果

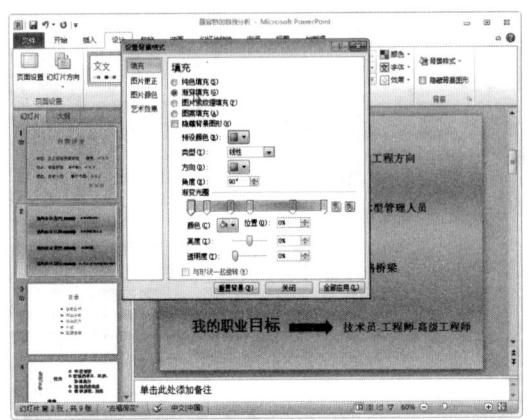
第5步：第2张设置"渐变"纹理效果

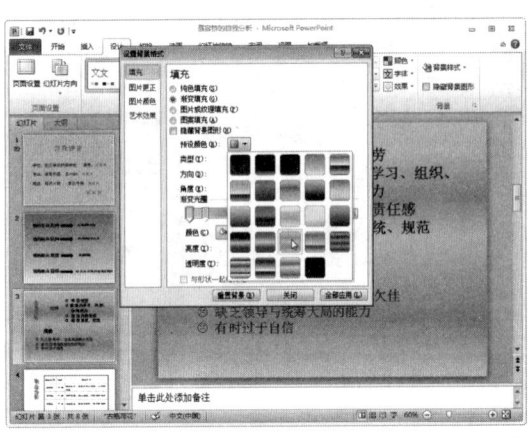
第6步：第3张设置"金色年华"效果

第7步：选定第9张幻灯片，执行插入图片命令

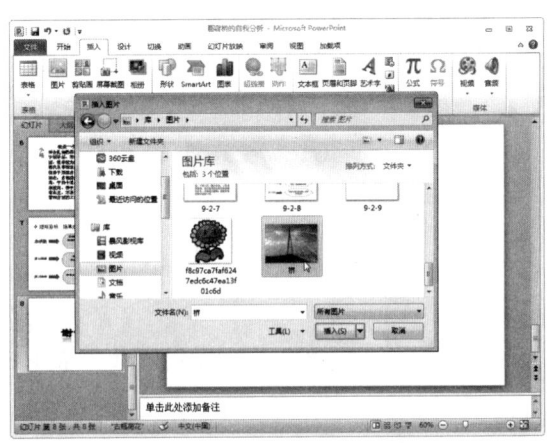
第8步：选择"桥素材"图片，单击"插入"

4. 设置第4、5、6、7、8张幻灯片应用设计主题。

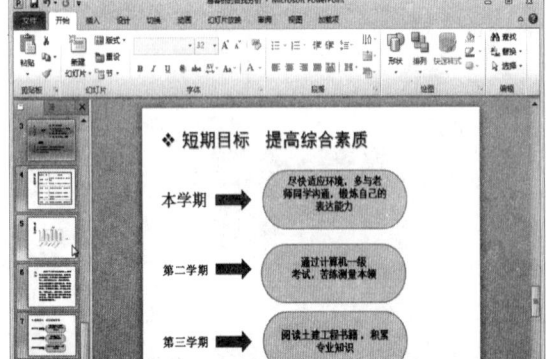
第1步：用Ctrl键选定所需幻灯片

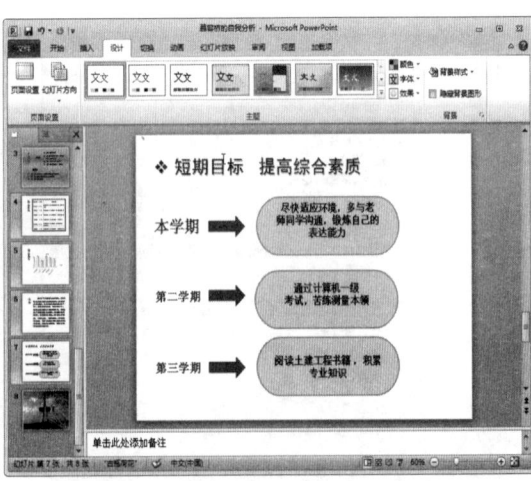
第2步：点击"主题"组右边的箭头按钮

第3步:在"所有主题"中找到"聚合"

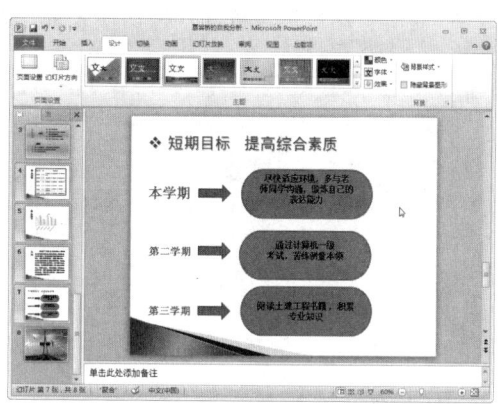

第4步:设置好的"聚合"主题

5. 设置第1张幻灯片中艺术字"自我评定"动画效果"飞入",其余动画效果设置方法与此类似。

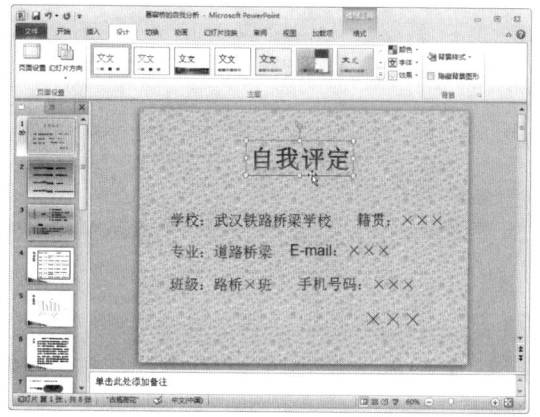

第1步:选定艺术字

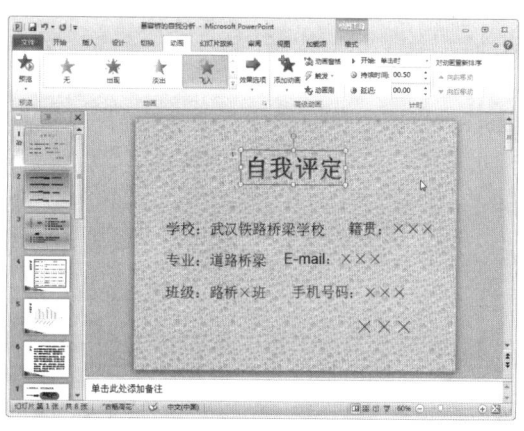

第2步:单击"动画"选项卡中"飞入"

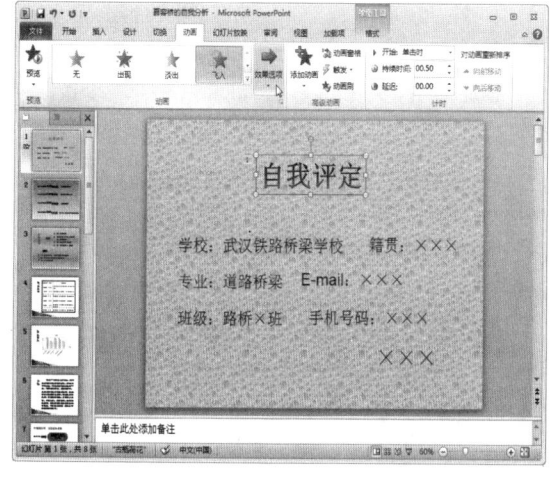

第3步:点击"效果选项"按钮

第4步:点击"自左侧"

6. 对所有幻灯片设置同一种切换效果，如"百叶窗"。

第1步：找到"切换"中的扩展箭头

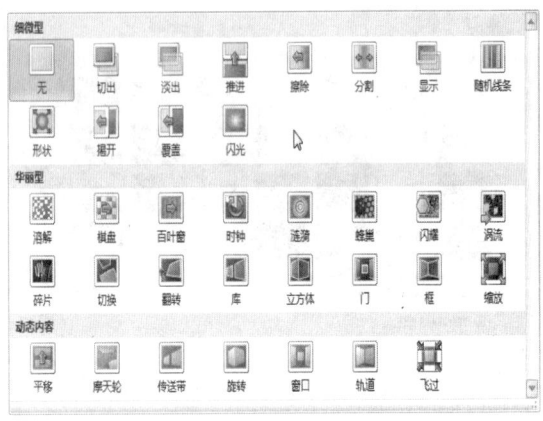
第2步：点击"百叶窗"切换效果

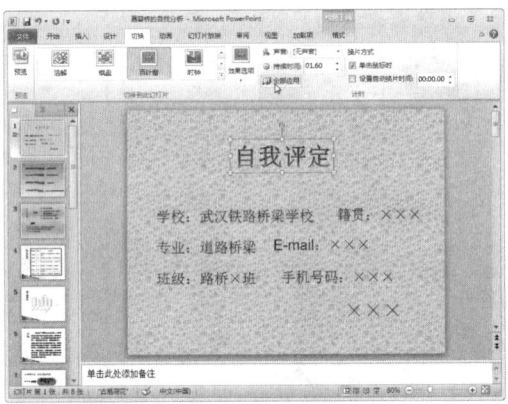
第3步：点击"全部应用"按钮

7. 设置超级链接和动作按钮，以设置第3张幻灯片中"职业分析"的超级链接以及在第5张中插入动作按钮为例。

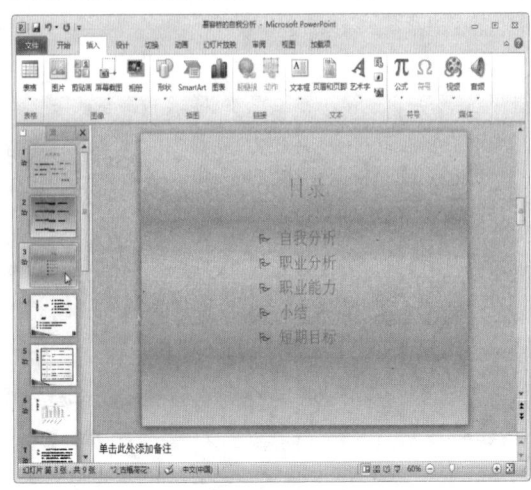
第1步：选定第3张幻灯片

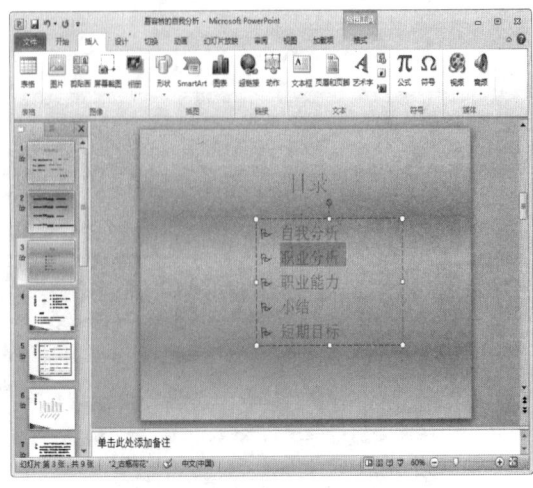
第2步：选定"职业分析"字符

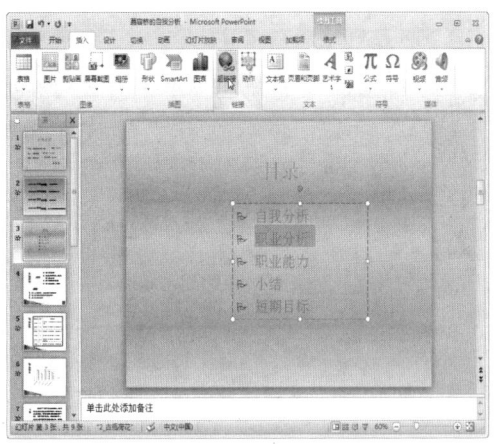

第 3 步：点击"超链接"按钮

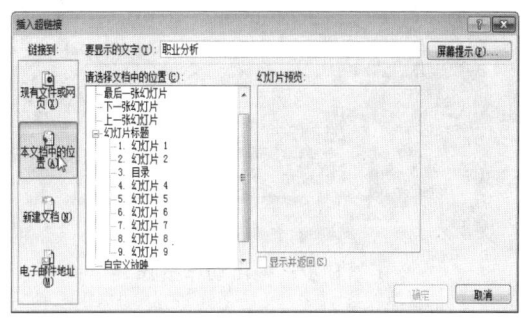

第 4 步：点击"本文档中的位置"

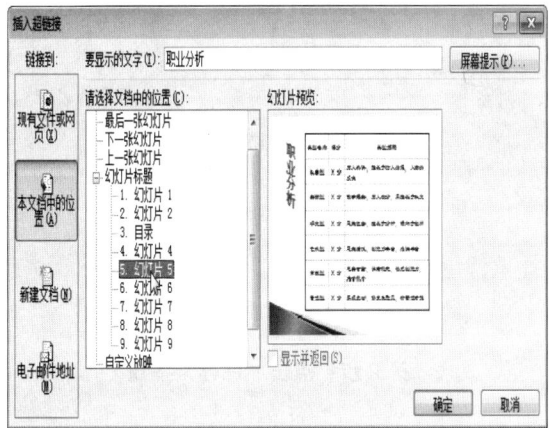

第 5 步：选择"幻灯片 5"

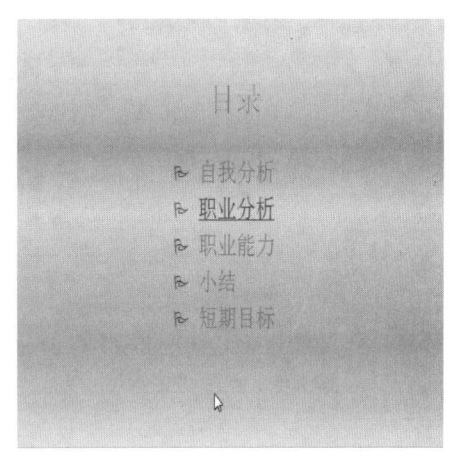

第 6 步：超链接设置效果

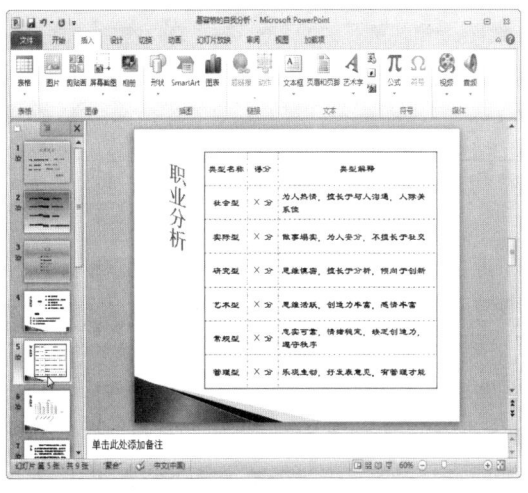

第 7 步：选定第 5 张幻灯片

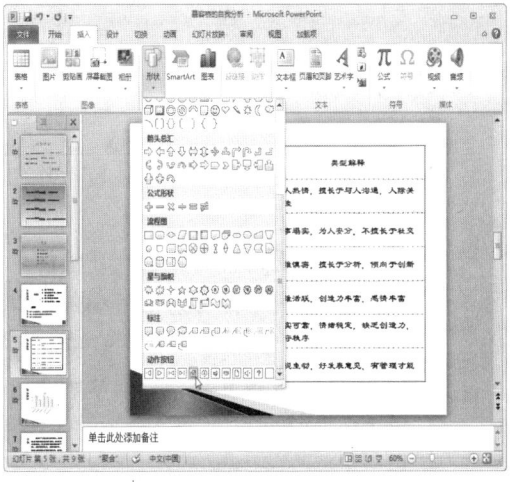

第 8 步：点选所需的动作按钮

第 9 步：拖出动作按钮

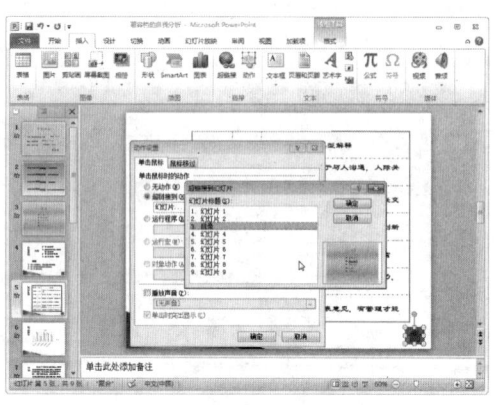

第 10 步：选择链接到第 3 张幻灯片

8. 保存关闭文档。

第 1 步：点击"文件"

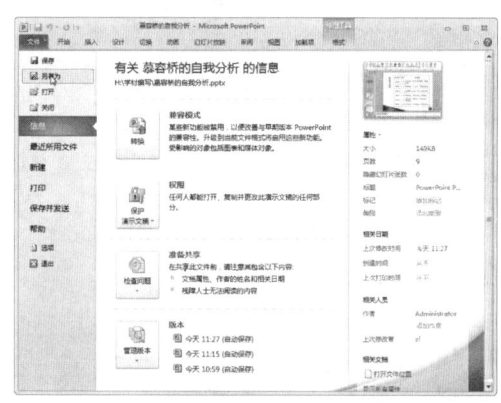

第 2 步：点击"保存"按钮

四、检查任务

评价表见附录 1——任务评价表（学生自评、互评用）和附录 2——任务评价表（教师评价用）。

五、小结任务

> 1. 在幻灯片中插入跳转动作相同的动作按钮时，利用复制功能可提高操作速度。
> 2. 设置幻灯片背景时可根据现实情况酌情调整。
> 3. 设计主题可以应用全部幻灯片，也可以应用部分幻灯片，两种设置均应掌握。
> 4. 设置动画效果、切换效果的可变性比较大，现实操作可根据需要自行设置。但是要求效果不能过于花哨，要整齐划一、美观大方。
> 5. 超链接是控制幻灯片放映的有效手段，设计时要多考虑放映的操作需要。

项目九任务三实施

一、提出任务

表 9-4　项目九任务三学习任务书

任务三　输出"自我评定"演示文稿			
项　目	用 PPT 制作并输出"自我评定"演示文稿	学　时	2 学时
学习任务	1. 基本任务 （1）将上一次任务完成的"慕容桥的自我分析 2.pptx"另存为"慕容桥的自我分析 3.pptx"。 （2）对"慕容桥的自我分析 3.pptx"文档进行放映、打印输出设置。 2. 拓展任务 《计算机应用基础》教材拓展练习【9-4】、【9-5】		
知识准备	为完成以上任务，应掌握以下操作： 1. 设置幻灯片的放映方式； 2. 将演示文稿保存为"PowerPoint 放映"文件； 3. 打包演示文稿； 4. 演示文稿打印设置		
学习要求	1. 每位同学要求完成基本任务； 2. 基本任务完成的同学，尽量完成拓展任务； 3. 学习过程中注意规范操作，培养严谨认真的学习态度； 4. 遇到操作问题，同学之间要互相帮助，多交流操作经验和技巧； 5. 爱护机房卫生，严禁乱丢垃圾； 6. 爱护机房计算机设备，严禁乱拔插头及对鼠标键盘的按键进行破坏		
提交成果	1. "慕容桥的自我分析 3.pptx"文档。 2. "慕容桥的自我分析 3.ppsx"文档。 3. 拓展练习【9-4】文档。 4. 拓展练习【9-5】文档		

二、分析任务

幻灯片最终的目标是通过大屏幕展示给别人看。放映时还可以根据需要进行几种特殊设置，如：不需要打开"自我评定"演示文稿就能直接进行播放，在没有安装 PowerPoint 软件的计算机上也能进行播放。为了取得较好的展示效果，将演示文稿打印出来作为展示提要等。

1. 幻灯片放映设置，效果分析如图 9-11 所示。

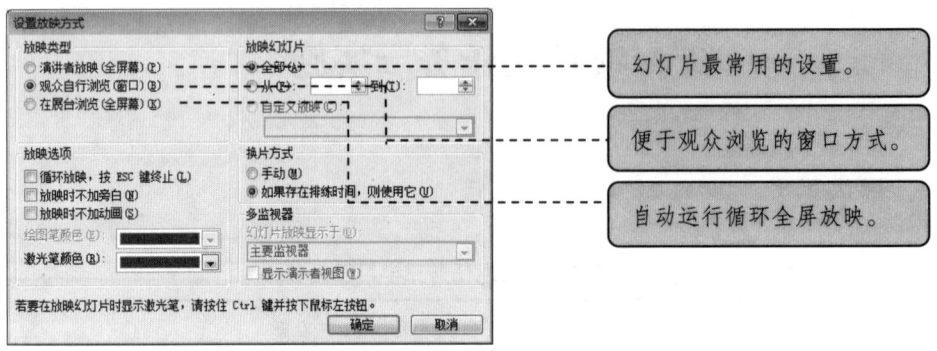

图 9-11　任务分析 1（项目九任务三）

2. 另存为"PowerPoint 放映"方式，效果分析如图 9-12 所示。

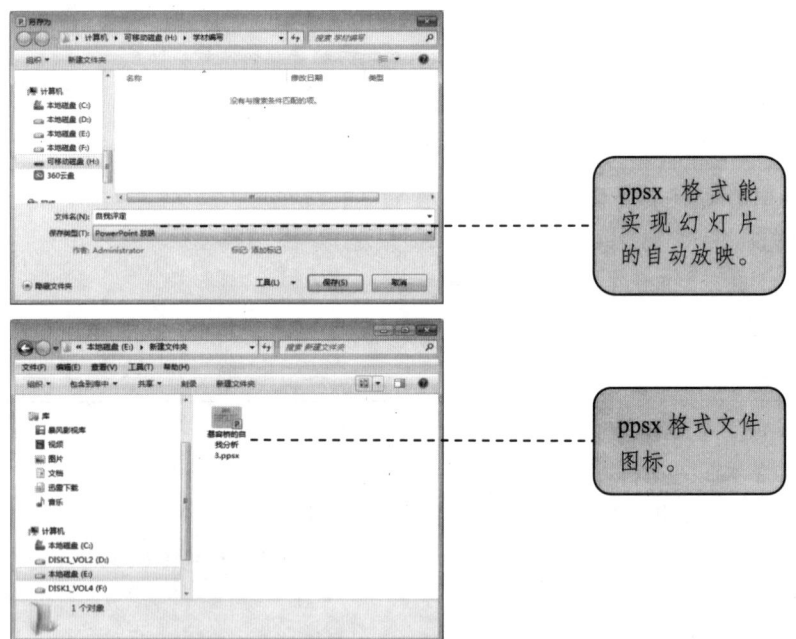

图 9-12　任务分析 2（项目九任务三）

3. 打包演示文稿，效果分析如图 9-13 所示。

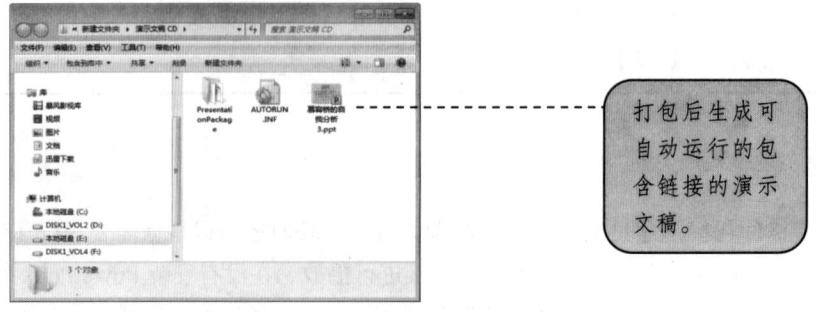

图 9-13　任务分析 3（项目九任务三）

4. 设置打印效果，效果分析如图9-14所示。

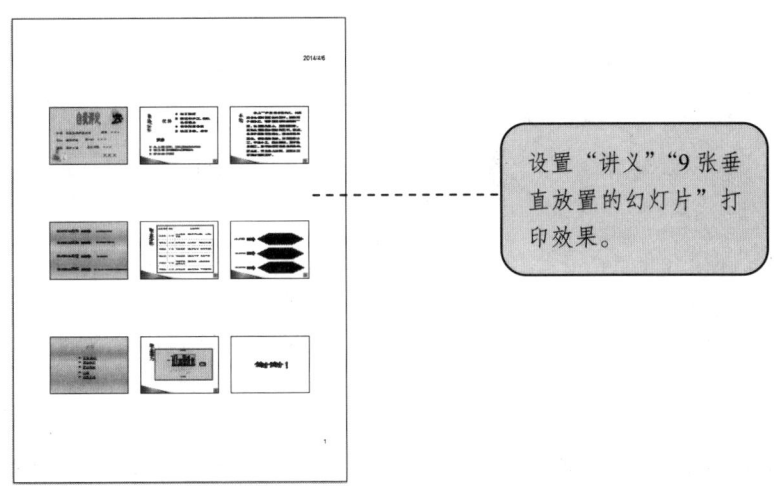

图9-14　任务分析4（项目九任务三）

三、完成任务

1. 打开"慕容桥的自我分析2.pptx"并另存为"慕容桥的自我分析3.pptx"。

第1步：单击"文件"选项卡

第2步：单击"另存为"按钮

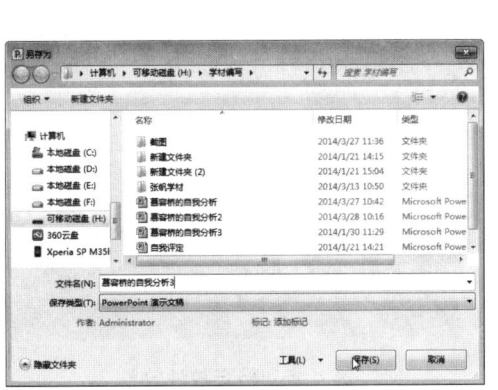

第3步：修改文件名并保存

第4步：保存后文件名

2. 设置幻灯片放映方式。

第1步：找到"设置幻灯片放映"组并单击

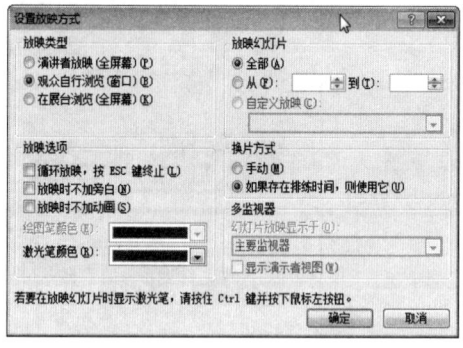

第2步：选择"放映类型"

3. 将"慕容桥的自我分析3.pptx"另存为 ppsx 文件。

第1步：单击"另存为"按钮

第2步：选择".ppsx"保存类型

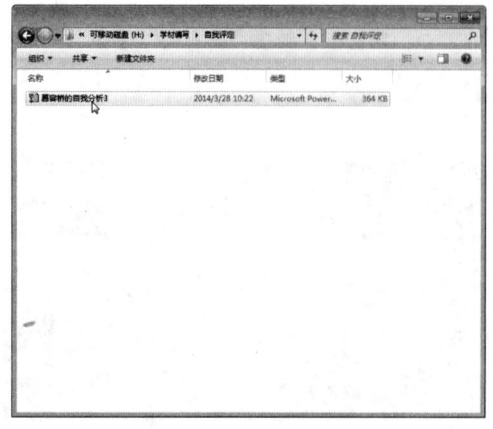

第3步：双击 ppsx 文件

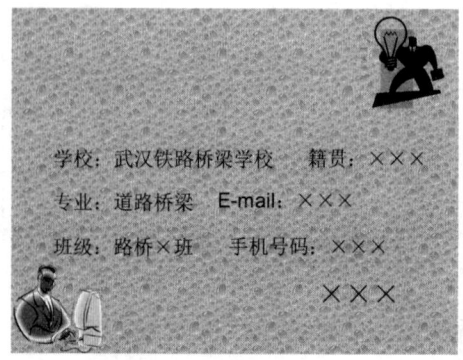

第4步：检查放映效果

4. 将"慕容桥的自我分析 3.pptx"进行打包操作。

第 1 步：单击"保存并发送"按钮

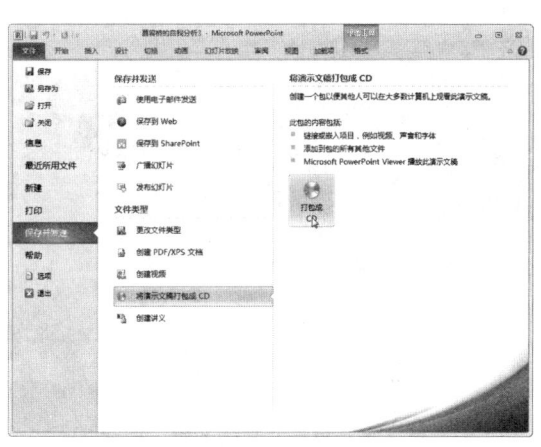

第 2 步：单击"打包成 CD"按钮

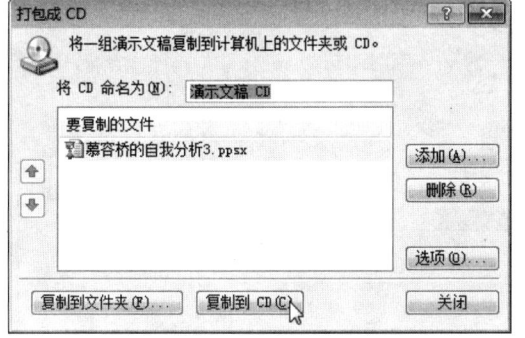

第 3 步：选择"复制到文件"按钮

第 4 步：修改"文件夹名称"和"位置"

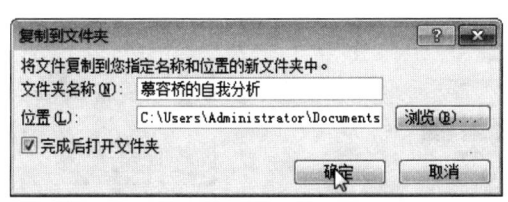

第 5 步：单击"确定"按钮

第 6 步：查看"打包"文件

5. 通过"幻灯片放映"选项卡的"从头开始"按钮或 F5 键启动手动放映"慕容桥的自我分析 3.pptx"，放映过程中用鼠标或键盘进行幻灯片的切换等放映操作。通过右键快捷菜单的"指针选项"命令可以设置指针的形式、墨迹颜色等，用来强化重点演示的内容，达到更好的演示效果。

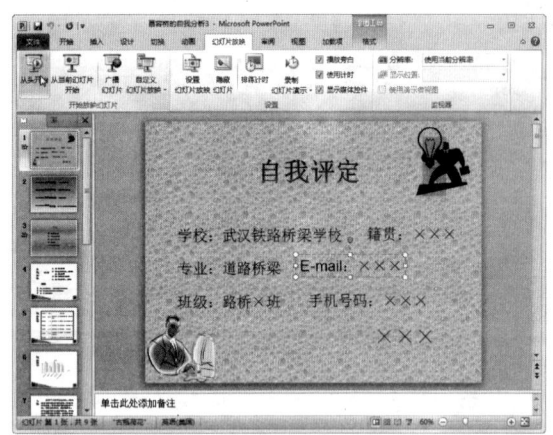
第1步:单击"从头开始"按钮

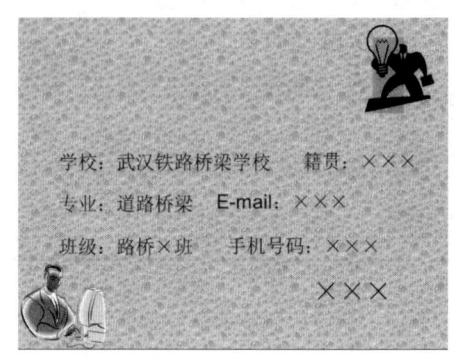
第2步:幻灯片开始放映

6. 通过"文件"选项卡中的"打印"按钮进行演示文稿的打印。

第1步:单击"打印"按钮

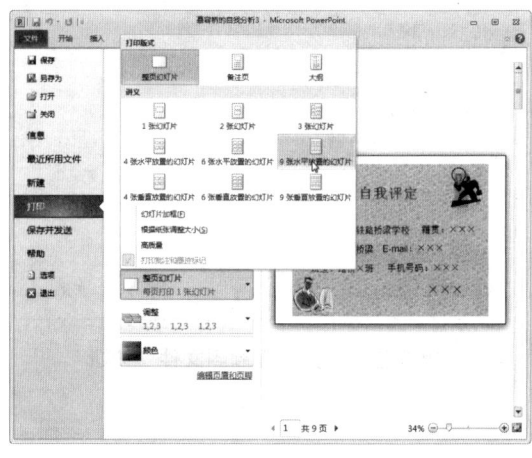
第2步:选择"讲义"项

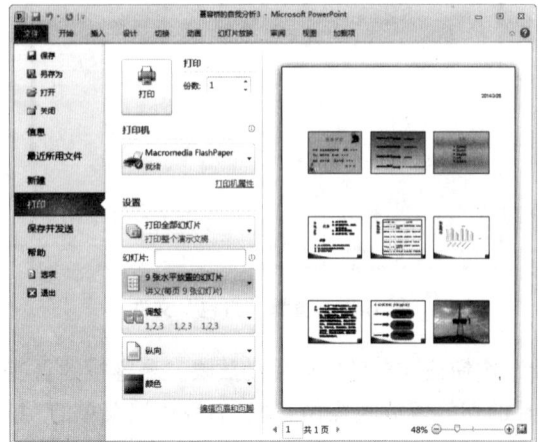
第3步:查看设置好的"九页"效果

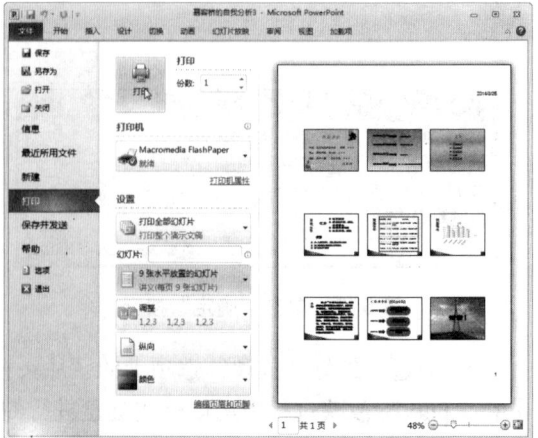
第4步:单击"打印"按钮进行打印

四、检查任务

评价表见附录1——任务评价表(学生自评、互评用)和附录2——任务评价表(教师评价用)。

五、小结任务

1. 演示文稿另存为时除了可以存为放映的.ppsx文件,也可以实现保存向下兼容旧版本的PowerPoint文件。

2. 打包操作是一种实用的应用方式。新版的PowerPoint软件还能实现直接发送成邮件,创建成视频、PDF等其他格式文件。

3. 演示文稿在放映时多采用手动放映,但也能使用"排练计时"实现自动放映。

4. 演示文稿的打印设置没有Word、Excel多。但是做汇报、存档资料时也会用到,其操作细节不能忽视。

项目十 学习一级基础知识

一、项目目标

➢ 能掌握全国计算机一级 MS Office 考试大纲（2013 版）所要求的计算机基础知识考试内容。

二、项目引入

项目十通过对计算机发展、数制、程序设计语言、网络等基础知识考核内容的若干典型试题进行解析，展开学习。

三、项目分析（任务分解）

本项目包含三个任务：任务一是了解计算机的发展、特点、分类及应用；任务二是学习数制、编码及程序设计语言基础知识；任务三是了解网络基础知识。学习内容如图 10-1、10-2、10-3 所示。

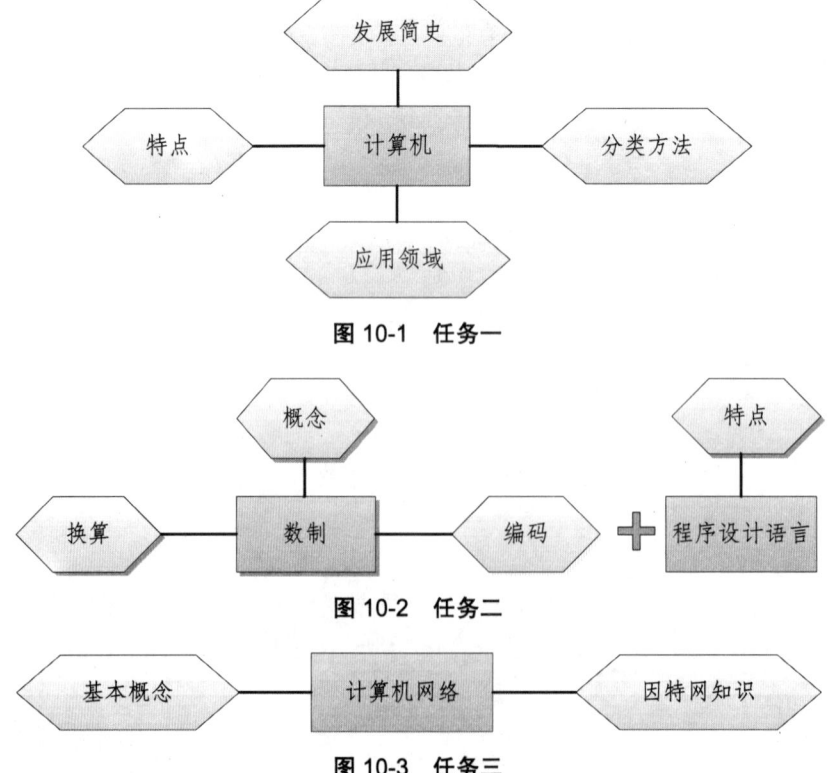

图 10-1　任务一

图 10-2　任务二

图 10-3　任务三

四、项目实施

1. 任务一的实施过程,见"项目十任务一实施"。
2. 任务二的实施过程,见"项目十任务二实施"。
3. 任务三的实施过程,见"项目十任务三实施"。

五、项目评价

表 10-1　项目十评价表

班　级		姓　名		所在小组	
项目名称					
评价过程	评价内容			项目成绩	
	教师评价(0.6)	学生自评(0.2)	学生互评(0.2)		
任务一					
任务二					
任务三					
加权平均分					

六、项目总结

1. 本项目为备战一级 MS Office 考试准备,理论性较强,学习时要注意不要死记硬背,要在理解的基础上多做题,举一反三。
2. 可以充分利用网络资源,平时多看、多了解、多积累计算机基础知识,对这部分学习会很有帮助。

项目十任务一实施

一、提出任务

表 10-2 项目十任务一学习任务书

任务一 了解计算机的发展、特点、分类及应用			
项 目	学习一级基础知识	学 时	2 学时
学习任务	1. 基本任务 给出以下五道试题答案，保存为"项目十任务1.docx"。 1. 第 1 台计算机 ENIAC 在研制过程中采用了哪位科学家的两点改进意见（　　）。 　　A. 莫克利　　　　　　　　B. 冯·诺依曼 　　C. 摩尔　　　　　　　　　D. 戈尔斯坦 2. 目前制造计算机所用的电子元件是（　　）。 　　A. 电子管　　　　　　　　B. 晶体管 　　C. 集成电路　　　　　　　D. 超大规模集成电路 3. 下列对计算机的特点描述错误的是（　　）。 　　A. 高速、精确的处理能力　B. 全自动工作 　　C. 强大的存储能力　　　　D. 可靠性不高 4. 办公自动化（OA）是计算机的一项应用，按计算机应用的分类，它属于（　　）。 　　A. 科学计算　　　　　　　B. 信息处理 　　C. 实时控制　　　　　　　D. 辅助设计 5. 按性能分类个人电脑属于（　　）。 　　A. 大型计算机　　　　　　B. 工作站 　　C. 微型计算机　　　　　　D. 小型机 2. 拓展任务 《计算机应用基础》教材拓展练习【10-1】		
知识准备	为完成以上任务，应掌握以下知识： 1. 世界上第一台计算机的相关知识； 2. 计算机 4 个发展时代的电子元件变化； 3. 计算机的特点、应用领域及分类； 4. 我国计算机的发展概况		
学习要求	1. 每位同学要求完成基本任务； 2. 基本任务完成的同学，尽量完成拓展任务； 3. 学习过程中注意规范操作，培养严谨认真的学习态度； 4. 遇到操作问题，同学之间要互相帮助，多交流操作经验和技巧； 5. 爱护机房卫生，严禁乱丢垃圾； 6. 爱护机房计算机设备，严禁乱拔插头及对鼠标键盘的按键进行破坏		
提交成果	1. "项目十任务1.docx"文档。 2. 拓展练习【10-1】文档		

二、分析任务

1. 第1台计算机 ENIAC 在研制过程中采用了哪位科学家的两点改进意见（　　）。
   A. 莫克利　　　　　　　B. 冯·诺依曼
   C. 摩尔　　　　　　　　D. 戈尔斯坦

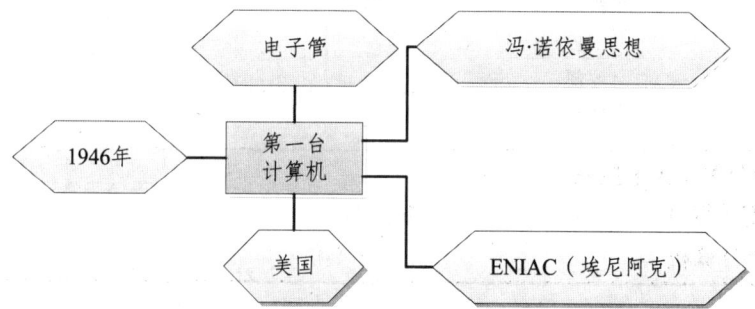

2. 目前制造计算机所用的电子元件是（　　）。
   A. 电子管　　　　　　　B. 晶体管
   C. 集成电路　　　　　　D. 超大规模集成电路

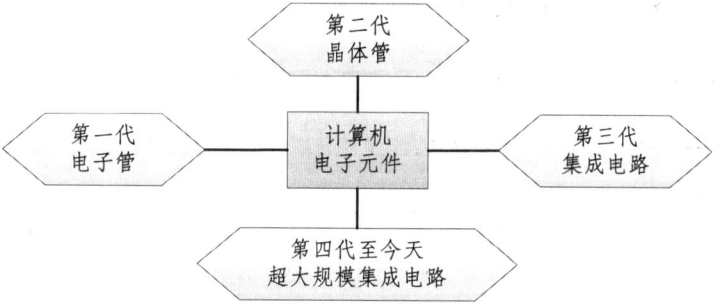

3. 下列对计算机的特点描述错误的是（　　）。
   A. 高速、精确的处理能力　　B. 全自动工作
   C. 强大的存储能力　　　　　D. 可靠性不高

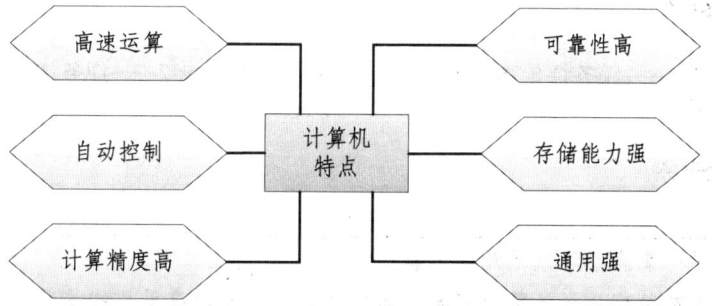

4. 办公自动化（OA）是计算机的一项应用，按计算机应用的分类，它属于（　　）。
   A. 科学计算　　　　　　B. 信息处理
   C. 实时控制　　　　　　D. 辅助设计

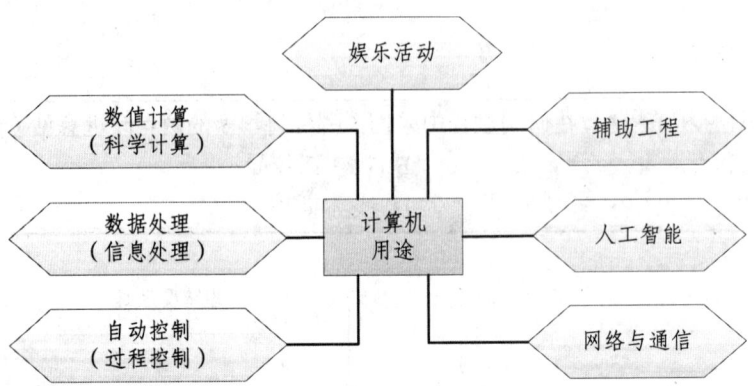

5. 按性能分类个人电脑属于（   ）。
   A. 大型计算机   B. 工作站
   C. 微型计算机   D. 小型机

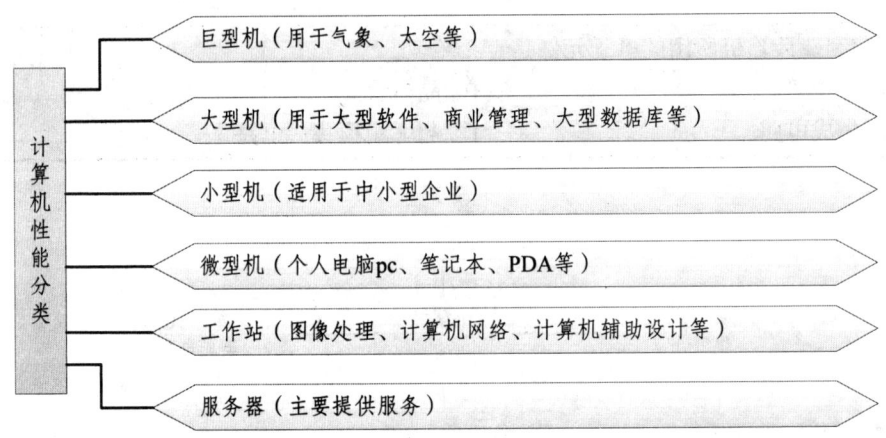

三、完成任务

详见《计算机应用基础》教材项目十任务一"任务实施"。

四、检查任务

评价表见附录1——任务评价表（学生自评、互评用）和附录2——任务评价表（教师评价用）。

五、小结任务

任务一重点学习以下几项内容：
（1）有关第一台计算机名称、年代及与冯·诺依曼思想的关系。
（2）计算机发展的四个阶段中所采用的电子元件。
（3）计算机的特点及其在各个领域的应用，计算机分类的方法。

项目十任务二实施

一、提出任务

表 10-3 项目十任务二学习任务书

任务二	学习数制、编码及程序设计语言基础知识		
项　目	学习一级基础知识	学　时	2 学时
学习任务	1. 基本任务 给出以下六道试题答案，保存为"项目十任务 2.docx"。 1. 计算机内部采用二进制位表示数据信息，二进制的主要优点是（　　）。 　A. 容易实现　　　　　　　　B. 方便记忆 　C. 书写简单　　　　　　　　D. 符合使用的习惯 2. 二进制数 11100011 转换成十进制数是（　　）。 　A. 480　　　　　　　　　　B. 482 　C. 483　　　　　　　　　　D. 485 3. 已知英文大写字母 D 的 ASCⅡ码值是 44H，那么英文大写字母 F 的 ASCⅡ码值为十进制数（　　）。 　A. 46　　　　　　　　　　　B. 68 　C. 70　　　　　　　　　　　D. 15 4. 一汉字的机内码 B0A1H，那么它的国际码是（　　）。 　A. 3121H　　　　　　　　　B. 3021H 　C. 2131H　　　　　　　　　D. 2130H 5. 100 个 24×24 点阵的汉字字模信息所占用的字节数是（　　）。 　A. 2400　　　　　　　　　　B. 7200 　C. 57600　　　　　　　　　D. 73728 6. 下列叙述中，正确的是（　　）。 　A. 用高级语言编写的程序称为源程序 　B. 计算机能直接识别、执行用汇编语言编写的程序 　C. 机器语言编写的程序执行效率最低 　D. 不同型号的 CPU 具有相同的机器语言 2. 拓展任务 《计算机应用基础》教材拓展练习【10-2】		
知识准备	为完成以上任务，应掌握以下操作： 1. 二进制、八进制、十进制、十六进制的表示及相互转换； 2. ASCⅡ码的基本知识及字符 ASCⅡ值的比较、计算； 3. 汉字内码、外码、国标码、输出码的定义，国标码和区位码的转换，内码和国标码的转换，点阵存储字节的计算； 4. 指令的定义及构成； 5. 程序设计语言的种类及特点		
学习要求	1. 每位同学要求完成基本任务； 2. 基本任务完成的同学，尽量完成拓展任务； 3. 学习过程中注意规范操作，培养严谨认真的学习态度； 4. 遇到操作问题，同学之间要互相帮助，多交流操作经验和技巧； 5. 爱护机房卫生，严禁乱丢垃圾； 6. 爱护机房计算机设备，严禁乱拔插头及对鼠标键盘的按键进行破坏		
提交成果	1. "项目十任务 2.docx" 文档； 2. 拓展练习【10-2】文档		

二、分析任务

1. 计算机内部采用二进制位表示数据信息，二进制的主要优点是（   ）。
   A. 容易实现   B. 方便记忆
   C. 书写简单   D. 符合使用的习惯

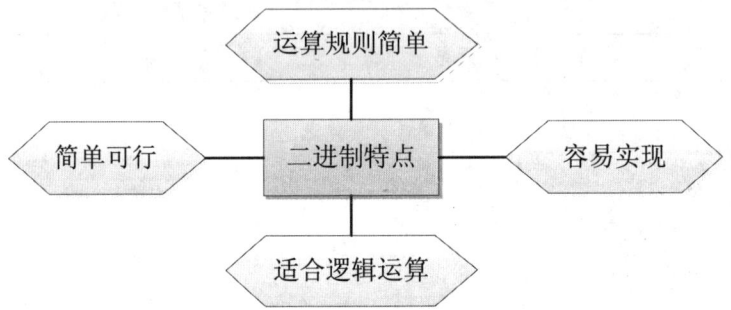

2. 二进制数 11100011 转换成十进制数是（   ）。
   A. 480   B. 482
   C. 483   D. 485

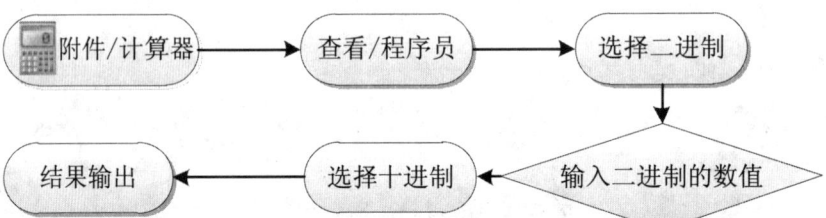

3. 已知英文大写字母 D 的 ASCⅡ 码值是 44H，那么英文大写字母 F 的 ASCⅡ 码值为十进制数（   ）。
   A. 46   B. 68
   C. 70   D. 15

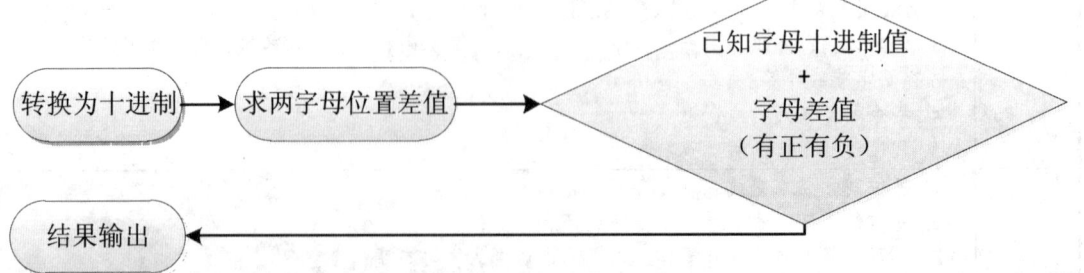

4. 一汉字的机内码 B0A1H，那么它的国际码是（   ）。
   A. 3121H   B. 3021H
   C. 2131H   D. 2130H

项目十　学习一级基础知识

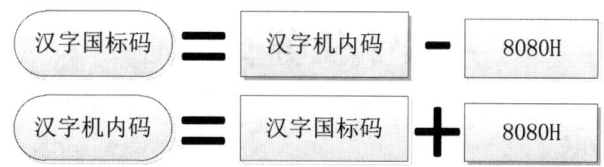

5. 100 个 24×24 点阵的汉字字模信息所占用的字节数是（　　　）。
　　A. 2400　　　　　　　　　B. 7200
　　C. 57600　　　　　　　　 D. 73728

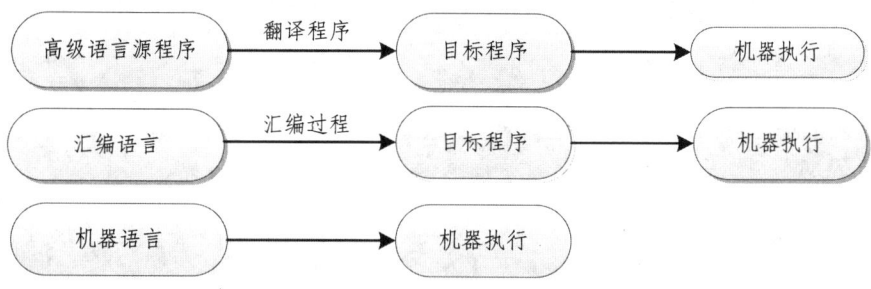

6. 下列叙述中，正确的是（　　　）。
　　A. 用高级语言编写的程序称为源程序
　　B. 计算机能直接识别、执行用汇编语言编写的程序
　　C. 机器语言编写的程序执行效率最低
　　D. 不同型号的 CPU 具有相同的机器语言

```
高级语言源程序 ──翻译程序──> 目标程序 ──> 机器执行
汇编语言       ──汇编过程──> 目标程序 ──> 机器执行
机器语言       ──────────> 机器执行
```

三、完成任务

任务实施详见《计算机应用基础》教材项目十任务二"任务实施"。

四、检查任务

评价表见附录1——任务评价表（学生自评、互评用）和附录2——任务评价表（教师评价用）。

五、小结任务

任务二重点学习以下几项内容：
（1）计算机中数制的概念及其数制间的转换。
（2）ASCⅡ码的分类，应用比较 ASCⅡ码的大小。
（3）汉字编码，求解不同点阵汉字字模所占字节数。
（4）程序设计语言的特点。

项目十任务三实施

一、提出任务

表10-4 项目十任务三学习任务书

	任务三 了解网络基础知识		
项 目	学习一级基础知识	学 时	2学时
学习任务	1. 基本任务 给出以下七道试题答案，保存为"项目十任务3.docx"。 1. 计算机网络最突出的优点是（　　）。 　　A. 运算速度快　　　　　　　B. 存储容量大 　　C. 运算容量大　　　　　　　D. 可以实现资源共享 2. Internet 是全球性的、最具有影响的计算机互联网络，它的前身是（　　）。 　　A. Ethernet　　　　　　　　B. Novell 　　C. ISDN　　　　　　　　　 D. ARPANET 3. 与广域网相比，有关局域网特点描述不正确的是（　　）。 　　A. 覆盖范围在几公里之内　　 B. 较小的地理范围 　　C. 较低的误码率　　　　　　 D. 较低的传输速率 4. 计算机网络的拓扑结构主要有总线型、树型和（　　）。 　　A. 星型　　　　　　　　　　 B. 点状型 　　C. 分散型　　　　　　　　　 D. 集中型 5. Internet 是一个全球范围的互联网，它通过（　　）将各个网络互联起来。 　　A. 网桥　　　　　　　　　　 B. 网关 　　C. 路由器　　　　　　　　　 D. 调制解调器 6. Internet 实现了分布在世界各地的各类网络的互联，其最基础和核心的协议是（　　）。 　　A. FTP　　　　　　　　　　 B. TCP/IP 　　C. HTML　　　　　　　　　 D. HTTP 7. 下列域名中，表示教育机构的是（　　）。 　　A ftp.bta.net.cn　　　　　　　B www.ioa.ac.cn 　　C www.chinaedu.edu.cn　　　D ftp.sst.net.cn 2. 拓展任务 《计算机应用基础》教材拓展练习【10-3】		
知识准备	为完成以上任务，应掌握以下知识： 1. 计算机网络的定义、组成、常用术语； 2. 计算机网络的分类、拓扑结构； 3. 计算机网络常用硬件设备； 4. 因特网的定义、服务种类、基础通信协议、接入方法； 5. IP地址、域名的定义及表示，DNS的作用		
学习要求	1. 每位同学要求完成基本任务； 2. 基本任务完成的同学，尽量完成拓展任务； 3. 学习过程中注意规范操作，培养严谨认真的学习态度； 4. 遇到操作问题，同学之间要互相帮助，多交流操作经验和技巧； 5. 爱护机房卫生，严禁乱丢垃圾； 6. 爱护机房计算机设备，严禁乱拔插头及对鼠标键盘的按键进行破坏		
提交成果	1. "项目十任务3.docx"文档； 2. 拓展练习【10-3】文档		

二、分析任务

1. 计算机网络最突出的优点是（　　）。
   A. 运算速度快　　　　　　　　　B. 存储容量大
   C. 运算容量大　　　　　　　　　D. 可以实现资源共享

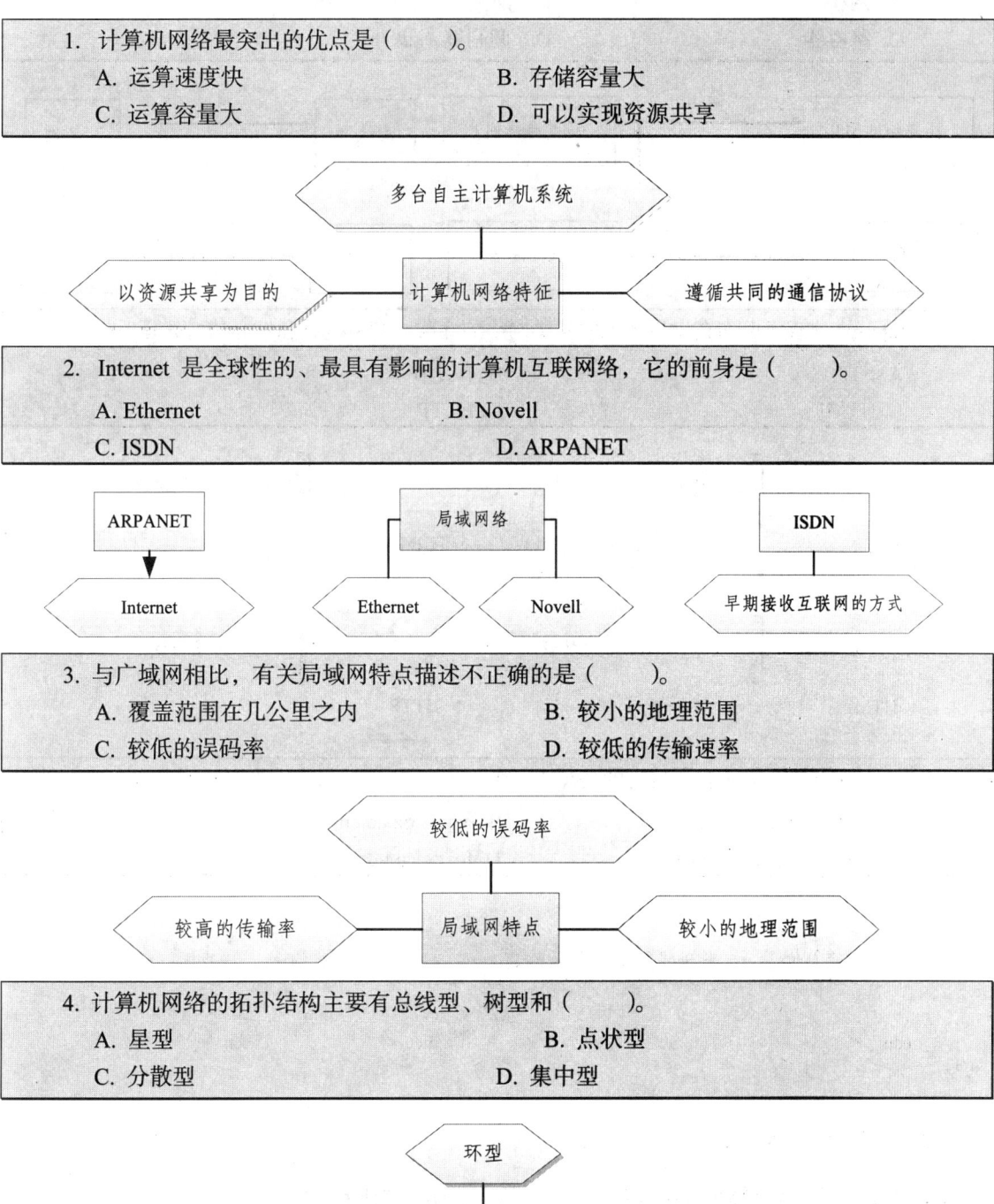

2. Internet 是全球性的、最具有影响的计算机互联网络，它的前身是（　　）。
   A. Ethernet　　　　　　　　　　B. Novell
   C. ISDN　　　　　　　　　　　　D. ARPANET

3. 与广域网相比，有关局域网特点描述不正确的是（　　）。
   A. 覆盖范围在几公里之内　　　　B. 较小的地理范围
   C. 较低的误码率　　　　　　　　D. 较低的传输速率

4. 计算机网络的拓扑结构主要有总线型、树型和（　　）。
   A. 星型　　　　　　　　　　　　B. 点状型
   C. 分散型　　　　　　　　　　　D. 集中型

5. Internet 是一个全球范围的互联网，它通过（　　）将各个网络互联起来。
   A. 网桥　　　　　　　　　　B. 网关
   C. 路由器　　　　　　　　　D. 调制解调器

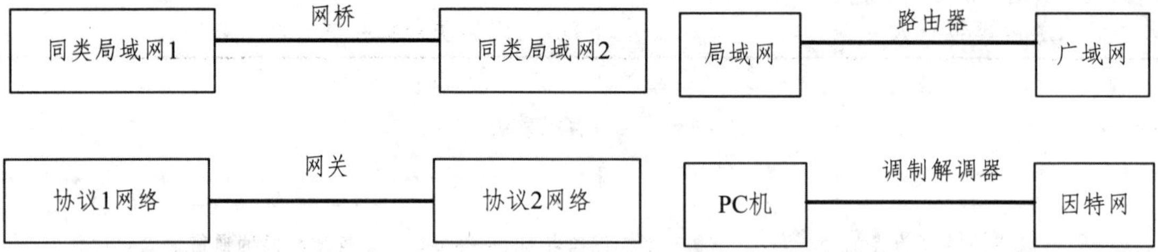

```
同类局域网1 ——网桥—— 同类局域网2      局域网 ——路由器—— 广域网

协议1网络 ——网关—— 协议2网络         PC机 ——调制解调器—— 因特网
```

6. Internet 实现了分布在世界各地的各类网络的互联，其最基础和核心的协议是（　　）。
   A. FTP　　　　　　　　　　B. TCP/IP
   C. HTML　　　　　　　　　D. HTTP

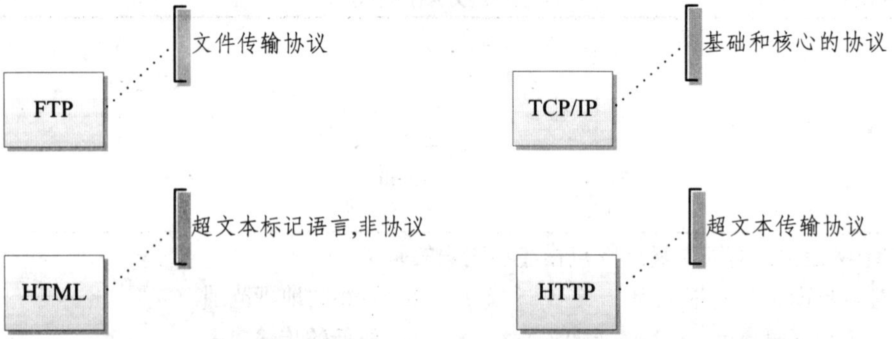

```
FTP …… 文件传输协议            TCP/IP …… 基础和核心的协议

HTML …… 超文本标记语言,非协议   HTTP …… 超文本传输协议
```

7. 下列域名中，表示教育机构的是（　　）。
   A. ftp.bta.net.cn　　　　　　B. www.ioa.ac.cn
   C. www.chinaedu.edu.cn　　　D. ftp.sst.net.cn

教育单位—edu　　科研院所及科技管理部门—ac　　网络技术机构—net　　我国一级域名—cn

三、完成任务

任务实施详见《计算机应用基础》教材项目十任务三"任务实施"。

四、检查任务

评价表见附录1——任务评价表（学生自评、互评用）和附录2——任务评价表（教师评价用）。

五、小结任务

> 任务三重点学习以下几项内容:
> (1) 计算机网络的基础知识。
> (2) 因特网的基础知识。

项目十一　简单应用因特网

一、项目目标

➢ 能使用 IE 浏览器浏览并保存网页，能接收和发送电子邮件。

二、项目引入

随着因特网技术的普及和发展，我们在工作、生活中越来越离不开它。利用因特网，我们可以浏览信息、进行交流等。本项目通过浏览、保存网页内容及互发电子邮件，学习因特网的基本应用。

三、项目分析（任务分解）

若想学会最基本的网络应用，一般必须掌握"网页浏览""邮件收发"两个基本操作。

1. 浏览并保存网页，效果如图 11-1、11-2 所示。

 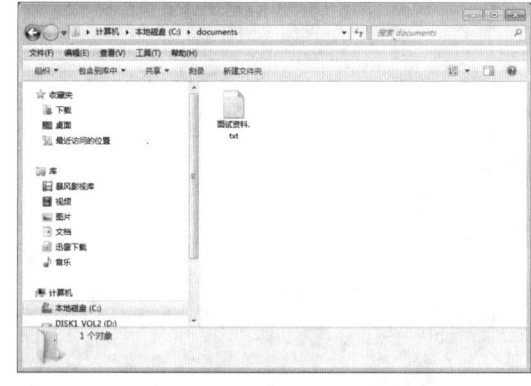

图 11-1　浏览网页内容　　　　　　　图 11-2　保存网页内容为文本文件

2. 接收和发送电子邮件，完成应用界面如图 11-3、11-4 所示。

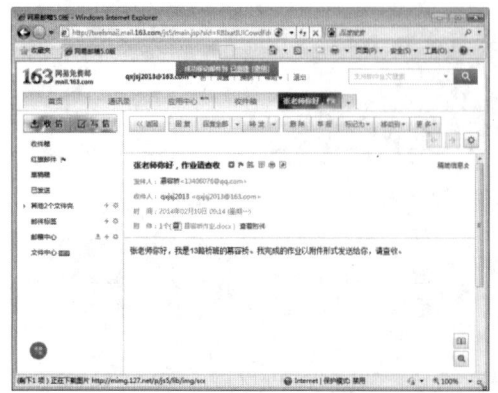 

图 11-3　收邮件　　　　　　　　　　图 11-4　发邮件

因此，我们需要将项目十一分成两个任务来完成：任务一是录入浏览并保存网页；任务二是接受和发送电子邮件。

四、项目实施

1. 任务一的实施过程，见"项目十一任务一实施"。
2. 任务二的实施过程，见"项目十一任务二实施"。

五、项目评价

表 11-1　项目十一评价表

班　级		姓　名		所在小组	
项目名称		简单应用因特网			
评价过程	评价内容 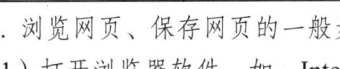				项目成绩
	教师评价（0.6）	学生自评（0.2）		学生互评（0.2）	
任务一					
任务二					
加权平均分					

六、项目总结

1. 浏览网页、保存网页的一般步骤：

（1）打开浏览器软件，如：Internet Explorer、360 安全浏览器等。

（2）在浏览器地址栏中按需求输入所需网站地址；或者用搜索网站如"百度"，搜索所需网站链接。

（3）在网站内找到需要保存的子页面，使用浏览器中的"另存为"功能，保存网页内容为本地文件。

2. 接收、发送电子邮件的一般步骤：

（1）打开邮件服务软件，如 Microsoft Outlook 2010 等，设置绑定好自己的邮箱账号。

（2）分别点选"收件箱""写信"功能按钮，接收、发送邮件。

项目十一任务一实施

一、提出任务

表 11-2 项目十一任务一学习任务书

任务一 浏览并保存网页			
项　　目	简单应用因特网	学　　时	2 学时
学习任务	1. 基本任务 （1）通过 Internet Explorer 浏览器访问"武汉铁路桥梁学校"网站，筛选出有关"面试"内容的页面，如图 11-1 所示。 （2）将以上页面保存为"面试资料.txt"，如图 11-2 所示。 2. 拓展任务 《计算机应用基础》教材拓展练习【11-1】、【11-2】、【11-3】、【11-4】、【11-5】		
知识准备	为完成以上任务，应掌握以下操作： 1. 启动 IE 浏览器； 2. 使用搜索引擎搜索网站链接； 3. 使用超链接浏览网站内容； 4. 保存网页内容		
学习要求	1. 每位同学要求完成基本任务； 2. 基本任务完成的同学，尽量完成拓展任务； 3. 学习过程中注意规范操作，培养严谨认真的学习态度； 4. 遇到操作问题，同学之间要互相帮助，多交流操作经验和技巧； 5. 爱护机房卫生，严禁乱丢垃圾； 6. 爱护机房计算机设备，严禁乱拔插头及对鼠标键盘的按键进行破坏		
提交成果	1. "面试资料.txt"文档。 2. 拓展练习【11-4】文档		

二、分析任务

在计算机中打开、浏览及保存网页，一般选用 Internet Explorer 网页浏览软件。

1. 搜索学校链接，效果分析如图 11-5 所示。

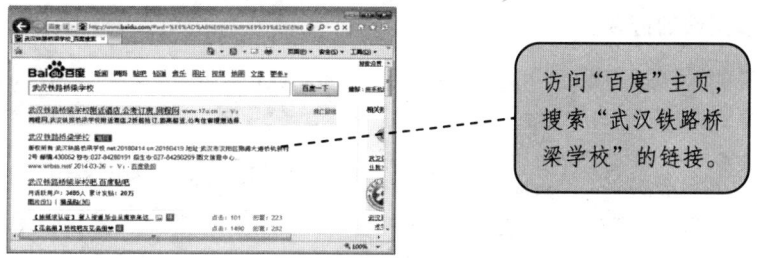

图 11-5　任务分析 1（项目十一任务一）

2. 找到所需内容页面，效果分析如图 11-6 所示。

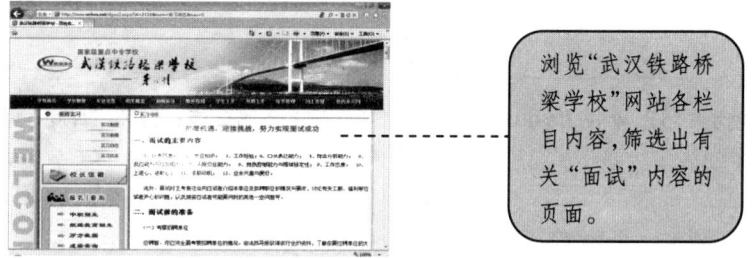

图 11-6　任务分析 2（项目十一任务一）

3. 保存为文本文件，效果分析如图 11-7 所示。

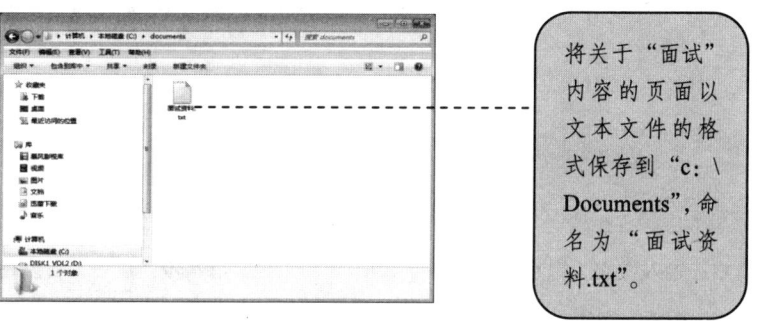

图 11-7　任务分析 3（项目十一任务一）

三、完成任务

1. 启动 Internet Explorer 浏览器。

2. 搜索学校网站的链接。

第 1 步：地址栏填入 www.baidu.com

第 2 步：打开"百度"网站主页

第 3 步：输入搜索关键字

第 4 步：点击"百度一下"

第 5 步：点击搜索到的官网链接

第 6 步：打开学校主页

3. 筛选出有关"面试"的页面内容。

第1步：点击"顶岗实习"链接

第2步：点击"实习动态"链接

第3步：找到并点击相关"实习"内容

第4步：浏览"面试技巧"内容

4. 以"文本文件"格式保存页面到本地硬盘。

第1步：点击"页面"中的"另存为"按钮

第2步：打开"保存网页"对话框

第 3 步：选择文件类型　　　　　　　　第 4 步：键入文件名"面试资料"

四、检查任务

评价表见附录 1——任务评价表（学生自评、互评用）和附录 2——任务评价表（教师评价用）。

五、小结任务

> 1. 使用浏览器访问网页时，除了使用最常用的"IE"浏览器以外还有其他的浏览器软件可以使用，如"360 安全浏览器"等。
> 2. 搜索网站常用的为"百度"，也可以使用"google"等更大的搜索引擎。另外要注意搜索出的结果有可能是恶意冒名的网站，要访问正确的官网。
> 3. 在网页中查找所需内容一定要准确。
> 4. 保存网页的文件格式有很多种，常用的为.txt 文本文档，还有 htm、html、mht、jpg 等类型格式在现实中也经常用到。

项目十一任务二实施

一、提出任务

表 11-3　项目十一任务二学习任务书

项　目	简单应用因特网	学　时	2 学时
任务二	接收和发送电子邮件		
学习任务	1. 基本任务 （1）注册一个免费邮箱，用注册的邮箱同时给几个同学的 E-mail 地址发送带附件的邮件。 （2）用注册的邮箱接收其他同学发来的邮件，并将邮件中的附件下载到本机硬盘。 2. 拓展任务 《计算机应用基础》教材拓展练习【11-6】、【11-7】		
知识准备	为完成以上任务，应掌握以下操作： 1. 注册免费邮箱； 2. 使用 Outlook Express 收发电子邮件； 3. 使用 Outlook Express 收发邮件时下载及上传附件		
学习要求	1. 每位同学要求完成基本任务； 2. 基本任务完成的同学，尽量完成拓展任务； 3. 学习过程中注意规范操作，培养严谨认真的学习态度； 4. 遇到操作问题，同学之间要互相帮助，多交流操作经验和技巧； 5. 爱护机房卫生，严禁乱丢垃圾； 6. 爱护机房计算机设备，严禁乱拔插头及对鼠标键盘的按键进行破坏		
提交成果	提交注册好的个人邮箱地址给老师		

二、分析任务

在 Internet 上，电子邮件（E-mail）是一种通过计算机网络与其他用户联系的实用工具。使用 E-mail 首先需要一个电子邮箱地址，然后才能进行邮件的收发。

1. 注册一个免费邮箱，效果分析如图 11-8 所示。

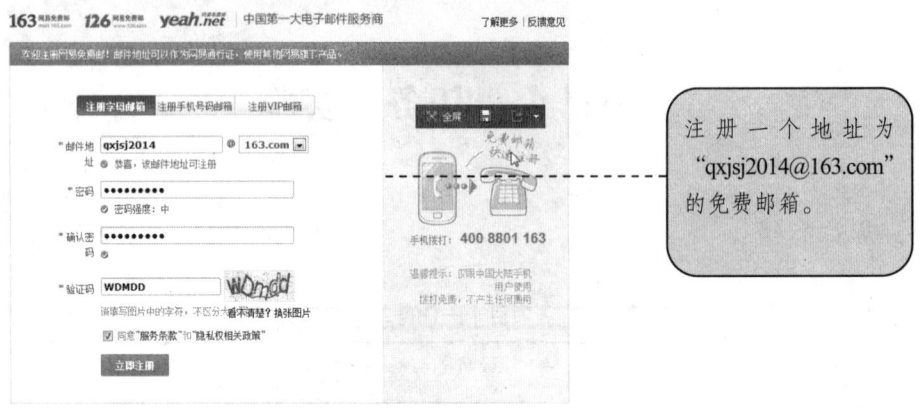

图 11-8　任务分析 1（项目十一任务二）

2. 接收邮件并保存邮件中的附件，效果分析如图 11-9 所示。

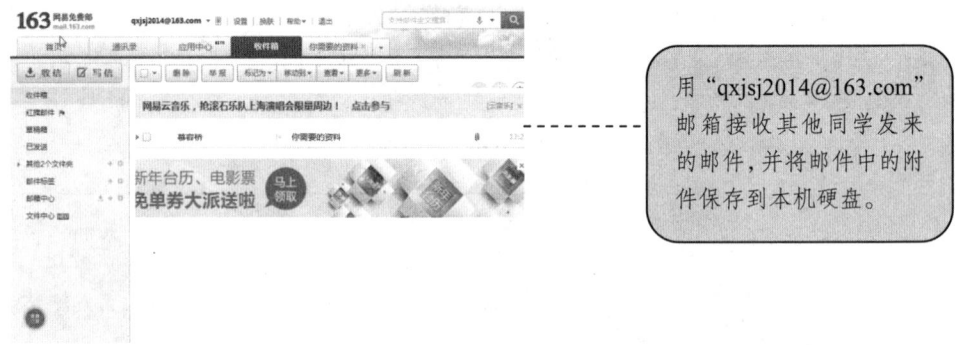

图 11-9　任务分析 2（项目十一任务二）

3. 将本机硬盘的文件作为附件，发送邮件，效果分析如图 11-10 所示。

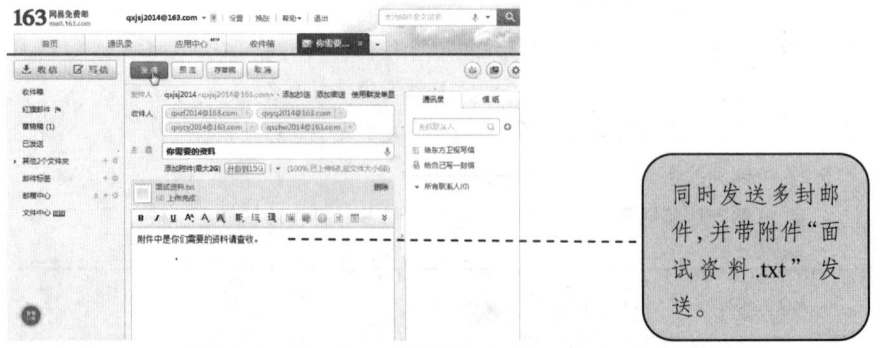

图 11-10　任务分析 3（项目十一任务二）

三、完成任务

1. 打开 www.163.com 网易网址，找到免费邮件注册页面注册。

项目十一 简单应用因特网

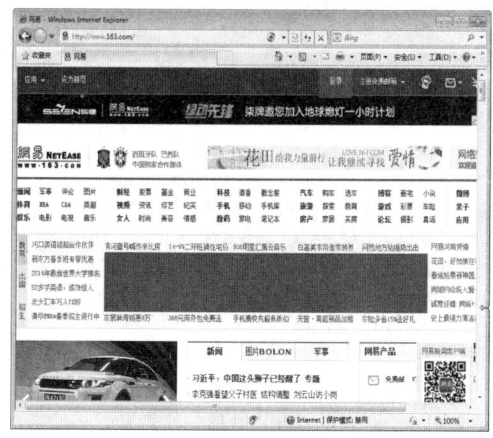

第 1 步：打开网易网站

第 2 步：打开邮箱服务页面

第 3 步：点击"注册"

第 4 步：打开注册界面

第 5 步：输入注册信息

第 6 步：注册成功

2. 进入注册好的邮箱，准备接收其他同学发送的邮件并保存附件。

第 1 步：打开邮件操控界面

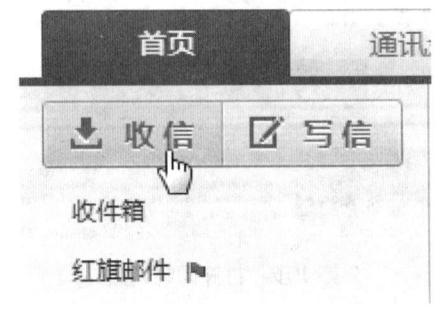

第 2 步：点击"收信"按钮

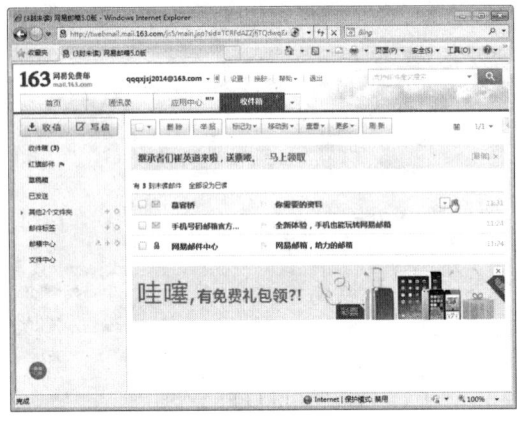

第 3 步：点击收到的邮件

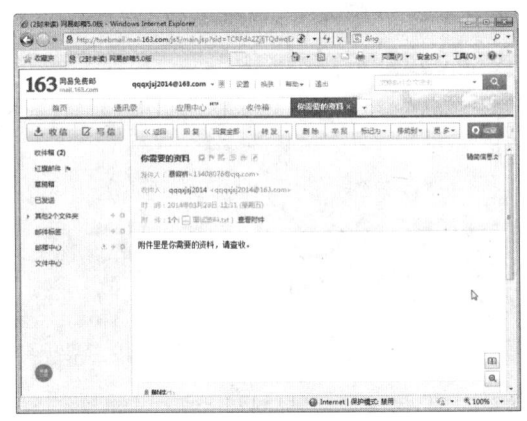

第 4 步：查看收到的邮件

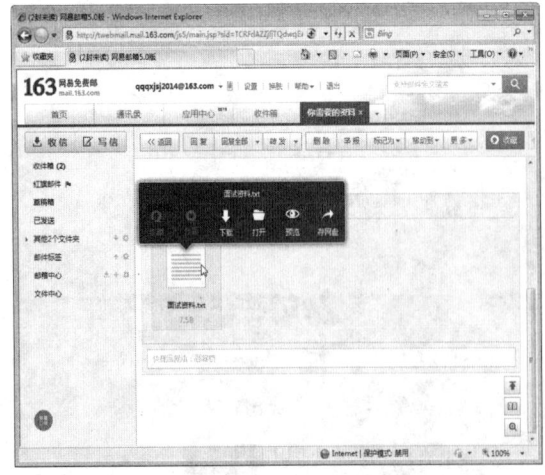

第 5 步：打开附件

第 6 步：保存附件文件

3. 用自己的邮箱同时给多个 E-mail 地址发送邮件，将本机硬盘的"面试资料.txt"作为附件发送。

项目十一　简单应用因特网

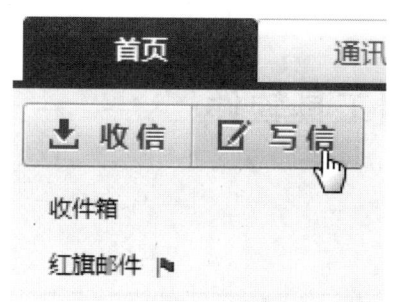

第 1 步：单击"写信"按钮

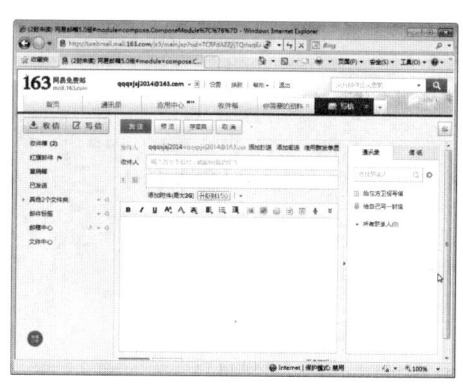

第 2 步：邮件发送界面

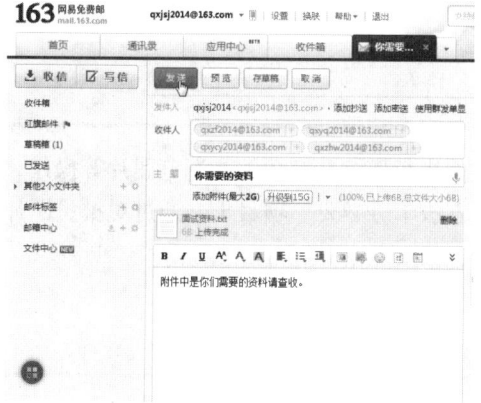

第 3 步：填写邮件内容

第 4 步：指定保存路径

四、检查任务

评价表见附录 1——任务评价表（学生自评、互评用）和附录 2——任务评价表（教师评价用）。

五、小结任务

1. 使用浏览器访问邮件服务网站时，除了"网易"以外还有很多其他的邮件服务网站，如"新浪""搜狐""126"等。

2. 各个邮件服务网站除了免费邮件服务，还有商业的收费邮件服务可以提供更好的邮件服务。

3. 本次任务使用的是在线邮件收发服务应用，还有使用如"Outlook"这样的本地邮件收发软件实现邮件本地收发、本地存储。

4. 在现实应用中很多人会把即时通讯软件如"QQ"等的功能替代邮件服务，但在正式工作中，邮件的作用还是不可取代的，特别是本地邮件应用一定要学会。

5. 收发邮件时，附件的添加和下载要特别注意。不同软件实现该功能的选项位置不同，Outlook 中此功能图标为"回形针"。

项目十二　认识常用工具软件

一、项目目标

> 会使用常用压缩解压缩软件 WinRAR、看图工具软件 ACDSee、下载工具"迅雷"的基本功能。

二、项目引入

在日常生活和工作中经常要进行下载软件、对文件进行压缩和解压缩、浏览图片等操作，因此掌握常用下载、压缩、浏览图片等软件工具的使用方法十分必要。项目十二通过对批量图片文件的传播、查看，将以上内容的学习融入其中。

三、项目分析（任务分解）

项目十二只包含一个任务：认识常用工具软件。本项目学习重点在于了解常用下载、压缩、浏览图片等软件工具的界面和功能，并能进行具体操作。

四、项目实施

任务一的实施过程，见"项目十二任务一实施"。

五、项目评价

表 12-1　项目十二评价表

班　级		姓　名		所在小组	
项目名称		认识常用工具软件			
评价过程	评价内容			项目成绩	
	教师评价（0.6）	学生自评（0.2）	学生互评（0.2）		
任务一					
加权平均分					

六、项目总结

1. 软件下载后要及时更新升级。
2. 尽量选择免费版的软件进行下载。

项目十二任务一实施

一、提出任务

表 12-2　项目十二任务一学习任务书

任务一　认识常用工具软件			
项　目	项目十二　认识常用工具软件	学　时	2 学时
学习任务	1. 基本任务 （1）用下载工具"迅雷"进行软件下载。 （2）用解压缩软件 WinRAR 对文件进行压缩和解压缩。 （3）用看图软件 ACDSee 浏览图形文件。 2. 拓展任务 《计算机应用基础》教材拓展练习【12-1】、【12-2】、【12-3】、【12-4】		
知识准备	为完成以上任务，应掌握以下操作： 1. 用"迅雷"下载并保存文件； 2. 用 WinRAR 压缩和解压缩文件； 3. 用 ACDSee 浏览图片		
学习要求	1. 每位同学要求完成基本任务； 2. 基本任务完成的同学，尽量完成拓展任务； 3. 学习过程中注意规范操作，培养严谨认真的学习态度； 4. 遇到操作问题，同学之间要互相帮助，多交流操作经验和技巧； 5. 爱护机房卫生，严禁乱丢垃圾； 6. 爱护机房计算机设备，严禁乱拔插头及对鼠标键盘的按键进行破坏		
提交成果	"桥梁图片.rar"文档		

二、分析任务

任务效果分析如图 12-1、12-2、12-3、12-4 所示。

项目十二 认识常用工具软件

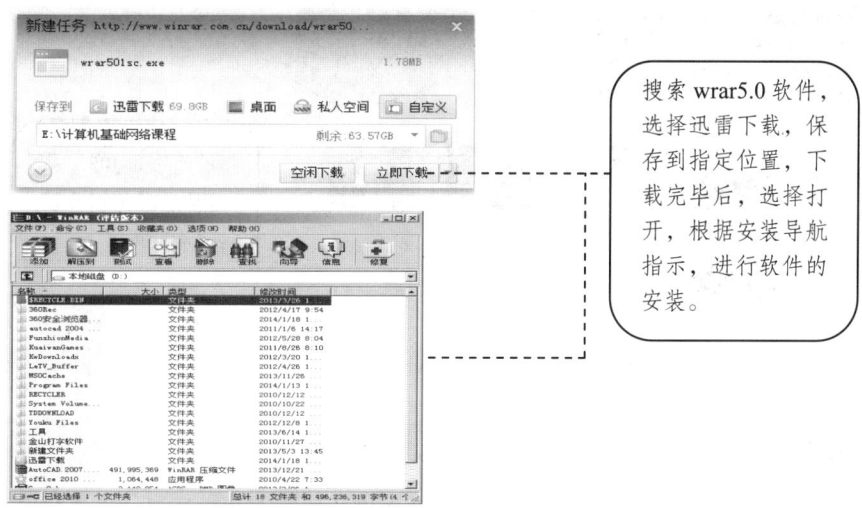

图 12-1 任务分析 1（项目十二任务一）

搜索 wrar5.0 软件，选择迅雷下载，保存到指定位置，下载完毕后，选择打开，根据安装导航指示，进行软件的安装。

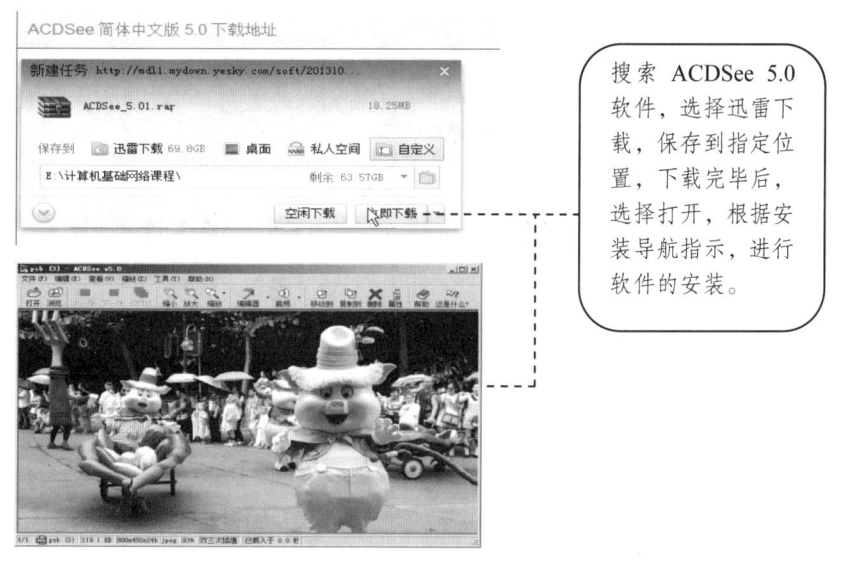

图 12-2 任务分析 2（项目十二任务一）

搜索 ACDSee 5.0 软件，选择迅雷下载，保存到指定位置，下载完毕后，选择打开，根据安装导航指示，进行软件的安装。

图 12-3 任务分析 3（项目十二任务一）

解压缩"卡通相片.rar"文件，并浏览相片。

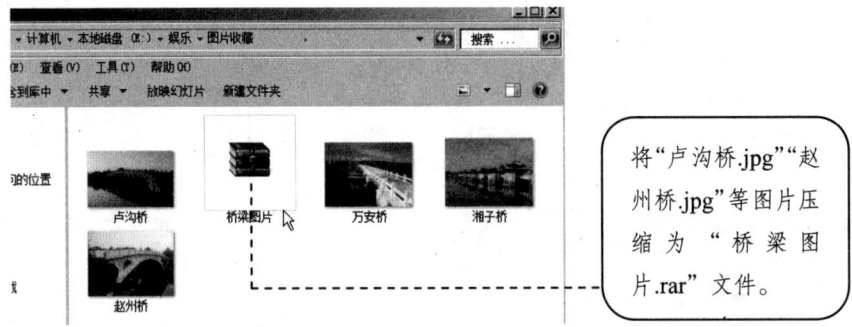

图 12-4 任务分析 4（项目十二任务一）

三、完成任务

1. 搜索 wrar5.0 软件，选择迅雷下载，保存到指定位置，下载完毕后，选择打开，根据安装导航指示，进行软件的安装。

第 1 步：百度搜索"WinRAR 5.0"

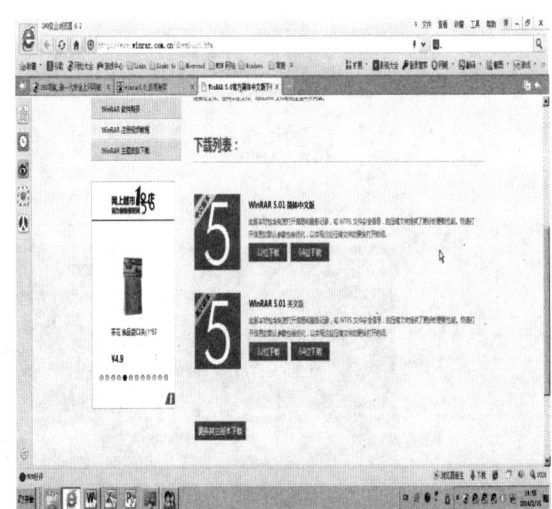

第 2 步：双击"官方简体中文版下载"网页

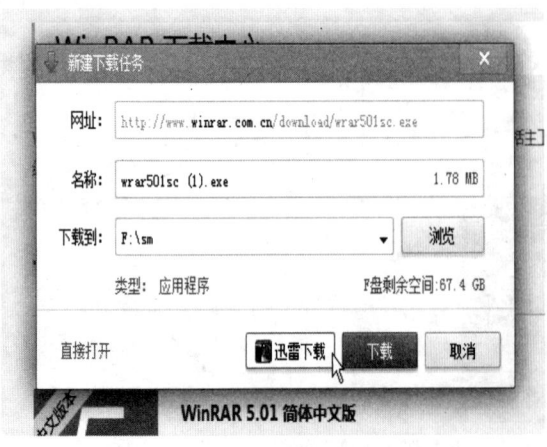

第 3 步：点击"中文版 32 位下载"

第 4 步：选择"迅雷下载"

项目十二 认识常用工具软件

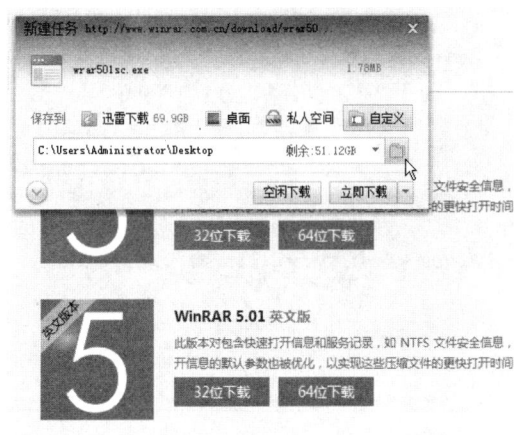

第5步：点击"浏览文件夹"

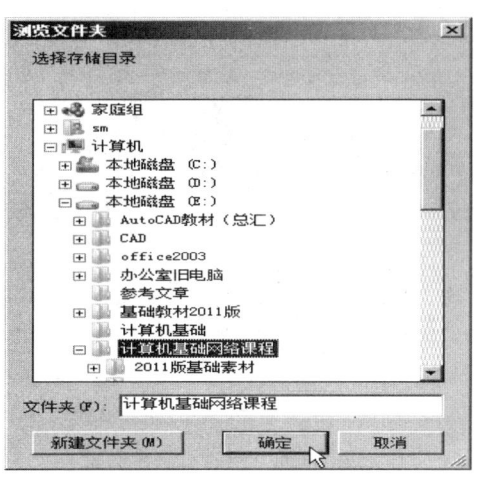

第6步：选择存储目录，并确定

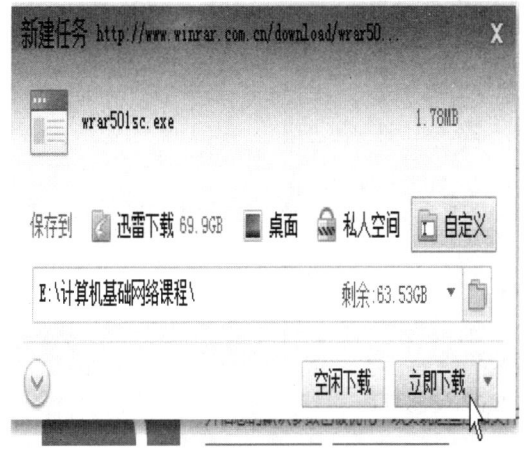

第7步：点击"立即下载"

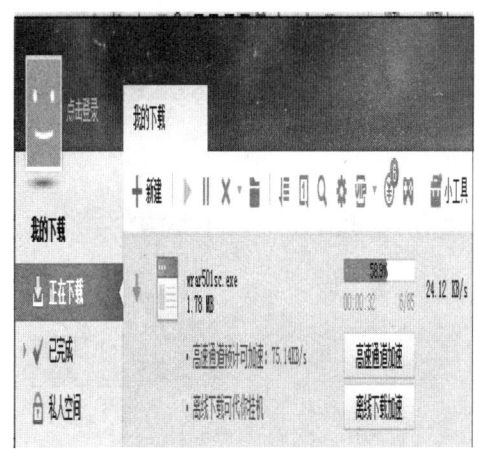

第8步：等待下载

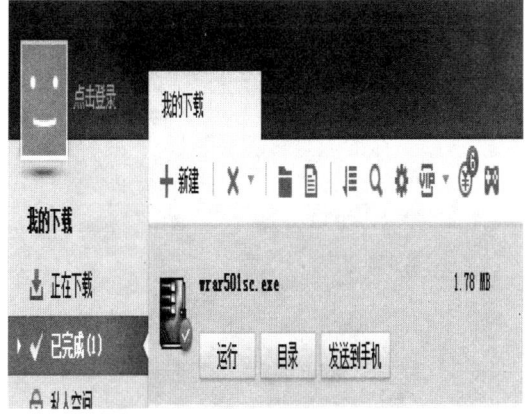

第9步：下载完毕，选择"运行"

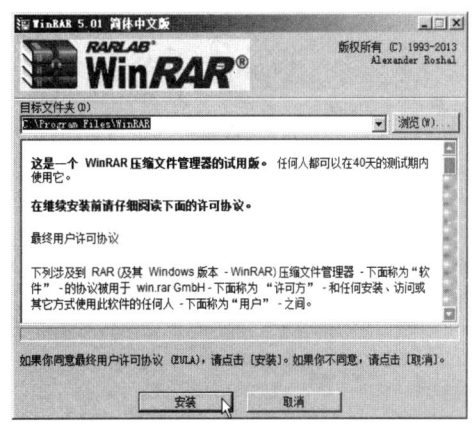

第10步：点击"安装"

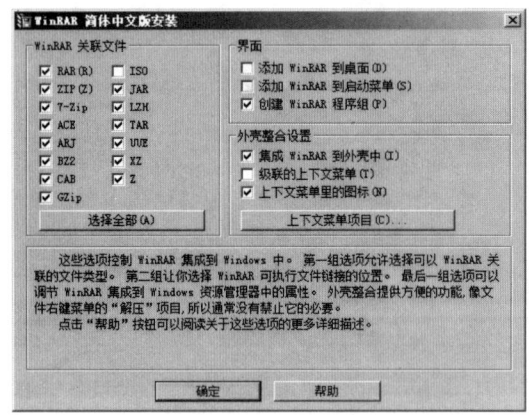
第 11 步：点击"确定"

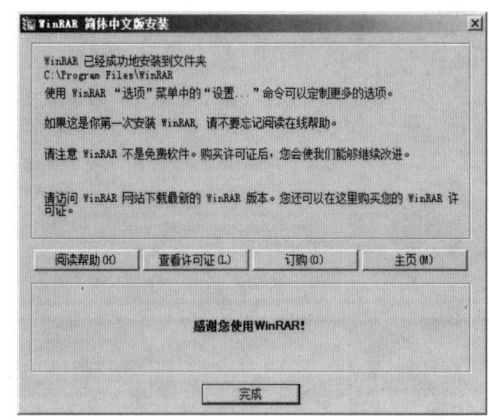
第 12 步：点击"完成"

第 13 步："WinRAR 5.0"运行界面

2. 搜索 ACDSee 5.0 软件，选择迅雷下载，保存到指定位置，下载完毕后，选择打开，根据安装导航指示，进行软件的安装。

第 1 步：百度搜索"ACDSee 5.0"

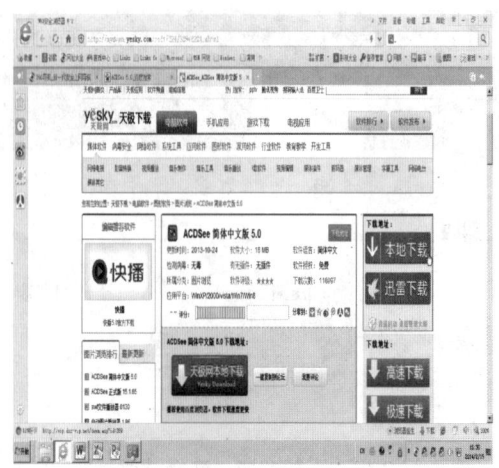
第 2 步：双击"简体中文版 5.0 下载"网页

项目十二 认识常用工具软件

第3步：点击"本地下载"

第4步：选择"迅雷下载"

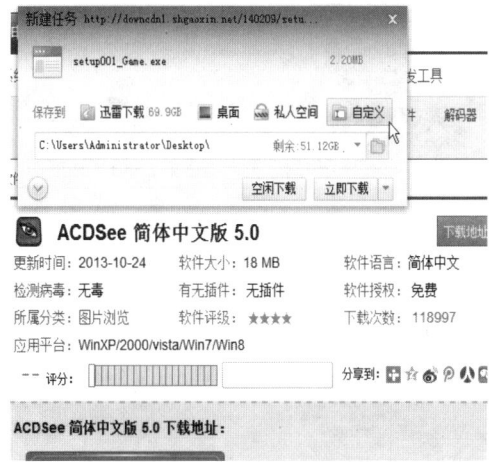

第5步：点击"自定义"

第6步：点击"浏览文件夹"

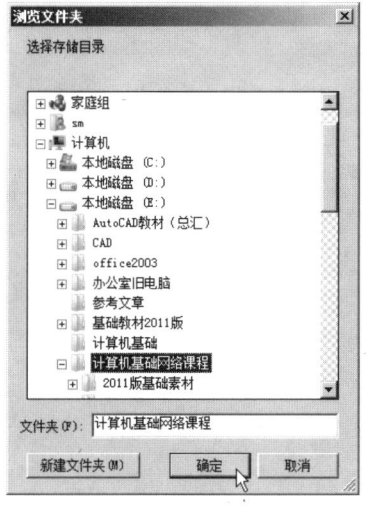

第7步：选择存储目录，并确定

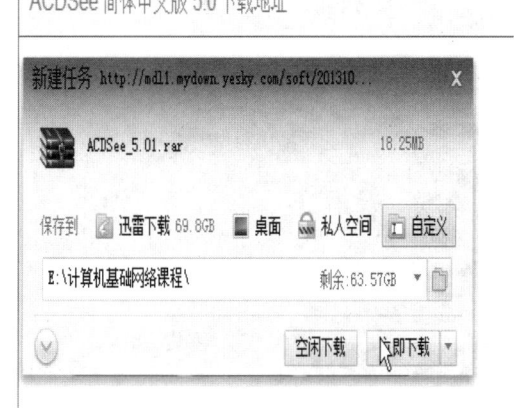

第8步：点击"立即下载"

第9步:等待下载

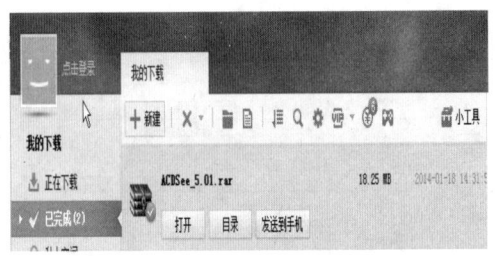
第10步:下载完毕,选择"打开"

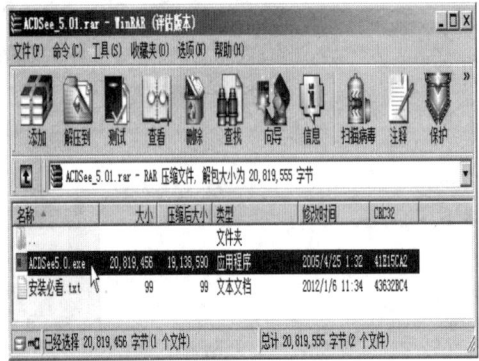
第11步:双击安装执行文件

第12步:点击"下一步"

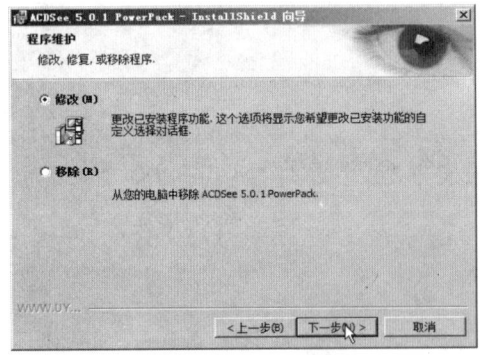
第13步:点击"下一步"

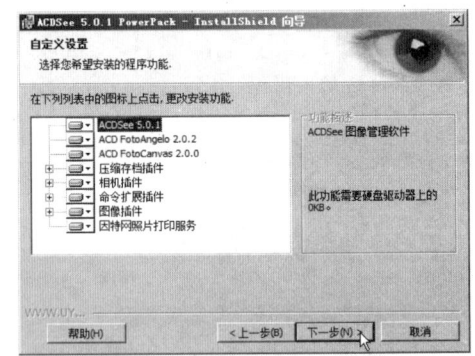
第14步:点击"下一步"

第15步:点击"下一步"

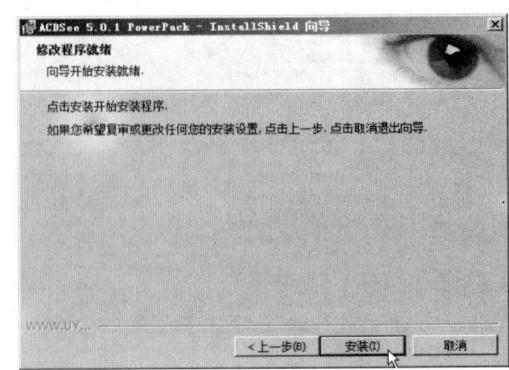
第16步:点击"安装"

第 17 步：点击"完成" ． ． ． ． ． ． ． ． ． ． ． ． ． 第 18 步：ACDSee 5.0 浏览的图片

3. 解压缩"卡通相片.rar"文件，并在 ACDSee 5.0 中显示并浏览相片。

第 1 步：双击"卡通相片.rar"文件

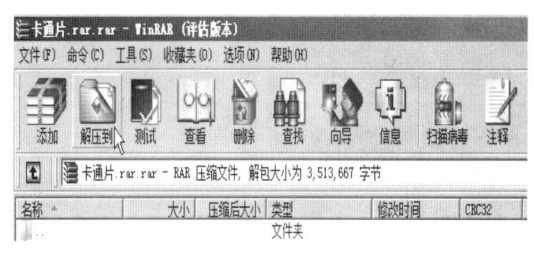

第 2 步：选择"解压到"

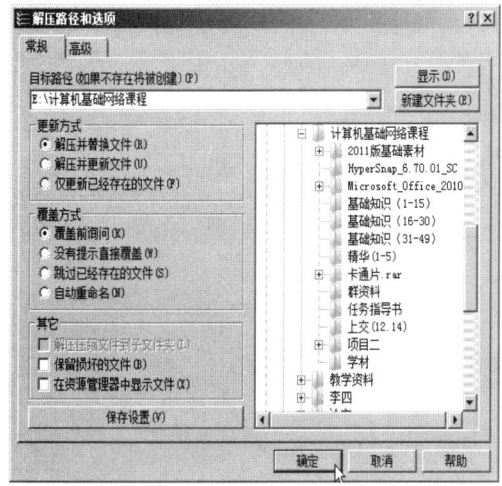

第 3 步：点击"新建文件夹"，输入目标路径

第 4 步：点击"确定"

第5步：浏览解压后的相片

4. 将"卢沟桥.jpg""赵州桥.jpg"等图片压缩为"桥梁图片.rar"文件。

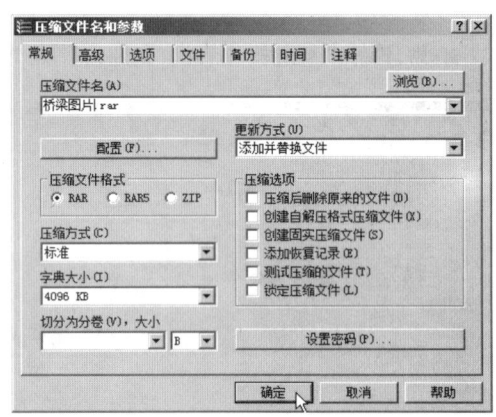

第1步：选择文件单击右键"添加到压缩文件"　　　　第2步：输入压缩文件名

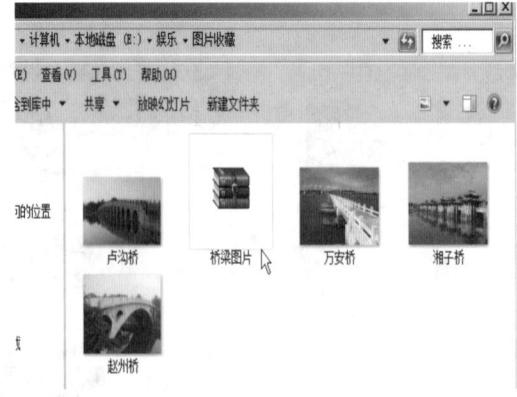

第3步：生成"桥梁图片.rar"文件

四、检查任务

评价表见附录1——任务评价表（学生自评、互评用）和附录2——任务评价表（教师评价用）。

五、小结任务

> 1. 安装文件时,注意选择指定的保存位置。
> 2. 可用搜索操作来找到所需的文件。

附 录

附录1 任务评价表（学生自评、互评用）

班级		评价人姓名		评价人学号	
所在小组		评价日期		被评价人姓名及学号	
项目名称					
任务名称					

评价内容		评价标准	得分	
			分项	合计
专业能力（6分）	完成任务（5分）	全部完成并且制作效果好（5分）		
		全部完成、制作效果较好；或个别未完成、完成部分的制作效果好（4分）		
		大部分完成、完成部分的制作效果好（3分）		
		完成一半左右，完成部分的制作效果好（2分）		
		完成一小部分，完成部分的制作效果好（1分）		
		未做或拷贝他人文件（0分）		
	上传任务成果（0.5分）	会规范命名和上传电子版任务成果（0.5分）		
		会上传电子版任务成果，但命名不规范（0.3分）		
		不会上传电子版任务成果（0分）		
	下载教学资源（0.5分）	会下载任务单、操作视频等教学资源（0.5分）		
		不会下载任务单、操作视频等教学资源（0分）		
方法能力（2分）	运用教学资源（1分）	使用以下自主学习资源的类别≥2：教材、任务单、操作视频、拓展练习等（1分）		
		使用以下自主学习资源的一种：教材、任务单、操作视频、拓展练习等（0.5分）		
		没有使用过以下任一种自主学习资源：教材、任务提示、操作视频、拓展练习（0分）		
	检查评价（1分）	能对照任务单的要求，对自己和组员的任务成果进行检查和评价，评价准确（1分）		
		能对照任务单的要求，对自己和组员的任务成果进行检查和评价，评价准确性一般（0.5分）		
		没有对自己和组员的任务成果进行检查和评价或评价不准确（0分）		
社会能力（2分）	认真态度（0.5分）	积极操作（0.5分）		
		在教师督促下能进行操作（0.2分）		
		教师督促仍不操作（0分）		
	互助协作（0.5分）	经常和同学互相协助解决操作问题（0.5分）		
		有时和同学互相协助解决操作问题（0.3分）		
		从不和同学互相协助解决操作问题（0分）		
	维护公共环境（0.5分）	没有乱扔垃圾、乱吐痰，没有带食品、饮料进入机房，不使用手机（0.5分）		
		乱扔垃圾或乱吐痰或带食品饮料进入机房或使用手机（0分）		
	爱护公共设施（0.5分）	没有乱拔电源插头和破坏键盘鼠标（0.5分）		
		乱拔电源插头或破坏键盘、鼠标（0分）		

附录2 任务评价表（教师评价用）

班级		姓名		学号	
所在小组		评价日期		课堂记录	
项目名称					
任务名称					

评价内容		评价标准	得分	
			分项	合计
专业能力（6分）	完成任务（5分）	全部完成并且制作效果好（5分）		
		全部完成、制作效果较好；或个别未完成、完成部分的制作效果好（4分）		
		大部分完成、完成部分的制作效果好（3分）		
		完成一半左右，完成部分的制作效果好（2分）		
		完成一小部分，完成部分的制作效果好（1分）		
		未做或拷贝他人文件（0分）		
	上传任务成果（0.5分）	会规范命名和上传电子版任务成果（0.5分）		
		会上传电子版任务成果，但命名不规范（0.3分）		
		不会上传电子版任务成果（0分）		
	下载教学资源（0.5分）	会下载评价表、操作视频等教学资源（0.5分）		
		不会下载评价表、操作视频等教学资源（0分）		
方法能力（2分）	使用自主学习资源（1分）	使用以下自主学习资源的类别≥2：教材、任务提示、操作视频、拓展练习（1分）		
		使用一种以下自主学习资源：教材、任务提示、操作视频、拓展练习（0.5分）		
		没有使用过以下任一种自主学习资源：教材、任务提示、操作视频、拓展练习（0分）		
	检查评价（1分）	能对照任务效果，对自己和组员的任务成果进行检查和评价，评价准确（1分）		
		能对照任务效果，对自己和组员的任务成果进行检查和评价，评价准确性一般（0.5分）		
		没有对自己和组员的任务成果进行检查和评价或评价不准确（0分）		
社会能力（2分）	时间观念（0.5分）	提前到机房做好上课准备（0.5分）		
		迟到（0.2分）		
		无故未到（0分）		
	学习态度（0.5分）	积极操作（0.5分）		
		在教师督促下能进行操作（0.2分）		
		教师督促仍不操作（0分）		
	维护公共环境（0.5分）	没有乱扔垃圾、乱吐痰，没有带食品、饮料进入机房，不使用手机（0.5分）		
		乱扔垃圾或乱吐痰或带食品饮料进入机房或使用手机（0分）		
	爱护公共设施（0.5分）	没有乱拔电源插头和破坏键盘鼠标（0.5分）		
		乱拔电源插头或破坏键盘、鼠标（0分）		

附录3 《计算机应用基础》课程评价表

项目编号	项目名称	项目得分	权重	项目权重得分	平时成绩=∑（项目权重得分）	考核成绩
一	配置一台电脑					
二	使用 Windows 7					
三	用 Word 制作并输出"中国四大古桥"文档					
四	用 Word 设计"跨越长江的桥梁四丰碑"电子小报					
五	用 Word 制作"××地铁右线洞门变形观测表"					
六	用 Word 制作"期中考试成绩表"					
七	用 Excel 制作并输出"碎卵石筛分试验记录"表					
八	用 Excel 对"图书销售情况表"进行数据处理					
九	用 PowerPoint 制作并输出"自我评定"演示文稿					
十	学习一级基础知识					
十一	简单应用因特网					
十二	认识常用工具软件					
课程得分＝平时成绩*权重+考核成绩*权重						